国家自然科学基金青年项目（52208038）

寒地疗愈建筑

The Restorative Architecture in Cold Regions

王诗琪　著

中国建筑工业出版社

序

随着"双碳目标""适应气候变化""健康中国"等重要国家战略的推进，建筑设计领域正面临着广泛而深刻的变革，建筑空间的高质量可持续发展成为时代诉求，设计观与技术观的创新尤为重要。恰逢其时，我收到学生王诗琪的书稿，作为她的学术导师和一名寒地建筑研究者，我深感欣慰。回忆起七年前，我与诗琪经过反复思考与论证，确立"寒地建筑疗愈性设计"作为她博士阶段的研究方向，旨在完善寒地建筑空间环境设计范式，使其具有物质与精神双层面的"全健康"属性。如今，她将七年的理论探索与工程实践积淀成一部理论基础扎实、可操作性强的方法类学术著作，阶段性地完成了我们师生最初的科学愿景与设计理想。

城市的快速增长与运作不仅引发了物质能源危机，也造成了精神健康困境。建成环境中充溢着纷繁、庞杂的信息洪流，成为人类感知与认知系统难以回避的消极刺激，消耗着有限的身心资源与能力，对健康与福祉造成潜在威胁。疗愈性环境研究表明了自然属性所具备的健康促进能力，暗示了一种能够引导认知资源恢复、纾解精神压力、激发积极行为的空间设计方法，从提升环境认知效益方面为健康建筑提供思路。寒地建筑面对严酷的冬季气候环境与相对贫瘠的景观资源禀赋，被动置身于迫切健康需求与薄弱环境支持之间的矛盾中。因此，此书在疗愈性环境的启发下，从人与环境互动的基础环节——认知过程入手，通过探究寒地建筑空间环境各组分的认知结局与健康关联，确立寒地建筑空间环境疗愈机制；剖析自然环境疗愈特质的内在动因，寻求建筑设计语境下的应用路径，提出具有健康与生态双重效应的环境解决方案，以期改善寒地建成环境对身心能力"高消耗、低支持"的现状，健全寒地建筑空间环境的主动式健康干预职能，并从新视角回应寒地建筑的地域性与可持续性。

望此书能为寒地建筑与自然环境之间的协同共生提供思路，为广大寒地建筑设计理论研究者与工程实践者提供参考，共同助力健康生态人居环境的设计、发展与建设，促进寒地城市居民的身心健康与福祉提升。

　　最后，愿学生诗琪能够坚守初心、饱含热爱、扎根寒地建筑创作与研究；砥砺深耕、履践致远，为寒地建筑事业发展作出贡献。

中国工程院院士

哈尔滨工业大学教授、博导

2022年12月31日

前言

　　伊恩·麦克哈格在《设计结合自然》中多次论述人和自然的关系，"自然不是为人类表演舞台提供装饰性的背景……而是需要把自然作为生命的源泉、生存的环境、诲人的老师、神圣的殿堂和充满机遇与挑战的场所来维护，尤其是需要不断地再发现自然界本身还未被我们掌握的规律，在寻根求源中解决人类的难题"。人类与自然之间存在着复杂的、多层级的作用关系：整体来看，大自然提供了一种潜在的低污名和低风险的干预措施，对人类健康与环境健康产生双向作用。自然的生态系统服务观点从物质资源层面解释了这种作用所产生的积极效益，除此之外，人类与自然之间还具有不可分割的情感联结。

　　疗愈性环境阐释了自然体验对人类身心的影响机理：人类的生存与发展实际上是对外界环境信息的不断处理与应对过程，在这期间需要耗费身心资源与精神能量，持续的消耗将造成机体运行的低效，对表观层面的身心健康和行为活动构成消极危害。相比于城市建成环境，自然环境能够促进已被损耗的身心资源自主恢复或已减退的身心能力自主疗愈，从而为生存与发展过程提供可持续、可循环的动力。这是从精神资源层面强调了人类对自然的依存，人类需要从自然体验中实现身心资源的补给与能力的修复，以应对生存与发展过程中不断更迭的应激事件，与自然脱离则面临身心资源不足与身心能力受损的潜在危险，是诸多公共健康问题的症结所在。

　　随着社会上健康理念的盛行与科学研究领域相关理论的发展，空间环境的健康促进功能被日益强调，城市建成环境不仅是抵御不利气候与危险动物的避难所，更应是维系健康、催化发展的"容器"，人类需要从对所居住环境的感知中获取积极的暗示或促进机体正向转变的动力。疗愈性环境研究对比了自然环境与城市环境的恢复潜力，展示了与自然接触的诸多益处，这推动了各个领域对城市绿色基础设施和基于自然的解决方案的研究与应用，但它可能不是健康城市的唯一途径，无论是有限的自然资源数量、高昂的建设预算和维护成本，还是COVID-19大流行所造成的出行限制，这些因素均突出了直接居住环境疗愈功能的重要性。建筑环境是人类生存的主要生态系统，基于自然的恢复性环境研究能够为评估建筑环境心理健康设立基线，但对于提升建筑空间健康促进功能的指导有限，因此改善城市建筑环境是促进人口健康与福祉的另一重要解决方案。

然而人类社会已经变得如此疏远它的自然起源，以致没有认识到人类对自然的基本依赖是生长和发展的一项重要条件。自工业革命以来，基于钢筋混凝土材料与欧几里得直线几何规律构建起的居住空间正逐步丧失自然的空间特质，趋于信息贫瘠、无生命力、缺乏互动，但却充溢着激烈的消极刺激。疗愈性环境描述了一种积极的环境特质，如果将其转化为空间设计原理应用于城市建成环境中，将有助于弥补建筑空间中缺失的进化要素，修正人工建筑空间环境的感知与认知轨迹，重建日常生活与自然的积极联系，引导人群从日常环境体验中获取思维运行与行为活动的保障与支持，以实现促进健康与福祉的终极空间目标。

寒地建筑是地域建筑的重要构成部分，其所处的严酷冬季气候环境对建成环境疗愈功能造成极大威胁：寒冷气候自身是建成环境中长期存在的巨大环境压力，多数情况下被视为一种强烈而消极的环境刺激，阻碍人群活动、制约空间品质，并且在其影响下所衍生出的寒地自然景观存在蓝绿资源匮乏的先天缺陷。寒地气候为建筑的疗愈性设计提供了一个极端的背景：积极的、支持性的自然条件极为匮乏；消极的、干扰性的自然条件盛行。这对既有疗愈性设计方法发起挑战：如何化解自然的消极干预，平衡与协调自然体验的利弊；如何在自然资源直接利用受阻的制约下，深究自然发生恢复效益背后的知觉与感知机理，并寻求其在建筑空间中应用的适宜途径。综上，提出寒地疗愈建筑研究议题，旨在探索以"自然"为原理，以人工建构为主体的恢复性环境设计方法。

本书以疗愈性环境作为核心概念和理论源头，建立与发展研究基础与内在逻辑；立足寒地特殊气候条件，剖析主要矛盾与目标需求；以建筑空间环境与人工建造技术为本体，提出高效适宜的应用路径与设计策略。注重寒地气候所产生的特殊疗愈潜力挖掘；建筑空间形态、功能与技术的统一；现状需求与未来发展目标的协同；力图寻求现象背后的深层机制，推动疗愈性环境设计从"元素利用"转向"原理应用"，以突破传统疗愈性环境设计受限于自然资源的瓶颈，建立人工建造语境下的疗愈性空间体系。

首先，基于疗愈的环境心理学内涵与认知学的理论原点，构建建筑空间与疗愈性环境的内在关联与匹配关系，确立核心设计目标。疗愈性建筑空间的研究基础在于人群身心健康需求、空间健康促进目标需求与建成环境固有恢复效益，恢复性环境的运行特征与建筑空间的构成相匹配，恢复性环境的作用效益与建筑空间的功能相适应。然后，从关键要素、技术路径、结构层级和设计原则四个层面建立寒地疗愈建筑设计的理论框架，提出本书的基础原理、关键技术与实施路径。基于疗愈原理对寒地建成环境恢复属性的剖析结果表明气候环境是恢复的强烈刺激；景观环境是恢复的薄弱基础；建筑环境是恢复的繁重负荷，因此疗愈建筑设计体系应对上述环境构成主体进行趋利避害，包括阻御利导寒地气候、增效利用自然景观和调适干预人工属性三大主要设计原则与目标。最后，分别针对寒地气候环境、寒地自然景观环境和寒地建筑环境三个层面提出疗愈性设计的具体策略与方法。

寒地疗愈建筑设计议题的提出，是在人本关怀、健康促进与尊崇自然的多重视角下建构寒地建筑与使用主体之间相互共生和协调发展的关系。将疗愈性环境理论引入寒地建筑空间设计中，优化了传统寒地建筑对气候条件的适应模式，促进建筑从对气候的"抵御规避"走向"包容吸纳"；修正了建筑空间在人与环境相互作用过程中所扮演的角色，使其以更生态、健康和可持续的路径介入人与自然的互动过程中，从与自然的"二元对立"转变为"协同共生"。寒地建筑疗愈性设计理论将推动寒地城市环境健康促进功能的提升，并为极端自然条件下人居环境建构提供参考和指导。

目录

第2章 疗愈与建筑空间 037

第3章 寒地建筑疗愈性设计的理论框架 071

第4章 冬季气候的应对

第5章 自然特征的复兴

第6章　人工属性的调和 197

第 **1** 章

导　论

1.1 自然的疗愈之力

　　自然包含了与土地、水、生物等有关的要素和现象，其内涵跨越了空间尺度与人类影响，小到盆栽、溪流、公园，大到具有火、天气、地质等动态力量的原始荒野。自然孕育了人类的进化与发展，二者之间存在与生俱来的深刻联系。人类依赖于自然的供养，这不仅体现在对物质能源的索取，也表现为对精神能量的需求。现代城市环境向居住其中的人类发起了新一轮的适应性挑战，我们每天需要面对和处理各种刺激与应激，以保证在这纷繁复杂的环境中实现长久地生存与发展，而在我们与物质空间环境和社会环境相互作用以及不断适应的过程中，身心资源经历着循环往复的损耗与自我修复。而亲近自然，通常能够使我们神清气爽、心旷神怡，使疲惫的身心获得休憩，这诠释了一种疗愈的力量。

1.1.1 复兴生物天性

　　人类作为生物，渴望与有生命的事物发生联系，并主动从中获取积极反馈，即为亲生物性（Biophilia）。这是一种与生俱来的先天属性，是否得以满足关乎个体的健康与幸福与否。从进化论的角度分析，环境是生物进化的本源驱动力，也是筛选和左右进化方向的关键要素。人类的身体和心智从自然中衍变而来，在这个漫长而深刻的作用过程中，自然催生出的机体特质烙印在遗传基因里，成就了人与自然不可割舍的联系。因此，亲生物性正是由自然催化而成的，需要不断得到来自自然的维系与支援。人类更偏好具有自然属性的环境，那是符合预期与本能需求的，在与之互动的过程中，感知和认知系统处于稳定而舒适的状态，这暗示了人类身心资源的丰盈和充足，以及与外界环境相互作用过程中所发展的和谐关系。

　　而审视现代建筑，无论是冰冷的建筑材料、缺乏细节的表皮，抑或是突破重力规则的结构，在一定程度上均违背了生命体的形态规则。因此，多数的建筑环境难以符合人类对环境的预期和偏好，而造成感官系统或认知系统的失常，甚至失能。在与建筑空间"相处"的过程中，由于我们并不亲近"非生物性"特征，所以依托欧几里得几何定律所产生的直线与尖锐的边缘将被我们的大脑视为"危险信号"，引发压力或应激，进而对身心资源造成损耗，这也许能够为城市环境所诱发的多种身心病症提供解释。

　　因此，自然环境作为驱动人类进化的本源动力，经由其筛选或左右后的进化结果必然与其自身和谐。自然体验能够复兴现代城市居民压抑已久的亲生物天性，对于协调人工建造与个体之间的关系、平衡个体在适应环境过程中的能量损耗具有重要意义。然而随着城市空间对自然的侵蚀，本应贯穿日常生活的自然体验成为一种愈发宝贵的经历，人们从有限的绿色体验中感受愉悦与宁静，殊不知这仅是天性的满足。

亲生物性得以满足能够带动身心的复愈，二者的作用结果有所重叠。可以将亲生物性看作一种中介桥梁，自然通过对亲生物性的满足而使人类在与建成环境相互作用的过程中所损耗的身心资源得以恢复。因此，我们可以推论，恢复的必要充分条件不是自然环境，而是亲生物性的满足（图1-1），那么符合亲生物性的人工环境同样能够发挥恢复作用，这为现代城市环境中以促进健康与福祉为目标的环境设计提供启发。

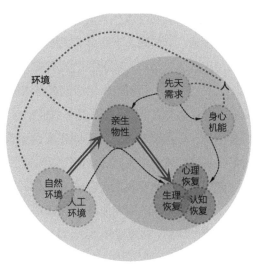

图1-1　自然对亲生物天性的复兴机制

1.1.2　促进心理健康

自然体验与广泛心理健康效益之间的关联由来已久，并随着科技进步被不断地重新审视与再定义。与自然接触能够使人心旷神怡、神清气爽，这是一个古老和被普遍认可的观点。从中国的古典园林到西方文明的庄园体制，人们偏爱自己的家园能够毗邻风景优美的自然，是从方便获取物质能源出发，也是源于内心深处对自然之美的向往。在人类生存环境高速城市化的今天，精神疾病发病率剧增，已成为全球疾病总负担之首，占全龄残疾类的32%[1]。这在一定程度上被归因于城市化进程所导致的自然衰败与疏离[2]，人们在探究城市环境如何影响人类健康与福祉的过程中重新认识到自然对于健康的重要性。已有研究表明，自然环境对心理健康的益处在影响程度上等同于家族史和父母年龄，高于城市化进程，低于父母的社会经济地位[3]。

1. 环境心理学证据

环境心理学研究中通过各类自我报告和生理、心理评估方法证明：自然环境能够提供积极的体验，从而使受损的心理能力得以重建和加固，以促使机体的正向转变和复愈。生理层面，接触自然能够辅助身体伤害后的自我愈合，例如减少药物使用、缩短术后恢复

① Vigo D, Thornicroft G, Atun R. Estimating the true global burden of mental illness[J]. The Lancet Psychiatry, 2016, 3(2)：171-178.

② Cox D T C, Hudson H L, Shanahan D F, et al. The rarity of direct experiences of nature in an urban population[J]. Landscape and Urban Plan, 2017, 160：79-84.

③ Engemann K, Pedersen C B, Arge L, et al. Residential green space in childhood is associated with lower risk of psychiatric disorders from adolescence into adulthood[J]. Proceedings of the National Academy of Sciences, 2019, 116(11)：5188-5193.

时间、提升癌症幸存者生活质量等[1]。心理层面，促进积极的社会互动与参与，激发愉悦感、安全感、幸福感、宁静感等积极情绪，培养归属感和自尊；促进倦怠感、无聊感、挫败感、焦虑感等消极心态的长效改善等[2]。其中标志性的研究为：1983年史蒂芬·卡普兰（Stephen Kaplan）利用野外生活创造自然体验，通过对被测者两周时间段内情绪心理的监测探究自然体验对个体心理的影响作用，实验结果表明被测者在实验周期内心理压力水平持续降低、心理疲劳得到了不同程度的缓解。Ulrich（1984）的一项开创性研究发现，手术后提供窗外风景与止痛药的使用减少有关。

随后，众多学者利用实验或观察设计对自然暴露的单一或累积效益进行调查与验证，例如，区域范围内的横断面与纵向研究表明人口的心理健康在一定程度上与其绿色空间、蓝色空间（即水生和海洋环境）、行道树或私人花园的临近性有关[3]；自然图像与声音对心理和生理压力纾解同样具有积极作用[4]；人对于水有天生的偏好，水中反射的景观比在玻璃上和透明物体上反射的景观更具有恢复性[5]；公路周边的植被可以减少驾驶员的愤怒和沮丧情绪，利于安全驾驶[6]。

心理健康效益将随自然环境特征、人与自然互动方式、感官输入形式而产生变化，也可能因社会经济地位、偏好、居住地点、职业、性格特征、文化、性别和年龄而存在差异。例如，在经历相同自然恢复环境的条件下，从事体育运动（如慢跑、骑自行车、打球等）的人在头痛和压力减少方面表现出比从事安静活动（如散步或静坐）的人发生更显著的改善[7]。山脉和森林对于美国参与者的注意力刺激更强烈，水体和公园对于中国台湾参与者具有较高的恢复力[8]。个体对绿色景观的观赏角度和视野范围内的植被密度会影响自然环境的恢复效益：相比森林边缘和森林外部，森林内部具有较高的压力恢复作用，获得最高的偏好分数；而森林边缘具有最佳的注意力恢复效力，中等密度的植被群体比高等密

① Ray H, Jakubec S L. Nature-based experiences and health of cancer survivors[J]. Complementary Therapies in Clinical Practice, 2014, 20(4)：188-192.

② Kaplan S. The restorative benefits of nature：Toward an integrative framework[J]. Journal of Environmental Psychology, 1995, 15(3)：169-182.

③ Roe J J, Thompson C W, Aspinall P A, et al. Green space and stress：evidence from cortisol measures in deprived urban communities[J]. International journal of Environmental Research and Public Health, 2013, 10(9)：4086-4103.

④ Ulrich R S, Simons R F, Losito B D, et al. Stress recovery during exposure to natural and urban environments[J]. Journal of Environmental Psychology, 1991, 11(3)：201-230.

⑤ Nasar J L, Li M. Landscape mirror：the attractiveness of reflecting water[J]. Landscape and Urban Planning, 2004, 66(4)：233-238.

⑥ Cackowski J, Nasar J. The Restorative Effects of Roadside Vegetation[J]. Environment & Behavior, 2003, 35(6)：736-751.

⑦ Hansmann R, Hug S M, Seeland K. Restoration and stress relief through physical activities in forests and parks[J]. Urban Forestry & Urban Greening, 2007, 6(4)：213-225.

⑧ Chang C Y. Psychophysiological responses to different landscape settings and a comparison of cultural differences[C]//XXVI International Horticultural Congress：Expanding Roles for Horticulture in Improving Human Well-Being and Life Quality 639. 2002：57-65.

度和低等密度的植被群体对个体的恢复作用强烈[1]。不同组合方式的森林空间也具有不同的恢复效益，森林斑块的连续性越高、数量越多，恢复性越高[2]。对于7~12岁的儿童，20分钟是公园体验中获得最佳恢复状态的时间，在20分钟以内，环境对于个体的恢复效益随着时间的增加而增长，20分钟后，恢复效益几乎保持不变[3]。然而，自然环境并不总是具有恢复性，前景与避难理论认为人类天生偏好提供视野和避难所的环境，处于这样环境中的个体具有明显的生存优势。具有高水平的"前景"要素和低水平的"避难"要素的自然环境有助于恢复，低水平的"前景"要素和高水平的"避难"要素则不利于恢复，甚至会进一步增加个体的压力和注意力疲劳程度[4]。

2. 流行病学与神经科学证据

病理学和神经科学研究中通过自我报告、生理指标测量或者急性、慢性压力的生物标记等方法对自然的健康效益进行评估，结果表明：自然体验与睡眠改善和压力纾解有关，而睡眠和压力问题是精神类疾病（尤其是抑郁症）的主要风险因素，因此自然体验通过对睡眠和压力方面的积极影响来降低精神类疾病的患病风险。另外，自然体验也与焦虑症、注意缺陷等发病率降低有关。例如，荷兰的一项全国性调查（n=6621）显示，居住地附近1公里范围内蓝绿空间的可用性与焦虑症和情绪障碍负相关，与自我报告心理健康和一般性健康正相关，且蓝色空间可用性的相关性更大[5]；另一项以96个荷兰诊所的195名全科医生关于345143人的电子医疗记录为基础数据的调查研究发现，在1公里半径内绿化程度较高的生活环境中，24个疾病群中有15个年流行率较低，这种关系在焦虑症和抑郁症中最为明显，在儿童和社会经济地位较低的人群中更为明显[6]。由于焦虑症和抑郁症被认为是最易受压力因素诱发的，而自然体验的减压作用对此类病症的预防和治疗更为有效。

综上，自然对于健康的积极促进功能已得到广泛验证，城市居民定期接触自然环境与特定的健康结局存在显著关联，并且相比于医疗药物手段，环境的作用更加持久且缓和，对尚不具备临床治疗条件的个体具有明显效果，能够起到防患于未然的作用。自然暴露如同人类心灵和精神的维生素，是健康生活的必要影响成分，被亲切地比喻为

[1] Chiang Y C, Li D, Jane H A. Wild or tended nature? The effects of landscape location and vegetation density on physiological and psychological responses[J]. Landscape and Urban Planning, 2017, 167：72-83.

[2] Asa O, Fry G, Tveit M S, et al. Indicators of perceived naturalness as drivers of landscape preference[J]. Environmental Management, 2009, 90(1)：375-383.

[3] Faber T A, Kuo F E. Children with Attention Deficits Concentrate Better After Walk in the Park[J]. Attention Disorders, 2009, 12(5)：402-409.

[4] Gatersleben B, Andrews M. When walking in nature is not restorative—The role of prospect and refuge[J]. Health & Place, 2013, 20：91-101.

[5] De Vries S, Ten Have M, van Dorsselaer S, et al. Local availability of green and blue space and prevalence of common mental disorders in the Netherlands[J]. BJPsych open, 2016, 2(6)：366-372.

[6] Maas J, Verheij R A, de Vries S, et al. Morbidity is related to a green living environment[J]. Journal of Epidemiology & Community Health, 2009, 63(12)：967-973.

"Vitamin G"。自然为人类的健康提供了一种低成本、非侵入性的解决方案，并有助于减少人们在维系与寻求健康过程中的不平等现象。因此基于自然的解决方案已成为应对慢性疾病、亚健康、心理疾病等公共卫生问题的重要途径，成为相关领域的研究重点。

1.1.3　提升认知表现

认知指人们获取、加工和应用信息的过程，是一项基本的心理过程。从自然中获取的心理益处来自个体与环境之间的相互作用，认知结果建立了个体与自然环境心理效益的中介，即通过体验与经历自然环境所获得的"健康服务"发生并体现在认知过程中。因此对认知层面健康效益的探究也是自然疗愈性研究的根本与主要方面。

既有研究证明了接触自然在行为认知层面具有诸多积极影响：第一层面是提升以注意力为基础的任务表现，例如工作效率、准确度、反应速度、瞬时或长期记忆能力等（表1-1）。1995年卡普兰夫妇提出的注意力恢复理论（Attention Restoration Theory）是该方面的标志性研究：自然体验能够提高个体集中注意力的能力，减少因注意力资源不足而导致的错误率上升、易怒和冲动等不良表现，并根据自然对注意力的恢复机制归纳了注意力恢复性环境的4项基本特质：远离（Being Away）、丰富（Extent）、迷人（Fascination）、兼容（Compatibility）[1]。随后，众多纵向研究以及横截面对照研究均证明了自然体验对认知功能、记忆与注意能力、冲动抑制等方面具有积极影响[2]。例如，Vella和Gilowska（2022）认为自然干预手段（例如户外学习、绿色操场、在大自然中散步、教室里的植物和从教室窗户看到的自然景色）对于5~18岁青少年在选择性注意、持续注意和工作记忆三方面的认知促进效益具有实证性证据，且这些认知层面的积极转变对增进幸福感、恢复认知能力和减轻压力具有潜在作用[3]。在一项针对成年人的研究中，研究人员还发现，居住在绿色公共住房的居民显示出更高的注意力功能[4]。暴露在自然环境后表现出最一致改善的具体任务是逆向数字跨度任务，该任务要求参与者以相反的顺序重复不同长度的数字序列[5]。

① Kaplan R, Kaplan S. The Experience of Nature：A Psychological Perspective[M]. New York：Cambridge University Press, 1989：90.
② Bratman G N, Anderson C B, Berman M G, et al. Nature and mental health：An ecosystem service perspective[J]. Science Advances, 2019, 5(7)：eaax0903.
③ Vella-Brodrick D A, Gilowska K. Effects of nature (greenspace) on cognitive functioning in school children and adolescents：A systematic review[J]. Educational Psychology Review, 2022, 34(3)：1217-1254.
④ Kuo F E, Sullivan W C. Aggression and violence in the inner city：Effects of environment via mental fatigue[J]. Environment and Behavior, 2001, 33(4)：543-571.
⑤ Stevenson M P, Schilhab T, Bentsen P. Attention Restoration Theory Ⅱ：A systematic review to clarify attention processes affected by exposure to natural environments[J]. Journal of Toxicology and Environmental Health, Part B, 2018, 21(4)：227-268.

自然体验认知效益的常用评价项目 表1-1

项目	内涵	测量方法
定向注意	为集中注意力到目标刺激、避免被无关知觉输入所干扰而努力、有意识地使用认知资源的过程	注意力；冲动抑制；瞬时记忆
集中注意	在相对较长的时间内间隔集中注意力	心理警惕性测量（内格尔特立方体控制测试，Necker Cube Pattern Control）
冲动抑制	阻止过量习得或过度反应的能力	Stroop颜色词任务
长—短期记忆	在短时间内记住信息的能力/在长时间内操作和转换信息的能力	数字广度测验（Digital Span Test，DST）：数字正背任务、数字倒背任务

一般来说，在接触自然后，需要工作记忆、认知灵活性和注意力控制的认知任务得到了显著的改善[1]。

第二层面是由第一层面积极益处所带动的、行为和认知方面更深刻的正向转变，例如提高认知功能、学习表现、创造力、想象力，增强问题处理能力、团队合作力和社会互动能力（图1-2）。而这种积极影响在儿童阶段尤为显著，也是该方向研究的热点。相关文献通过横截面研究与纵向研究分别探讨了绿色暴露的短期和长期认知效益。例如，一项包括密歇根101所公立高中的调查研究显示：校园内学生自然暴露程度与学业成绩正相关、与反社会行为负相关[2]；一项使用了英国伦敦31所学校3568名9～15岁青少年纵向数据的研究表明：城市地区接触林地对儿童的认知发展、情感和行为健康有积极影响，但蓝色空间或草地的影响不显著，证明不同类型自然环境对认知发展的促进作用具有差异[3]；Dadvand等（2018）报告称，在儿童发育早期长期接触绿色与大脑的有益结构变化有关[4]。Liao等（2019）观察到，对包括产前在内的2岁以下儿童来说，暴露在社区绿地中与更好的儿童早期神经发育有关[5]。在一个人的一生中，特别是在童年时期，更多地暴露在住宅周围的绿

① Stevenson M P, Schilhab T, Bentsen P. Attention Restoration Theory Ⅱ：A systematic review to clarify attention processes affected by exposure to natural environments[J]. Journal of Toxicology and Environmental Health, Part B, 2018, 21(4)：227-268.

② Matsuoka R H. Student performance and high school landscapes：Examining the links[J]. Landscape and Urban Planning, 2010, 97(4)：273-282.

③ Maes M J A, Pirani M, Booth E R, et al. Benefit of woodland and other natural environments for adolescents' cognition and mental health[J]. Nature Sustainability, 2021, 4(10)：851-858.

④ Dadvand P, Pujol J, Macià D, et al. The association between lifelong greenspace exposure and 3-dimensional brain magnetic resonance imaging in Barcelona schoolchildren[J]. Environmental Health Perspectives, 2018, 126(2)：027012.

⑤ Liao J, Zhang B, Xia W, et al. Residential exposure to green space and early childhood neurodevelopment[J]. Environment International, 2019, 128：70-76.

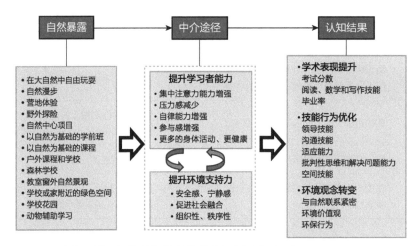

图1-2　自然暴露—行为认知效益的发生机制（来源：根据Ming K, Michael B, Catherine J. Do experiences with nature promote learning? Converging evidence of a cause-and-effect relationship[J]. Frontiers in Psychology, 2019, 10: 305. 改绘）

色空间中，与增强的认知功能和脑密度有关[1]。综上，自然的认知效益体现了其对人类精神发展、思维蓬勃的更深层次的影响，将自然要素融入城市环境将为建筑空间的设计提供信息以增强心理认知功能。

1.2 城市的健康危机

　　城市容纳了各种可观的生存资源与发展机会，这吸引着人们蜂拥而至，即为城市化进程。预计2050年，城市人口将占世界人口总量的2/3[2]。然而随着集聚现象的加剧，城市的容量和组织结构难以维系其中的人们舒适而有序的运行，城市的健康问题逐渐显露，并与城市环境建立起日益紧密的联系。城市中拥挤的交通、肆虐的噪声与大气污染、短缺的绿色体验以及激烈的社会竞争等均对居民的身心健康产生重大影响。

1.2.1　日益激增的环境压力

　　城市环境是一个巨大的信息集合体，林立的高楼、拥挤的人群、穿流的车辆以及纷繁

① Dadvand P, Nieuwenhuijsen M J, Esnaola M, et al. Green spaces and cognitive development in primary schoolchildren[J]. Proceedings of the National Academy of Sciences, 2015, 112(26)：7937-7942.
② World Urbanization Prospects：The 2014 Revision [R]. United Nations, Department of Economic and Social Affairs, Population Division. Methodology Working Paper No. ESA/P/WP.238, 2014.

的广告牌，它们总是不经允许地闯入我们的认知，占据着有限的精力。尤其是电子信息与媒体技术的发达，打开手机或电脑，你将瞬间淹没在信息洪流中，甚至忽视了本意。现代科技促成了信息前所未有的高效传播，却并未考虑人类大脑对于这些信息的承载力与处理力。

过量的、迅速涌入的环境信息可以被视为一种应激刺激，也可以看作是冗余的认知任务。从压力—应激视角分析，城市环境无论从物质还是非物质层面均是一种高压环境：物质环境中包含众多强烈消极的感官刺激，例如轰鸣的噪声、尖锐的鸣笛或飞驰的车辆；并且非亲生物的人工建筑形态对于人类往往是"危险"的暗示；另外，城市非物质环境暗藏激烈的竞争与生活压力。压力会使人类的机体处于紧张的状态，表现为骨骼肌收缩、血液舒张压上升、心率加快、汗腺与皮脂腺分泌增多。为了调动身体内的体力与脑力资源，准备处理潜在的危险或机遇，这是人类在长久的生存进化中发展出的对环境的应对机制。而长久处于压力之下意味着机体被过度地激发、能力被过度地使用，将对机体造成不可逆转的损害，与心血管疾病、心理疾病、消化系统疾病等慢性疾病相关。世界卫生组织于2008年发表观点：心血管疾病已成为人类健康的头号凶手，长期的身心压力将会严重损害身体内脏，并引起抑郁等心理问题[1]。我国心血管疾病的患病率逐年增长，发病率和死亡率持续增加，成为中国人口死亡的首位原因，并且具有患病年轻化趋势，血压为正常高值的成年人已超过50%、儿童青少年高血压患病率不断上升[2]。

从认知视角分析，繁多庞杂的信息将"入侵"认知系统，消耗有限的认知资源。这可理解为：信息被我们不经意地感知，而我们的大脑将自动对其进行处理，这一过程是耗费能量的，如果该信息是与当前目标任务无关的，则是一种认知资源的浪费；同时这一过程也可被解释为：我们需要从众多环境信息中筛选出对当前任务或长远发展有益的项目，屏蔽无关干扰而将精力聚焦到有意义的事件中，而环境中信息量越多，则所需耗费的能量越大。注意力是驱动认知过程的基本能源和原始动力，当其被长时间过度消耗而得不到有效恢复时，认知过程无法正常运行，此时个体将出现自我效能感不足，这对于机体是一种消极的介入，会产生心理、生理和认知方面的多种消极影响。某些情绪障碍病症、心理疾病和行为认知障碍的根源都与认知资源的疲劳和枯竭有关，而社会经济发展带来信息量的激增使现代人定向注意力的消耗程度加重，同时自然体验的缺失造成恢复过程受到阻碍和限制，因此现代人情绪问题频发、心理健康状态堪忧。从国内范围来看，在众多疾病种类中，精神类疾病对人群的健康危害最大，不同程度精神障碍患者占总人口半数以上。

城市实现了资源、信息、文化的高度集成，带动了社会的迅猛发展，但以高效便捷为理念的城市的建设者或践行者们忽视了人类身心所能承载的限度，进而促成了高水平环境

---

① 卞晨光. 世界卫生组织：心血管疾病仍是人类死亡首要原因[R]. 北京：中央政府门户网站，2008. http://www.gov.cn/govweb/fwxx//jk/2008-10/29/content_1134234.htm.

② 国家心血管病中心. 中国心血管健康与疾病报告2021[M]. 北京：科学出版社，2022.

压力的城市"容器",引发了诸多健康问题,如何制衡城市中激增的感知刺激,营造压力水平适用的环境,有待深入探讨。

1.2.2　对感知与精神的忽视

城市环境压力会干扰人类感知与认知系统对可用信息的处理,增加心理与生理负担,产生潜在的健康隐患。反之,具有特定属性的环境能够支持个体对有意义信息的提取与加工,引导对感知刺激的积极认知,促进身心资源与能力的恢复,实现机体的正向转变,这体现了环境对个体健康与福祉的支持作用。1986年《渥太华健康促进宪章》强调了支持性环境对于健康的重要促进作用,提出主动干预。机体通过感官与认知系统,与外界城市环境建立连接,无论是对行为层面的影响还是对精神层面的作用,感官与认知系统是身体与环境之间的中介,也是环境发挥支持作用的途径。

具体可以从两方面理解:

第一,有利的环境能够提供更多积极的选择机会,激发健康的行为模式或习惯倾向。在当今社会,慢性病已成为全球死亡的主要元凶,占全死因的70%以上[①]。在不考虑突发诱因的条件下,生活方式和行为习惯是慢性病的主要成因[②],主要包括饮食模式、饮酒、吸烟和体力活动四项[③]。其中体力活动对于慢性疾病的防治与心理健康的维系具有重要作用,且是与环境关联最紧密的。体力活动是指由骨骼肌带动产生、需要消耗能量的各种身体动作[④]。积极的环境能够激发个体进行体力活动的欲望,并保障活动目标的顺利进行。既有研究表明:土地混合度、公共设施数量与布局、街道可步行性、环境自然度等众多建成环境因素均对体力活动有所影响。同时在城市环境中广泛存在的空气污染、噪声暴露等因素均会增加久坐行为。目前城市居民广泛存在体力活动不足的现象,且已成为造成非传染性疾病的高危因素[⑤]。因此,城市环境对于体力活动、社交活动等健康行为的支持力尚显不足。

第二,支持性环境往往是丰富且有序的,使个体能够较为轻松地提取到所需信息,促进从环境中获得正向感知与认知结果。人类的生存离不开对环境信息的处理,就像当一个

① 曹新西,徐晨婕,侯亚冰,等. 1990—2025年我国高发慢性病的流行趋势及预测[J]. 中国慢性病预防与控制,2020,28(1):18-23.

② Stanaway J D, Afshin A, Gakidou E, et al. Global, regional, and national comparative risk assessment of 84 behavioural, environmental and occupational, and metabolic risks or clusters of risks for 195 countries and territories, 1990–2017:a systematic analysis for the Global Burden of Disease Study 2017[J]. Lancet, 2018, 392(10159):1923–1994.

③ Knoops K T B, de Groot L C, Kromhout D, et al. Mediterranean diet, lifestyle factors, and 10-year mortality in elderly European men and women:the HALE project[J]. Jama, 2004, 292(12):1433-1439.

④ Caspersen C J, Powell K E, Christenson G M. Physical activity, exercise, and physical fitness:definitions and distinctions for health-related research[J]. Public Health Reports, 1985, 100(2):126-131.

⑤ WHO. Global strategy on diet, physical activity and health[M]. WHO, 2004.

人处在没有任何图文资料的封闭空间时，他将感到无聊甚至崩溃。正如我们的身体需要不断摄入食物一样，我们的大脑也需要持续获取信息。但当环境处理超过大脑负荷时，我们又会因资源与能力过度消耗而感到疲惫。因此，人们需要定期接触刺激水平适宜的环境，使大脑处于愉悦而轻松的状态，而大脑的积极反馈将通过"心理→神经→激素"路径对身体产生作用，从而实现支持性环境健康效益的转化。多数城市建成环境虽然包含数量庞大的信息，但通常是杂乱无章的，难以统一在简明有序的逻辑中，且存有一定消极刺激，例如前文所提到的压力元素。同时日常城市环境缺乏对个体缓和而深入的作用，往往无法引发深层的反思与共鸣。试想当你行走在一条繁华的商业街上时，你也许可以从鳞次栉比的商店、熙熙攘攘的人群，抑或是设计精良的建筑中感受到瞬时的愉悦，但这与在自然公园中漫步所产生的身心影响不同，前者更加激烈却总是浮于表层，后者更加缓和但深入内心。因此，相比于自然环境，城市环境欠缺对个体心理健康与认知愉悦的支持力。

1.2.3 与自然世界日趋疏远

人类在其存在的大多数时间里都与自然发生密切的联系，并获取了巨大的收益。然而这种联系在现代城市中被大大削弱，近几十年来，世界范围内人们特别是儿童与自然的互动骤减，这不仅局限于狭义上的原始自然或荒野环境，还包括各种自然活动，例如访问公园、了解野生动物、观看自然景观等（图1-3）。现代居民的户外自然体验正在消失，取而代之的是虚拟的屏幕体验。

进化学中的"经验的灭绝"（Extinction of Experience）概念深入阐述了这一现象：日常生活中与自然及相关野生生物直接接触可能性的减少，导致下一代所接触到的自然剂量与质量降低，而失去与自然的互动不仅削弱了与健康和福祉相关的广泛利益，还阻碍了对待环境的积极情绪、态度和行为。至此，"自然机会减少"与"负面、不满的自然感知"之间形成了一种负反馈的恶性循环。而这其中的成因包括两方面（图1-4）。

一是自然机会的缺失：城市与建筑环境中的自然含量较低、活性较弱。多数城市的自然生态要素面积逐年下降，虽然人工化的绿色基础设施（例如公园）数量有所增加，但整体上呈现零星破碎的分布态势，相互之间的连通性较低，难以形成廊道效应，对城市生态和居民健康的贡献率较低。例如，南京市的自然生态要素面积由2000年的1011.58平方公里减少到2020年的984.04平方公里，其中大型生态斑块的减少占主导，且水域面积也表现出大幅度下降[①]。并且在人工化自然环境的建设与使用过程中，存在一定程度的服务获取不平等现象，例如绿色绅士化问题，即绿色倡议或绿色实践使当地的环境设施得到提升和

---

① 赵海霞，范金鼎，骆新燎，等. 绿色基础设施格局变化及其驱动因素——以南京市为例[J]. 生态学报，2022，42(18)：7597-7611.

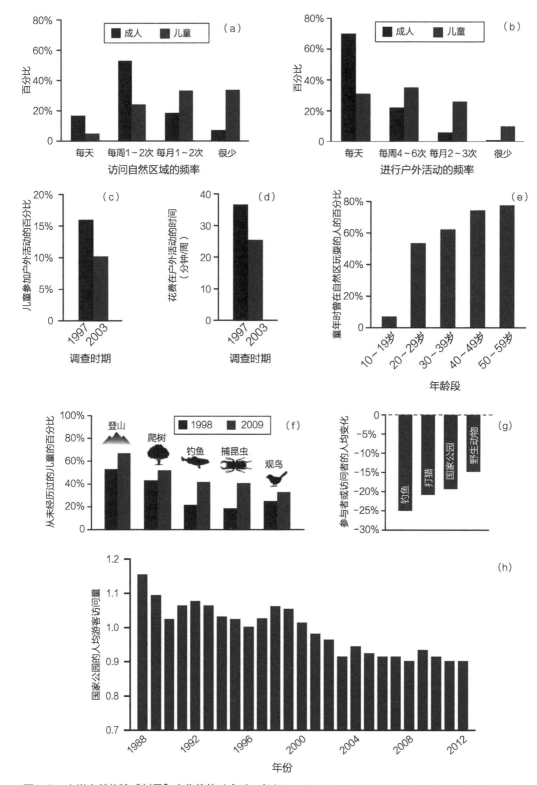

图1-3 人类自然体验"剂量"变化趋势（来源：根据Soga M, Gaston K J. Extinction of experience: the loss of human-nature interactions[J]. Frontiers in Ecology and the Environment, 2016, 14(2): 94-101. 改绘）

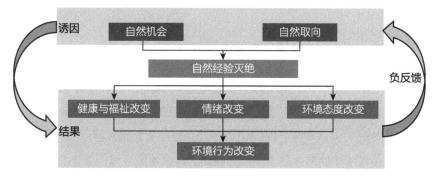

图1-4 "经验灭绝"的成因与结果相互作用模型（来源：根据Soga M, Gaston K J. Extinction of experience: the loss of human-nature interactions[J]. Frontiers in Ecology and the Environment, 2016, 14(2): 94-101. 改绘）

改善，从而吸引了较为富有阶层的进入，而对原有居民产生了驱逐的排斥[①]。

二是自然取向的缺失：从现代生活方式的常态可以看出人们正逐步丢失与自然互动的积极取向。美国一项研究表明现代人几乎90%的时间都在建筑物里度过，这一趋势遍及世界大多数城市地区[②]。增长的屏幕使用与室内时间、久坐的生活与工作方式都体现了人们对自然体验的情感亲和力、热爱和兴趣的减弱，对自然价值与环境规范的丧失。如果人们不再重视自然，或者不再认为自然与自身的生活相关，他们还愿意投资与保护自然吗？自然取向指人们使用自然的动机以及预期收益，暗示了与自然的情感联结，是驱动人们体验自然、爱护自然的动力之一。Lin等（2014）发现，相比于社区绿地覆盖率，个体与自然的联系程度对实际绿地访问行为具有更大的积极作用，即使他们具有较高的审美和娱乐价值[③]，相当一部分人也不愿意使用社区内的自然环境。Scott等（2014）发现，参与以自然为基础的活动能够增强成年人与自然的情感联系，从而影响自我报告的亲环境行为[④]。

综上，现代城市创造了与自然"隔离"的生存空间，也是诸多健康问题的诱因，当人们意识到亲近自然是应对城市公共健康问题的关键时，城市中的自然禀赋已被损耗严重。目前城市面临自然资源逐年缩减的困境，尽管人们在不断努力创造以及优化人工绿色空间，但其健康与生态效益尚不足以满足城市居民的需求并有待提升。"自然经验灭绝"是一个公共卫生问题，也是阻止和扭转全球环境退化的基本保障，理解其现象特征与内在成因，以重新建立人与自然的联系对于健康社会和解决环境问题至关重要。

① 刘彬. 西方绿色绅士化研究进展与启示——《绿色绅士化：城市可持续发展与为环境正义而战》述评[J/OL]. 国际城市规划: 1-13[2022-10-29].http://kns.cnki.net/kcms/detail/11.5583.TU.20210815.1238.002.html.

② Evans G W, McCoy J M. When buildings don't work：The role of architecture in human health[J]. Environmental psychology, 1998, 18(1)：85-94.

③ Lin B B, Fuller R A, Bush R, et al. Opportunity or orientation? Who uses urban parks and why[J]. PLoS ONE, 2014, 9 (1)：e87422.

④ Scott B A, Amel E L, Manning C M. In and of the wilderness：Ecological connection through participation in nature[J]. Ecopsychology, 2014, 6(2)：81-91.

1.3 寒地的固有困境

寒地是根据冬季气候特征所定义的一个比较笼统的概念，泛指冬季漫长、年平均气温偏低、地理纬度较高、气候相对严酷的地区[①]。我国寒冷气候条件下的地域幅员辽阔，国家标准《民用建筑热工设计规范》GB 50176—2016划分的5个建筑热工设计气候区域中，严寒和寒冷地区覆盖了中国的东北、华北、西北和西南地区，约占国土总面积的2/3[②]。低温、降雪、短日照是寒地冬季气候的三大主要特征，另外寒地城市的自然景观形态和建筑形态与其他地区具有明显的差异性。在特殊气候的影响下，寒地环境存在与公共健康、疗愈性设计有关的固有困境。

1.3.1 健康困境

在多数情况下，寒地冬季气候被机体视为一种强势而消极的刺激，引发生理和心理的不适，进而产生各类健康隐患（图1-5）。首先，低温与降雪极大地降低了冬季室外环境的舒适性与可步行性，从而削弱了居民的体力活动水平。冬季室外温度低、寒风凛冽，给人们生理造成极大不适。冬季降雪使路面积雪结冰，附着力减小，进一步给出行增加了困难，也很大程度上限制了人群的户外活动，减少了释放压力的方式和机会。另外，定期接收自然光照对维系心理健康具有重要意义，而寒冷冬季昼短夜长，太阳入射角低，人们能够感受到自然光照的时间缩短，加之室外环境气候恶劣，多数人冬季大部分时间处于室内，而寒地城市的多数建筑为避免热量散失，采取相对狭小的开窗形式，上述因素均导致寒地城市居民缺乏自然光照的问题。最后，植被、水体等自然景观对于心理健康具有极大

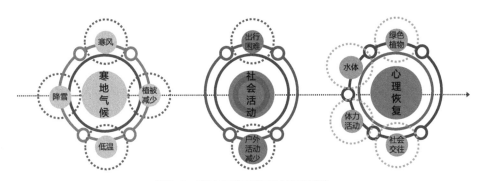

图1-5 寒地气候对健康的影响模型

① 梅洪元. 寒地建筑[M]. 北京：中国建筑工业出版社，2012：18.
② 冷红，曲扬，袁青. 寒地城市规划研究回顾与展望[J]. 科技导报，2019，37(8)：20-25.

的修复作用，而严寒地区特殊的气候条件减少了植被的种类、缩短了植被的绿视周期，在漫长的冬季，植被枯萎、水体结冻、积雪覆盖，大大降低了自然景观对于居民心理的恢复作用。此外，近年来由于环境污染，在冬季供暖期间频繁出现了雾霾天气，不仅对健康造成了直接的伤害，阴沉的环境氛围也给心理造成了负面影响。

所以，相对于其他地区，寒地城市居民面临更加严峻的心理考验，更容易出现身心健康问题。例如季节性情感障碍（Seasonal Affective Disorder，SAD），又称冬季抑郁，是一种具有季节模式的抑郁症，常见于气候寒冷、昼短夜长、冬季持续时间长、四季变化明显的高纬度地区[①]。不仅表现为兴趣减退、精力不足、注意力低下等典型抑郁症状，还伴有睡眠过度、碳水化合物欲求过度、晨起疲劳和身体质量指数增加等非典型症状[②]。情绪和身体的不适症状会在一年中40%的时间持续存在，对个体的心理和社会功能造成严重持久的影响。流行病学调查显示其发病率在10%～30%，且未报告或未确诊的病例广泛存在[③]。另外，普通抑郁病人也会在冬季显示出更严重的精神和躯体病症[④]。又例如，冬季的低温使人体代谢需氧量增加，免疫细胞的活性降低，导致免疫力水平降低，致使流感等传染性疾病发生率增加[⑤]。

同时，流行病学调查显示，在寒冷的冬天各种心脑血管疾病、呼吸系统疾病的发病率呈上升趋势。相关的病理学原理为[⑥]：寒冷作为一种强烈的负面刺激，会引发机体产生一系列的反应以应对环境的不利变化。首先是交感神经的兴奋，引发肾上腺素、去甲肾上腺素、神经肽等神经递质的增加，从而引发动脉收缩与心输出压增加，相当于心血管系统承受了更大的压力；其次，交感神经的亢进会增加肾脏系统的运行阻力，易引发其结构或功能异常；最后，慢性的冷暴露会通过破坏体内促氧化剂和抗氧化剂的平衡而导致氧化性应激，从而对细胞造成损坏。

综上，寒冷气候作为一种广泛存在的消极刺激，对个体的生理和心理造成较高的压力与负担，同时冬季匮乏的自然资源又导致了恢复性体验的缺失。因此寒地城市居民在冬季面临高损耗和低恢复的现实困境，其身心健康有待支援。而传统依赖自然体验的疗愈路径在寒地城市应用有限，并且人一天有约90%的时间处于建筑室内，所以提高人工环境的恢复性对于促进个体身心健康是行之有效的。在一个人工建构的环境中，空间条件与健康状况息息相关，所以空间需要恢复性设计，恢复性设计是在人与自然中寻找平衡。

---

① 李佩佩，谈博，黄晓楠，等. 季节性情感障碍的研究进展[J]. 中华中医药杂志，2019，34(7)：3135-3137.

② Praschar R N, Willeit M. Treatment of seasonal affective disorders[J]. Dialogues Clin Neurosci, 2003, 5(4)：389-398.

③ Westrin A, Lam R W. Seasonal affective disorder：a clinical update[J]. Ann Clin Psychiatry, 2007, 19(4)：239-246.

④ Murase S, Murase S, Kitabatake M, et al. Seasonal mood variation among Japanese residents of Stockholm[J]. Acta Psychiatrica Scandinavica, 1995, 92(1)：51-55.

⑤ 尹旭辉，姜在福，杨晓临，等. 寒冷对正常人体免疫功能的影响[J].中国公共卫生学报，1996(6)：52.

⑥ 郑曦，杨永健. 寒冷与原发性高血压发病机制的关系[J]. 西南军医，2014，16(2)：171-172.

1.3.2　应用困境

受到寒冷气候的制约，寒地城市中基于建成环境设计与优化的健康促进途径偏少，目前的研究集中在两个方面：一是以体力活动为因变量或中介变量，探究寒地建成环境对体力活动的影响或通过影响体力活动而产生的健康作用。例如，袁青等调查了冬季住区绿地活动行为的环境影响因素，并证明了其与心理健康之间的关系[①]；冷红等探究了寒地城市住区冬季感知环境对身心健康的直接影响和基于体力活动中介的间接影响[②]；彭慧蕴和谭少华将居民行为模式作为中介变量分析公园环境与感知恢复性的因果关系[③]；Bedimo等以环境特征为自变量，以体力活动水平为中介，以健康水平为因变量，提出环境通过影响人群活动进而影响公园健康效益的观点[④]；Lachowycz等将人群活动模式作为中介变量，探究城市绿色空间客观环境特征对健康的影响机制[⑤]。二是直接探究寒地建成环境与各种视角下健康指标之间的关系。例如，吕飞等发现住区建成环境中的绿视率、天空开阔度、人口密度等因素与老年人情绪健康具有显著关联[⑥]；赵慧敏从服务水平、空间设计、空间失序三个层次出发，测量街道可步行性与老年人心血管健康之间的关系及人口统计学差异[⑦]。从既有研究中可以看出，身体行为受到环境的影响较大，又与身心健康存在密切关联，且在寒地气候影响下具有独特的模式，因此寒地健康人居环境的研究集中于此。与身体行为相同，个体的精神活动也在空间环境对健康的影响中扮演着重要媒介，与直接研究环境与健康之间关系相比，以精神活动特征为中介有利于更深入细致地探究其中的作用机制，建立更精细化的优化路径。

当前疗愈性环境的研究与设计多为基于自然的解决方案，更准确地说，是蓝绿自然。例如徐磊青等测量了街道绿视率与街道界面对环境疗愈性的影响[⑧]；朱玉洁等探究了公园视

① 袁青，赵家璇，冷红. 冬季住区绿地活动行为对老年人心理健康的影响研究[J]. 中国园林，2022，38(3)：45-50.
② 冷红，邹纯玉，袁青. 主观感知的寒地城市住区冬季环境对老年人身心健康的影响——以体力活动为中介变量的实证检验[J]. 上海城市规划，2022(1)：148-155.
③ 彭慧蕴，谭少华. 城市公园环境的恢复性效应影响机制研究——以重庆为例[J]. 中国园林，2018，34(9)：5-9.
④ Bedimo R A L, Mowen A J, Cohen D A. The significance of parks to physical activity and public health：a conceptual model[J]. Preventive Medicine, 2005, 28(2)：159-168.
⑤ Lachowycz K, Jones A P. Towards a better understanding of the relationship between greenspace and health：Development of a theoretical framework[J]. Landscape and Urban Planning, 2013, 118：62-69.
⑥ 吕飞，韩冰冰，王博. 基于主成分分析法的寒地住区建成环境对老年人情绪健康影响的研究[J]. 城市建筑，2018(24)：47-50.
⑦ 赵慧敏. 寒地城市街道可步行性对老年人心血管健康的影响研究[D]. 哈尔滨：哈尔滨工业大学，2021.
⑧ 徐磊青，孟若希，黄舒晴，等. 疗愈导向的街道设计：基于VR实验的探索[J]. 国际城市规划，2019，34(1)：38-45.

听环境对注意力恢复效益的影响[①]；何琪潇与谭少华选取社区公园内草地、灌木、乔木、花卉等8类自然要素，对其恢复性潜能进行度量评价[②]；Chandrashekar[③]探究了水体、艺术装置和树冠等景观要素对大学校园室外空间的恢复性的贡献；杜宏武等论述了"绿康城市"的设计理念，以同时实现城市环境的绿色生态与市民的身心健康，其构成要素包括水、绿相交的生态绿网系统，作为生物栖息环境建设的城市绿地，亲水型近自然河川廊道等12项[④]。一项对2016年以来自然暴露与心理健康关系的综述研究发现，多数研究中自然景观的选取均是在温暖的夏季和春季，而冬季自然景观健康效益的研究极少（图1-6）。因此这提出了疗愈性景观研究的重大问题：自然对心理健康的好处在冬季是否仍然存在？

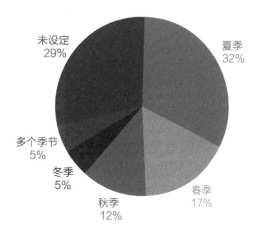

图1-6　自然疗愈性研究的季节分布（来源：Barnes M R, Donahue M L, Keeler B L, et al. Characterizing nature and participant experience in studies of nature exposure for positive mental health: An integrative review[J]. Frontiers in Psychology, 2019, 9: 2617.）

　　综上，既有研究成果主要集中在自然类要素疗愈机制与基于自然的疗愈性体系建构方面，而寒地自然资源相对匮乏且冬季蓝绿空间活性显著下降，并且冬季室外环境恶劣，人们户外活动时间骤减，这些均导致既有的疗愈机制与路径在寒地冬季的应用存在困境。同时寒地冬季具有独特的冰雪景观，是否具有一定的疗愈性？寒地自然的健康潜力是否得到全面的开发与利用？这些问题均有待论证。因此，立足寒地气候背景，深究冬季景观的疗愈机理，探析人—寒地自然—城市环境三者之间的关系，以实现适寒性疗愈对于提升寒地城市环境的健康功效是十分必要的。

1.3.3　设计困境

　　既有寒地建筑的设计与建造多基于适寒理念，在一定程度上体现出对环境的抵御与规避，尤其是风雪与低温两大主要寒地气候要素。例如，韩培针对"低温"特征提出隔离缓冲的适应策略，针对"风雪"特征提出集聚避难的适应策略[⑤]；梁斌在阻御冬季冷风的城市

① 朱玉洁，董嘉莹，翁羽西，等. 基于眼动追踪技术的森林公园环境视听交互评价[J]. 中国园林，2021，37(11)：69-74.
② 何琪潇，谭少华. 社区公园中自然环境要素的恢复性潜能评价研究[J]. 中国园林，2019，35(8)：67-71.
③ Chandrashekar R. Landscape design criteria for creating a restorative environment in outdoor areas of Ikenberry Commons Residence Halls[D]. Urbana：University of Illinois at Urbana-Champaign, 2015：90.
④ 杜宏武，李树华，姜斌，等. 健康城市与疗愈环境[J]. 南方建筑，2022(3)：1-8.
⑤ 韩培. 基于生物气候适应性的寒地建筑适寒设计研究[D]. 哈尔滨：哈尔滨工业大学，2016.

格局策动、阻御冰雪侵袭的场域形态防护、阻御极寒温度的界面性能进化三方面展开具体的策略引介[①]。部分学者也强调了寒地建筑的在地生长、与环境对话以及对环境的主动适应。例如，王飞将自组织理论引入寒地建筑设计中，提出形态适寒设计策略，试图在保证气候抵御力的基础上，以更加亲和的方式融入环境，推动了寒地建筑从"被动抵御"走向"积极适应"[②]；孙澄等利用参数化模拟技术，探讨改善室内光舒适、降低能耗的建筑夹层空间设计参数[③]。此类实证研究或设计思想更多地关注了建筑与环境的关系以及对环境要素的利用，但主要是从宏观层面对建筑在地性的探讨，缺乏对微观层面的个体主观感受与认知的考量。并且实际建造中往往会过于注重经济与能耗指标，从保温与节能目的出发指导建筑体量与界面的设计，造成建筑孤立于环境中，存在与环境的能量交换被阻断的潜在隐患。

从疗愈性环境的角度探讨寒地建筑与人群的关系，寒冷地区的气候环境虽恶劣，但也是培育寒地生物的沃土。在长久的进化过程中，寒冷气候也滋养了该地域内生物的繁衍生息，所以二者之间必然存在一种和谐的依存与给养的关系，即寒地气候必定存在能够激发人类身心恢复与疗愈的内在力量。只是人工建造技术的介入破坏了这种本源的联系，人们开始惧怕和躲避寒冷，而为自身创造了封闭、恒定的室内环境，这些看似符合人类生理需求的各项环境参数指标实际上忽视了人类的心理与认知需求。因此，当意识到建筑环境存在的健康隐患时，我们应回归自然的气候与环境条件，在深入剖析人与寒地自然关系的基础上寻求当前健康问题的解决之道。

从表面来看，寒冷桎梏了建筑的疗愈性设计；但从进化本源分析，寒地气候环境、寒地景观环境等寒地特有的自然禀赋也必然为建筑的疗愈性设计提供启发，而其潜在的能力尚未得以挖掘。剖析寒地自然对人类身心与认知的疗愈原理，思考建筑环境所能发挥的中介作用，是对寒地建筑在地生长的深度回应，是从以人为本而非单纯以环境为本的视角对人与环境关系的再思考。

1.4　建造的积极响应

随着社会经济和公民知识水平的不断提高，疾病预防、身体保健等养生观念在现代人的主观意识中占据了愈加重要的地位，健康理念在各行各业大行其道。健康不仅指没有疾病，更指身体和心理均处于良好活跃的状态。日常环境对人类身心健康的影响作用被广泛

---

① 梁斌. 基于可持续思想的寒地建筑应变设计策略研究[D]. 哈尔滨：哈尔滨工业大学，2015.
② 王飞. 寒地建筑形态自组织适寒设计研究[D]. 哈尔滨：哈尔滨工业大学，2016.
③ 孙澄，曾迎，韩昀松. 寒地办公建筑夹层空间自然采光性能参数化模拟研究[J]. 西部人居环境学刊，2021，36(5)：24-30.

强调和普及，心理学和康复医学上关于慢性疾病的预防、亚健康状态的改善等相关研究也开始逐渐影响建筑学、城乡规划学和风景园林学科的研究，人工建造环境开始着重关注并逐步响应人类的健康与福祉需求。

1.4.1　健康环境

联合国2015年可持续发展目标（Sustainable Development Goals）将追求公众健康和福祉列入其中；《欧洲景观公约》（*European Landscape Convention*）所提出的健康社会决定因素模型强调了日常生活环境、结构性权利和经济不平等对人们健康、福祉与预期寿命的影响。世界许多城市相继开展健康城市战略，即通过不断改善与优化物理和社会环境，使人们能够有效履行生活职能，例如"伦敦健康伙伴关系"（Healthy London Partnership）[①]、"温哥华健康城市战略"（Vancouver Healthy City Strategy）[②]和"巴黎15分钟城市战略"（Paris 15-minute City Strategy）[③]。我国对健康的城市环境表现出了高度的关注，2016年，中共中央、国务院发布的《"健康中国2030"规划纲要》提出"把健康融入城乡规划、建设、治理的全过程，促进城市与人民健康协调发展"。在国务院印发的《关于进一步加强城市规划建设管理的若干意见》中强调了城市环境应重点加强宜居性和健康性的打造，创建以保障居民生活质量为标准的居住环境。

健康理念被引入环境设计领域，"健康城市""健康社区""健康建筑"等设计目标应运而生，空间环境的设计重点由"量"转变为"质"，即关注空间体验的舒适性和愉悦性，以及空间对身心健康的深远影响。从研究对象上，可分为宏观的健康城市、中观的健康社区与街道、微观的健康建筑三个层面；从研究内容上，主要包括空间环境与各类健康结局之间的关系和健康环境的实现路径。

在宏观层面上，谭少华等以城市复杂系统的空间尺度特征为依据，从不同层面提出了健康城市建设的主动干预技术，包括危害源的阻断与自然灾害的应对、城市生态自我调节能力的加强和人群健康生活方式的引导等[④]；蒋希冀等利用事件流分析方法，梳理总结了健康城市理念与实践的发展历程，大致包括概念确立与拓展、健康影响评估、规划实践推进等阶段[⑤]；谢劲等系统地探究了城市交通环境、人文环境、游憩环境等对环境健康属性

① https://www.healthylondon.org/.
② https://vancouver.ca/people-programs/healthy-city-strategy.aspx.
③ https://www.paris.fr/dossiers/paris-ville-du-quart-d-heure-ou-le-pari-de-la-proximite-37.
④ 谭少华，何琪潇，杨春．健康城市的主动式规划干预技术：尺度转换的视角[J]．科技导报，2020，38(7)：34-42.
⑤ 蒋希冀，叶丹，王兰．全球健康城市运动的演进及城市规划的作用辨析[J]．国际城市规划，2020，35(6)：128-134.

与居民健康感知的贡献，从而提出健康人居环境的规划策略[1]；杨春等基于健康城市主动式规划干预理念，从健康风险评估及优化、公共健康资源合理配置和健康生活方式引领三方面提出健康城市规划思路[2]。

在中观层面上，朱玲提出应从社区层面入手探究风景园林体系与公共健康的接口，并从提升社区复合功能、强化社区公园疗愈功能、组织社区造园活动等方面建构健康促进的社区环境建设理论框架[3]；上海城市规划期刊刊登了主题为"全龄友好的健康社区"系列文章，探讨了健康社区的营造策略，以及在疫情常态化背景下健康社区治理的长效机制[4]；牟燕川等基于既有社区建成环境评价方法，建构了适应中国城市特征、以健康为导向的社区建成环境审计工具[5]；董禹等探究了街道建筑外部特征、街道环境质量、街道界面特色等空间感知特征对积极心理和抑郁、压力、焦虑等消极心理的影响作用[6]；陈婧佳等指出街道空间中的负面和消极环境特征是一种"空间失序"的表现，会成为引发身心压力的慢性应激源，对健康造成负面影响[7]；Taylor等发现街道树木与降低抗抑郁药处方率相关[8]；Helbich等研究了街道蓝绿景观与老年抑郁症之间的关系[9]；Chen等研究道路、天空、建筑等要素对喜悦、专注、放松、抑郁等6种情绪因子的影响差异[10]。

在微观层面上，健康建筑的内涵与评价标准在逐步优化。世界各国的建筑行业相继将健康理念作为空间环境设计的重点。欧美一些发达地区已经对建筑环境的心理健康促进功能提出了明确的要求和设计目标：美国制定了对建筑环境的心理健康功能进行专项评估的设计标准，名为"WELL健康建筑"评估标准，综合评定建筑环境在身体健康、心理健康、情绪等方面的影响作用[11]。中国建筑学会标准《健康建筑评价标准》T/ASC 02—2016中定义"健康建筑"是在满足建筑功能的基础上，为建筑使用者提供更加健康的环境、设

① 谢劲，全明辉，谢恩礼. 健康中国背景下健康导向型人居环境规划研究——以杭州市为例[J]. 城市规划，2020，44(9)：48-54.

② 杨春，谭少华，李梅梅，等. 健康城市主动式规划干预途径研究[J]. 城市规划，2022，46(11)：61-76.

③ 朱玲. 以社区单元构建与公共卫生相结合的风景园林体系[J]. 中国园林，2020，36(7)：26-31.

④ 袁媛. 全龄友好的健康社区[J]. 上海城市规划，2021(1)：5-6.

⑤ 牟燕川，王荻，黄瓴. 社区建成环境审计——推进健康社区的有效工具[J]. 国际城市规划，2022，37(2)：44-52.

⑥ 董禹，李珍，董慰. 生活性街道环境感知特征对居民心理健康的影响：哈尔滨市老城区的实证研究[J]. 中国园林，2021，37(11)：45-50.

⑦ 陈婧佳，张昭希，龙瀛. 促进公共健康为导向的街道空间品质提升策略——来自空间失序的视角[J]. 城市规划，2020，44(9)：35-47.

⑧ Taylor M S, Wheeler B W, White M P, et al. Research note：Urban street tree density and antidepressant prescription rates—A cross-sectional study in London, UK[J]. Landscape and Urban Planning, 2015, 136：174-179.

⑨ Helbich M, Yao Y, Liu Y, et al. Using deep learning to examine street view green and blue spaces and their associations with geriatric depression in Beijing, China[J]. Environment International, 2019, 126：107-117.

⑩ Chen C X, Haiwei L, Weijing L, et al. Predicting the effect of street environment on residents' mood states in large urban areas using machine learning and street view images[J]. Science of The Total Environment, 2022, 816：15165.

⑪ IWBI. The well performance verification guidebook[M]. New York：Delos Living LLC, 2014：65.

施和服务，促进建筑使用者身心健康，实现健康性能提升的建筑[①]。但国内研究对于健康机制的探讨侧重于物理环境对生理健康的影响，影响因素主要为室内空气质量、声光热环境参数、建筑设备与材料，健康衡量指标主要包括呼吸道疾病、心血管疾病、昼夜节律、认知能力等。

综上，随着健康理念与内涵的发展与扩充，健康环境的研究趋于精细化和层级化。就目前国内的研究成果看，宏观层面与中观层面上的健康城市与健康社区的研究已具备较为完善的评价体系和充足的实证研究，能够为阐述与深入理解健康环境的作用机制提供基础和指导，但微观层面的健康建筑的关注对象以物理环境为主，缺乏建筑空间环境对各类健康指标的影响。同时，从整体上来看，对健康结局的衡量指标有待细化。例如"心理健康"这一常用的健康指标，实际上只是机体最终的外显结果，并未触及人与环境作用过程中的本源机制，即从"建筑环境"的作用本体到"心理健康"的健康结局之间的过程仍处于"黑箱"状态。因此，我们需要结合认知学、心理学、神经生物科学等相关学科，以探寻能够介入上述"黑箱"过程的关键点，从而深入解析建筑环境内在的健康触发机理，为健康环境建立更科学高效的设计路径。

1.4.2 疗愈性设计

1. 自然性

疗愈性设计起源于对自然清神醒脑、疲劳纾解等积极健康效益的探讨。1983年，密歇根大学环境心理学家史蒂芬·卡普兰（Stephen Kaplan）发现，数周的野外生活能够使受试者在计算任务中取得更好的表现，证明自然体验在认知层面的恢复作用，并首次提出了"恢复性环境"（The Restorative Environment）的概念。随后学者更多地致力于对促进心理健康的环境的探索。研究表明：恢复性环境能够诱发身心产生一系列积极转变，身处其中，个体的注意力资源能够得到有效的补充和再生，身心疲劳得以舒缓，证明了物质空间环境对于心理健康有重要的影响，并推导了恢复性环境的特点。随后，众多学者通过实验方法证明了自然环境、城市中的绿化环境、水体、建筑环境中的自然要素等都具有恢复作用。在这一阶段，疗愈性设计的研究与实践均是围绕自然所展开的。具体包括功效验证、影响机制探索、设计路径建立三方面。

在功效验证方面：城市中具有绿地、水体等自然资源的公共空间恢复性远高于单纯的人工空间，对此类空间的探访能获得等同于自然环境的恢复体验[②]。长期规律地与上述空间

---

① 中国建筑学会. 健康建筑评价标准：T/ASC 02—2016[S]. 北京：中国建筑工业出版社，2016.
② Wilkie S, Clouston L. Environment preference and environment type congruence：Effects on perceived restoration potential and restoration outcomes[J]. Urban Forestry & Urban Greening, 2015, 14(2)：368-376.

接触的城市居民不仅在冠心病、脖颈及肩周疾病、背部疾病、抑郁、焦虑、上呼吸道感染、气喘、偏头疼等方面的发病率低于其他人群，同时也较少地受到压力感等消极情绪的困扰[1]。因此，城市绿色空间在提高居民的生活质量和促进身心健康方面发挥着重要作用。在影响机制方面：绿色空间的可达性、空间规模、水体面积、植被种类、植被覆盖率、空间开敞度、自然组分的比重、物种丰富度、景观设计、社会文化性等因素影响着空间所能发挥的恢复效益[2]。其中绿色空间的可达性高、存在水体、观察点可见的树木或灌木的数量多及景观设计优良等都能增加其恢复性。另外个体自身属性因素影响了对环境恢复性的感知，例如童年时期居住地所处的景观类型可以更加容易地激发人们的恢复性感受，人们更加偏好与童年经历的景观相同的景观类型[3]。在设计路径方面：基于绿色空间的恢复效益，研究者开始探索以促进城市居民身心健康为目标的设计策略。2006年，英国研究者威茨（K. Thwaites）等人综合了恢复性环境理论与中心理论，提出了基于编织和嵌套方法的城市恢复性休闲空间的概念和设计方法[4]。2009年，坎贝尔（Campbell）深入地阐述和诠释了生物亲缘关系理论，强调了绿色基础设施的重要性并提供了景观改善人群身心健康的系统性设计导则[5]。2012年，城市未来研究方面的权威专家查尔斯·兰德利（Charles Landry）将城市看作是一个感性的整体，通过分析城市中的空间景观对人心理和情感上作用，提出城市景观设计方法[6]。

2. 类型性

自然的积极功效使学界开始重新审视空间环境的心理精神功能，而具有精神疾病、心理问题或临床病症的个体成为最为迫切的疗愈对象，因此"疗愈"成为空间设计的热点，首先在医疗环境中得到广泛的应用，疗愈花园、康复花园等作为一种治疗工具被植入医疗、康养建筑体系中，以创造一种基于自然的健康促进空间（图1-7）。在针对压力障碍者治疗的康复花园的研究中，罗杰·乌尔里希（Roger Ulrich）首先利用自然在生理方面的积极作用提出了康复和医疗空间中支持性花园的设计构想，试图通过为病人提供恢复性的自然体验，达到缓解病痛的目的[7]。在随后的研究中，支持性花园的设计理论得到实践和

① Grahn P, Stigsdotter U K. The relation between perceived sensory dimensions of urban green space and stress restoration[J]. Landscape and Urban Planning, 2010, 94(3-4)：264-275.

② Wang Y. Stress recovery and restorative effects of viewing different urban park scenes in Shanghai, China[J]. Urban Forestry & Urban Greening, 2016, 15：112-122.

③ Adevi A A, Grahn P. Preferences for Landscapes：A Matter of Cultural Determinants or Innate Reflexes that Point to Our Evolutionary Background?[J]. Landscape Research, 2012, 37(1)：27-49.

④ Thwaites K, Helleur E, Simkins I M. Restorative urban open space：Exploring the spatial configuration of human emotional fulfilment in urban open space[J]. Landscape Research, 2005, 30(4)：525-547.

⑤ L. Campbell, A. Wiesen. Restorative commons：creating health and well-being through urban landscapes[M]. U. S. Department of Agriculture, Forest Service, Northern Research Station, 2009：56.

⑥ Landry C. The sensory landscape of cities[M]. Gloucestershire：Comedia, 2012：74.

⑦ Ulrich R S. Healing Gardens：Therapeutic Benefits and Design ecommendations[M]. New York：John Wiley & Sons, 1999：27-86.

图1-7 澳大利亚西伦托夫人儿童医院的疗愈花园（来源：Reeve A, Nieberler-Walker K, Desha C. Healing Gardens in Children's Hospitals: Reflections on Benefits, Preferences and Design from Visitors' Books[J]. Urban Forestry & Urban Greening, 2017, 26: 48-56.）

验证。1999年，库珀·马科斯（Cooper Marcus）通过对美国加州医院的实地调研，证明了医院中的花园空间对病患和家属能够产生积极的感知作用[①]。随后，学者对康复花园的特性进行了更深入的研究，发现即使是5分钟的短暂体验，这种功效也是不可忽视的[②]。并且与绿色环境的相互作用是康复过程中重要的环节，随着活动程度的增加，花园体验的恢复功效加强[③]。另外，卡瑞纳（Carina）通过参与式观察，调研压力患者在治疗花园中选择散步的地点和持续的时间，试图分析患者对于康复花园的使用模式以及花园对使用者的反作用，以深入恢复公园的设计[④]。在众多研究基础的支持下，形成了对于康复花园的使用者社会支持、隐私与控制、体力活动和自然要素四大研究方向[⑤]。

3.普适性

与此同时，受到自然疗愈作用的启发，研究者开始寻求建成环境中的恢复契机，大量的实证研究、循证研究得以开展，建成环境中美妙的光影、具有历史文化属性的空间或物品、艺术品、适宜的人工照明、虚拟的自然景观等要素均被证明具有疗愈效益。视觉偏好、场所依恋等心理层面的内容在建成环境与疗愈结果之间的中介作用被证实。人们愈加意识到"疗愈"不是自然的特权，而是一种环境与人之间的积极相处模式、作用关系，建

① Cooper C M, Marni B. Healing Gardens：Therapeutic Benefits and Design Recommendations[M]. New York：JohnWiley, 1999.

② Kohlleppel T, Bradley J C, Jacob S. A Walk through the Garden：Can a Visit to a Botanic Garden Reduce Stress?[J]. HortTechnology, 2002, 12(3)：489-492.

③ Sherman S A, Varni J W, Ulrich R S, et al. Post-occupancy evaluation of healing gardens in a pediatric cancer center[J]. Landscape & Urban Planning, 2005, 73(2-3)：0-183.

④ Tenngart I C, Grahn P. Differently designed parts of a garden support different types of recreational walks：evaluating a healing garden by participatory observation[J]. Landscape Research, 2012, 37(5)：519-537.

⑤ De Wit S. Green Galaxies：An Interstitial Strategy for Restorative Spaces[M]. New urban configurations. IOS Press, 2014：930-935.

成环境的疗愈性设计不仅可以依赖于对自然要素的利用，设计精良的建筑空间同样有望发挥疗愈效用。疗愈性设计从自然性转为普遍性[①]，这体现在空间类型、目标要素、受众群体三个维度上的扩充。

　　教育、办公、居住等类型建筑开始践行疗愈性设计理念，目标人群也从最初的临床病人转变为社会中有需求、能力弱势的大众群体。在教育建筑中：荷兰学者埃维德·贝尔格（Aevd Berg）等通过对170名7~10岁小学生的对比性试验，证实了教室内的绿色墙体（Green wall）对儿童的选择性注意和课堂评价具有积极作用[②]。费尔·迪格（Fell Dig）通过实验证明了木材对于办公环境中的大学生具有压力减缓的作用，效益类似于个体暴露在自然环境中获得的恢复性效益[③]。在办公建筑中：马斯拉克（Maslach）利用由工作敬业度和相关负影响组成的工作倦怠核心纬度来测量环境的恢复性效益[④]。德梅鲁蒂（Demerouti）根据缓解办公建筑使用者压力的需求建立了工作要求资源模型（Job Demands-Resources Model）[⑤]。凯森（Kathryn C.）以苏格兰科技园区为例，探究了城郊办公场所中人与环境的相互作用关系，发现员工能从城郊的自然环境中获得恢复性体验[⑥]。在居住建筑中，居住区内绿地的可达性越高，居民的体力活动水平越高，良好优质的自然体验促进了步行、跑步等运动锻炼，使整体健康水平提高、肥胖率降低[⑦]。凯文（Kevin）研究了住宅中体验式恢复景观的建造，以中心、方向、过渡和区域为基本构成要素建构住宅中具有恢复潜力、增强刺激邻里感的景观空间[⑧]。居住区中开放空间可促进人们提高家园意识，进而增加归属感，提高生活质量[⑨]。居住环境周围植物贫瘠的人相比于居住在绿色环境中的人有更多的暴力和侵略情绪，并且精神疲劳程度较高[⑩]。在住宅室内环境中，自然

① 孟丹诚，徐磊青. 疗愈建筑与疗愈环境的回顾及展望——基于文献计量分析方法[J]. 建筑学报，2022(S1)：170-178.
② Van den Berg A E, Wesselius J E, Maas J, et al. Green walls for a restorative classroom environment：a controlled evaluation study[J]. Environment and Behavior, 2017, 49(7)：791-813..
③ Fell D R. Wood in the human environment：restorative properties of wood in the built indoor environment[C]. Vienna：University of British Columbia, 2010.
④ Maslach C, Schaufeli W B, Leiter M P. Job burnout[J]. Annual Review of Psychology, 2001, 52(1)：397-422.
⑤ Demerouti E, Bakker A B, Nachreiner F, et al. The job demands-resources model of burnout[J]. Journal of Applied Psychology, 2001, 86(3)：499-512.
⑥ Kathryn C, Caroline B. Restorative wildscapes at work：an investigation of the wellbeing benefits of greenspace at urban fringe business sites using 'go-along'interviews[J]. Landscape Research, 2016, 41(6)：598-615.
⑦ Maas J, Verheij R A. Are health benefits of physical activity in natural environments used in primary care by general practitioners in The Netherlands[J]. Urban Forestry & Urban Greening, 2007, 6(4)：227-233.
⑧ Thwaites K, Simkins I. Experiential landscape place：Exploring experiential potential in neighbourhood settings[J]. Urban Design International, 2005, 10(1)：11-22.
⑨ Thwaites K. Experiential Landscape Place：An exploration of space and experience in neighbourhood landscape architecture[J]. Landscape Research, 2001, 26(3)：245-255.
⑩ Kuo F E, Sullivan W C. Aggression and violence in the inner city：effects of environment via mental fatigue[J]. Environment and Behavior, 2001, 33(4)：543-571.

主题的艺术品、窗外的自然景观、阳台的自然景观、南向光照等均被证明有助于居住者的身心恢复[1]。

目标要素从对建成环境中自然要素的验证与利用方式转变为对人工建筑要素疗愈性的挖掘上。2010年，纳萨尔等发现城市的夜景天际线有较高的恢复性价值[2]。相比于观看混凝土屋顶，仅观看40秒有绿化的屋顶就会提高个体在注意力测试中的表现[3]。另外，"叙述"对于建成环境的吸引力和趣味性有积极影响。实验证明，将物质空间赋予文化或历史等人文方面的故事性含义，将使空间的趣味性增加25%，吸引力增加14%，因此经常性地访问博物馆和展览馆等建筑能够获得一定的恢复体验[4][5]。并且研究表明情感恢复占人们对于建筑环境偏好原因的很大比例，所以寺庙或修道院对于朝拜者和信奉者具有恢复作用[6]。2004年，斯科佩利蒂（Scopelliti）和朱利安尼（Giuliani）发现户外环境对年轻人的恢复体验至关重要，因为户外环境支持了更多的使人兴奋的活动类型，而相比于老年人，青年人更倾向于将激烈兴奋的情绪而非休闲舒缓的情绪定义为恢复[7]。2016年英国学者通过对学生群体的调查，发现被人类管理的自然环境，如动物园和植物园，可以为个体提供恢复性体验，并证明了"热带环境"特征比"温带环境"特征恢复性高；"高等动物（脊椎动物）"的展品比"低等动物（无脊椎动物）"的展品恢复性高；环境中物种多样性越高，恢复性越高[8]。2017年挪威学者提出公墓环境是自然、文化和历史组合的空间，通过调研斯堪的纳维亚（Scandinavia）地区的公墓，证明了人们对于公墓环境的描述与恢复性环境很相似，人们在这里可以得到放松和思考[9]。将纪念意义与建筑空间联系起来可增加人们对空间的文化和价值观念的认同，使个体在城市空间中找到归属感，从而实现恢复[10]。恢复性环境具有组合的属性，2010年帕克（Packer）调研了307名游客和274名当地居民分别

① Chan E, Yim Yiu C, Baldwin A, et al. Value of buildings with design features for healthy living：a contingent valuation approach[J]. Facilities, 2009, 27(5/6)：229-249.

② Nasar J L, Terzano K. The desirability of views of city skylines after dark[J]. Environmental Psychology, 2010, 30(2)：215-225.

③ Lee K E, Williams K J H, Sargent L D, et al. 40-second green roof views sustain attention：The role of micro-breaks in attention restoration[J]. Environmental Psychology, 2015, 42：182-189.

④ Karmanov D, Hamel R. Assessing the restorative potential of contemporary urban environment (s)：Beyond the nature versus urban dichotomy[J]. Landscape and Urban Planning, 2008, 86(2)：115-125.

⑤ Kaplan S, Bardwell L V, Slakter D B. The museum as a restorative environment[J]. Environment and Behavior, 1993, 25(6)：725-742.

⑥ Ouellette, P, Kaplan S. The monastery as a restorative environment[J]. Environmental Psychology, 2005, 25(2)：175-188.

⑦ Scopelliti M, Giuliani M V. Choosing restorative environments across the lifespan：A matter of place experience[J]. Environmental Psychology, 2004, 24(4)：423-437.

⑧ Cracknell D, White M P, Pahl S, et al. A preliminary investigation into the restorative potential of public aquaria exhibits：a UK student-based study[J]. Landscape Research, 2017, 42(1)：18-32.

⑨ Helena N, Katinka H E, Margrete S. A peaceful place in the city-A qualitative study of restorative components of the cemetery[J]. Landscape and Urban Planning, 2017(167)：108-117.

⑩ Hundley A. Restorative memorials：improving mental health by re-minding[D]. Manhattan：Kansas State University, 2013.

对历史博物馆、艺术博物馆、水族馆和植物园的感受。对于部分人来说，博物馆和自然环境一样具有恢复性[1]。艺术博物馆是有效的恢复性设置，马斯坦德（Mastandrea S.）等进行了虚拟的博物馆参观实验，通过测量生理变化（血压和心律）、注意网络测试（Attention Network Task，ANT）、自我情绪报告（Self-reported Emotions）和亲社会意向，分析不同艺术风格的博物馆对于大学生心理的不同恢复效益。实验表明：古代具象艺术博物馆和当代抽象艺术博物馆都能使个体更积极地进行社会交往，而逼真的具象艺术馆更能促进情绪的恢复[2]。

综上，疗愈性设计经历了自然性、类型性和普适性三个递进的发展阶段，作为健康促进的重要环节和手段，阐述了人类从环境感知与体验中实现自我复愈的原理，强调了环境在公共健康与福祉方面的长效作用。疗愈源于自然，但由于人们对健康的渴望与追求，需要在城市中生根、与人工建造融合。因此，以自然为参考系，探讨建筑空间环境的疗愈机制与设计路径将促进人工建造系统中人本关怀程度的提升，以更科学的视角界定人类生存环境的功能性，从而为促进人与环境的和谐相处注入新的驱动力，为对人与自然相互作用的深入理解提供支持。

1.4.3　NbS干预

世界银行在2008年发布的报告《生物多样性、气候变化和适应性：世界银行投资中基于自然的解决方案》中，首次提出了基于自然的解决方案（Nature-based Solutions，NbS），阐述为"更系统地理解人与自然的关系"，并在10余年间将此概念整合到斯里兰卡科伦坡湿地支持城市防洪、越南红树林恢复等约100个投资项目中[3]。总体来说，基于自然的解决方案被定义为以自然过程和结构为基础的生活解决方案，旨在应对各种环境挑战，同时为经济、社会和生态系统提供多重效益[4]。众多研究已为基于自然的解决方案所产生的多种好处提供有力的证据。

在理论层面，NbS具有以下四种特性[5]：第一，不同于其他单一维度的价值标准，关系价值（Relational Values）在NbS体系中被重视，即多元的、特定情景下的、符合群体或个体价值的、可被感知的利益，因此其干预路径的建构需符合特定的情景和受众需求。第

① Packer J, Bond N. Museums as restorative environments[J]. Curator：The Museum Journal, 2010, 53(4)：421-436.
② Mastandrea S, Maricchiolo F, Carrus G, et al. Visits to figurative art museums may lower blood pressure and stress[J]. Arts & Health, 2019, 11(2)：123-132.
③ 郑曦. 基于自然的解决方案[J]. 风景园林，2022，29(6)：8-9.
④ Policy Topics：Nature-Based Solutions[OL]. European Commission.2016. https://ec.europa.eu/research/environment/index.cfm?Pg=nbs.
⑤ Tzoulas K, Galan J, Venn S, et al. A conceptual model of the social–ecological system of nature-based solutions in urban environments[J]. Ambio, 2021, 50：335-345.

二，这是一种强调自然多方面功能的综合方法，提供了将经济、生态、社会和健康等众多积极功效整合的契机，具有促成一致协同的政策与设计策略的优势。第三，NbS是一种跨学科研究的平台，将多学科的议题与多角度利益整合，传达了一种共同定义问题、共同设计、共同创造与共同管理的理念。第四，NbS允许多个、重叠的、半自治的决策发生，并解决其间的冲突和矛盾。这包括来自不同利益相关者、不同学科视角下的问题或不同决策者之间的竞争等，当矛盾得以调和时，意味着环境整体的适应力和韧性增强。

在实践层面，NbS具有三个共识性的基本设计理念：一是自然为人类提供好处；二是人类必须通过管理自然来获取这些利益；三是自然在城市决策和规划中的地位需要加强。自2015年至2018年，欧盟URBACT秘书处发起了欧洲修复项目（The Resilient Europe Project），资助11座欧洲城市利用NbS进行城市规划和治理以培养城市复原力，表1-2列举了一些代表性城市的规划实践。

欧洲城市NbS实践项目　　　　　　　　　　　　　　　　　　表1-2

地点	NbS标签	特征	城市韧性贡献
兰姆希尔马厩 （英国，格拉斯哥）	• 人工湿地 • 城市农业 • 生物修复池塘	构建人工湿地，由社会企业和社区管理者共同维护，向公众提供环境教育和环境技能培训	• 修复生态系统 • 构建社区支持，提升社会资本 • 开展环境教育 • 提供绿色工作
庭院改造 （波兰，卡托维兹）	• 口袋公园	由青年建筑师主导，结合公众参与对历史建筑庭院的景观改造复兴场所感，居民通过系列的学习、讨论和交流介入规划与建造阶段	• 土壤修复 • 提升社会能力
Serpentone社区 （意大利，波坦察）	• 城市空间绿色再生	通过市民自发组织的研讨会和设计者参与将城市内一座地下建筑屋顶改造成绿色公共空间	• 复兴场所感 • 蓄水 • 创造娱乐空间
Dakakkers屋顶花园 （荷兰，鹿特丹）	• 城市农业 • 屋顶花园	在一座废弃建筑中建造城市农场和屋顶花园，并为商业和创新企业提供空间，由市民自发建造并养护植物	• 提供食物 • 创造娱乐空间 • 场所感
蒙特利尔公园 （意大利，波坦察）	• 城市公园	民间组织通过自发种植植物改造公园的植被景观，以缓解因财政紧缺而导致的公园维护不足问题，改善城市绿地质量	• 培养归属感 • 创造娱乐空间 • 改善微气候

综上，基于自然的解决方案涉及了各类空间和时间尺度上的生物、物理与社会因素，一项NbS实践往往整合了社会学、生态学、设计学等多学科中相互关联的方法，强调了城市范围内社会、生态与经济系统的耦合与依存关系，能够在城市尺度上为联系社会与生态系统以应对环境与健康问题提供思路，从综合规划的视角为建筑空间与自然的联系提供宏观的理论支持。

1.5 寒地疗愈建筑的研究思路

1.5.1 适应寒地情景

疗愈的理念起源于自然对人类身心的积极功效，建筑设计需从自然中汲取灵感，以增强对使用者的正向影响。在寒冷气候的作用下，寒地城市具有独特的自然条件和风貌，为空间环境健康机制的发生设置了特殊的背景，也为基于自然的建筑解决方案提供了差异性的禀赋条件。因此，建筑疗愈性设计首先应适应寒地情境、回应寒地气候，以与寒地自然环境建立更紧密、更具韧性的联系，从而复兴建筑环境中的自然特质，以对在生存与发展过程中受损的身心资源进行疗愈，满足个体对健康与福祉的需求。

"寒地气候"在多数情况下是一个负性的词汇，让人们联想到"寒冷""风雪""生理不适"等，在传统寒地建筑设计中将其作为需要规避的不利因素。相比之下，"寒地情景"则较为中性，甚至蕴含偏爱、依恋的情感色彩，更能够传达人类与生俱来的与自然亲近的欲望，同时包罗了除气候之外的其他与建造密切相关的自然要素，例如寒地景观。因此，"适应寒地情景"的思路表达了一种积极正向的寒地环境观，提倡以"吸纳"而非"规避"的态度面对寒地自然状况与气候条件，引导建筑设计关注各个维度层面上的自然组分及其效益。这与"疗愈"的设计目标是吻合的：寒地建筑应作为自然与人联系的桥梁，组织着各种物质与精神能量的交换，而非隔绝二者的壁垒，将自以为不利的气候要素阻挡在外；寒地建筑应作为挖掘、利用自然组分的工具，呈现并运作自然对人类的各项积极功能，而非一种基于人类工业文明自创的、改头换貌的环境系统。

适应的主体是寒地情景，客体是人，建筑空间作为联系二者的中介，是人适应环境的途径和工具，因此也可将人与建筑共同视为试图介入自然的客体。"适应"包括同化和顺应两种作用，前者是指将客体纳入主体的范式中，后者指主体改变已有的模式或生成新的模式以寻求与客体的趋同，适应的状态是这两种作用相互平衡的结果。但从当今"人—建筑—自然"三者的适应过程来看，顺应作用明显强于同化作用，人类自恃机器技术而对自然进行大规模的改造，忽视了将自身的居所纳入自然范式的环节，致使适应过程失衡，进而引发各类危机。重新启动并加强"同化"作用，需要建筑的介入，或者可以认为建筑是需要改变的主要对象。而"疗愈性设计"就是从建筑层面应对健康危机、推进人与自然适应过程的方法之一：建筑通过疗愈性环境理论与方法的指导赋予自身更多的自然属性，从而实现对自然环境的适应。同时"身心疗愈"也是进行"适应"过程所要实现的目标之一：建筑通过遵循自然的范式，追求与自然的同化，赋予自身以疗愈的功能属性，从而实现对使用者的积极作用。

因此，"适应寒地情景"的思路为寒地疗愈建筑设定了前提和原则：综合考量寒地情景所包罗的多维度时空间因素，寻求能够纳入自然范式中的建筑设计方法。

1.5.2　发展疗愈范畴

寒地固有的健康困境与自然缺陷阐述了寒地公众疗愈需求与环境疗愈力之间的矛盾，这也在一定程度上暗示了当前疗愈性设计在蓝绿资源匮乏的寒地所存在的应用瓶颈：从既有的疗愈性环境设计方法来看，基本停留在对自然要素的利用和模拟上，多数对于恢复性环境特征的描述都源于自然环境，建构手段主要是引入自然要素或能够引发自然联想的要素，对空间环境中人工属性疗愈机制的研究处于空白，这导致了目前的疗愈性环境设计方法无法脱离自然要素而单纯依靠人工建造的手段实施，因此无法适用于室内空间或自然资源匮乏的极端气候区的建筑空间环境，而自然属性较低的室内空间或绿色植物稀少的极端气候环境面临更迫切的恢复需求，所以基于人工建构的疗愈性环境设计方法亟待挖掘。

这一瓶颈的成因在于有限的疗愈范畴，这包括概念、方法和应用三个层面上的制约。首先，在概念范畴层面，疗愈主要指对病症、身心资源匮乏、支持力不足等机体不良表现的改善，这决定了当前疗愈性环境研究的目标人群以病患、老人、儿童等弱势群体为主。但个体的生存与发展是以环境认知和感知为基础的，我们从环境中获取有利信息、屏蔽不利信息，这整个过程都需要耗费身心精力，而"恢复"与"疗愈"应贯穿个体的整个生命历程，更强调对机体不良状态或表现的防范而非治疗。因此，拓展疗愈的概念范畴，使其成为一种广义的公共健康目标，关注不同人群的身心损耗与疗愈需求，提升社会公众对疗愈的认知，以推动疗愈性建筑设计在不同建筑情景下的落地生根。

其次，在方法范畴层面，现有疗愈性环境设计方法是对蓝绿景观的利用或对自然形态的模拟，这造成疗愈性环境多通过室外景观设计的途径实现，而难以与建筑空间发生更深入的联系，且存在场景单一问题。但神经科学的研究成果表明，自然环境众多疗愈功能的发挥主要建立在特定视觉刺激的基础上，那么如果厘清自然环境引发疗愈性感知的形态构成原理，则可以将这种"疗愈基因"移植入人工建造体系中，从而生长出自带疗愈属性的建筑空间，以促进在不同气候背景和自然条件下疗愈性体验的创造。

最后，在应用范畴层面，现有疗愈性设计主要应用在医疗、康养类建筑中，且多为室外景观或室内装饰设计层面，较少应用在建筑空间设计或外部形态设计中。而建筑空间层面上的疗愈性设计将有助于整合空间模式、功能组织、场所形态等多维度内容，为使用者创造更深入、连续和长效的疗愈体验。因此，疗愈的应用范畴有待发展：在横向上将疗愈性设计扩展到各种建筑类型中，以满足城市居民广泛的恢复需求，在纵向上将疗愈理念贯穿到建筑设计的全过程中，探究其在各个设计环节中的作用机制与应用路径，从而促成疗愈理念在不同建筑设计维度的体现。

综上，"发展疗愈范畴"的思路为寒地疗愈建筑提供了途径与方法：深入挖掘公共健康导向下的疗愈内涵，拓宽疗愈介入建筑设计的渠道，寻求全过程、全周期疗愈的建筑体系建构方法。

1.5.3　尊重本体环境

以建成环境属性为依据。疗愈理念最初被应用于医疗环境，面向具有明显病理反应的非健康人群。医疗环境中个体的体验与普通日常生活环境是截然不同的：医院内具有一种独特的"语言"体系，是医护人员所特有的，而患者无从介入，这导致了一种不对称的信息差异，病人在环境主导权方面处于明显的劣势地位。除此之外，病人面对陌生的设备、严格的程序规定和痛苦的治疗过程，经历着出生、死亡和疾病的存活，自由受到自身疾病与外界规定的限制，其身心面对整个生命周期中鲜有的高压。当机体自身越虚弱、环境越陌生，环境对个体的影响越显著，因此医疗环境中的"疗愈"具有较强的特殊性。而对于日常生活环境，人们与其已形成较为固定的"相处"模式，此时疗愈的目标是一种状态的提升，而非质性的改变，因此疗愈性设计应充分考虑固有环境的特性，因地制宜地植入"疗愈基因"，使其与原本属性相匹配。另外，不可否认的一点是"疗愈"往往并不能体现日常生活环境中的主要空间问题，甚至有时与既定的空间目标相悖，因此疗愈的内涵需要经由本体空间属性的转化而得以进一步应用，即针对空间本体特征、使用人群特征突出疗愈的不同层面内涵，抓住疗愈的重点，并将其作为一种"枝干"目标与主干目标相兼容。

以整体环境系统为对象。与生理上健康—患病的两种对立状态相比，环境对个体的"疗愈"过程或结果往往是很难用固定指标所衡量的；且受到众多因素的共同影响，难以分离某一项单一干预手段的独立作用；另外个体疗愈结果也会因作用时间的长短而体现出差异性的机制。上述因素均说明了环境与疗愈之间存在"黑箱式"且持久的反馈循环，其中的因果关系错综复杂，因果模型有助于识别与疗愈性相关的关键因素，但无法确切描述环境与疗愈的作用关系，即并不是每一个结果都对应一个可被发现的原因，也并非每一个原因都可导致一项可被感知的结果。因此，疗愈性设计应将整个环境系统纳入考虑范畴，而不宜局限在对某一项空间要素或特征的讨论上，制定一种能贯穿整个空间系统的优化策略，而非针对单一空间的点状设计；剖析目标人群对空间的使用习惯与行为模式，以探明空间环境在全过程使用周期内的连续作用，从而赋予空间以时间序列的内涵，探讨一种环境对人群的长效辐射模式，而非横截面影响作用；关注建筑空间内人文因素对行为情绪的影响，将其视为一种突发因素或额外干扰，分析其与空间疗愈机制的交错作用以及复合结果，以优化疗愈性环境的影响因素体系，从而制定更加周全的建筑应对机制。

以既有建构策略为载体。相比于自然环境，人工建筑环境与疗愈结果之间的关系更为间接，存在诸多作用显著的中介因素。建筑空间无法直接导致疗愈结果，而是通过促进机体发生支持疗愈的行为或情感，为疗愈提供先决条件与发展动力，例如通过环境激发快乐和放松的积极情绪；通过环境支持个体的目标行为，从而提升个体对环境的控制力。因此，建筑的疗愈性设计一方面要注重对自然疗愈语言的解读和在人工建造语汇下的转译，尝试从认知与感知根源上激发疗愈性感受；另一方面，环境的疗愈性实际上是环境对于一系列能够诱发疗愈结果的情绪或行为的支持，所以应从"建筑—行为—疗愈"的中介性路径入手，立足人工建构技术的本源，以空间环境中的行为活动为抓点，从疗愈视角下剖析支持性行为，从而与空间设计建立关联。同时，疗愈的结果更依赖于个体的参与与接受能力，环境可以支持或阻碍疗愈，但无法决定疗愈，疗愈最终是一个非常个性化的过程，深受个人特征和社会关系的影响，所以在整个设计过程中应充分论证疗愈性设计所占的比重和所产生的效用，形成建筑空间中适宜的"疗愈剂量"。

综上，疗愈性设计不可忽视本体环境特质、不宜局限在特定单项空间、不能脱离人工建造手段。相比于一项明确的结果或目标，"疗愈"更偏向于是一种导向、理念或对人类身心良好状态的定性描述，旨在探讨建筑空间环境与人体某种特定情绪或行为关系，以寻求产生积极效益的建成环境特征。

1.6 研究架构

1.6.1 研究目的

现代人面临来自物质空间环境和社会文化环境的多重压力，心理情绪问题凸显，建成环境与健康关系的研究愈加重要，寒冷地区中严酷的气候、匮乏的自然资源等因素对人与环境的作用结果产生负向作用。因此本书希望通过疗愈目标的引入，以环境心理学和认知心理学相关理论指导寒地建筑设计，充分发挥建筑空间环境对人群身心健康的积极促进作用，以削弱寒地气候和城市环境中的消极环境特征，建构促进公众健康与福祉的建成环境。通过研究以期实现以下几个目的。

1. 探究寒地建筑研究的新思路

以疗愈性设计方法切入寒地城市中与环境相关的健康问题，通过剖析寒地建筑空间环境对于人群心理健康和精神活动的影响，为寒地健康建筑设计提供新思路；以疗愈性环境理念审视寒地建筑与气候、与景观之间对立统一的辩证关系，以促进使用者健康与福祉的整体目标作为统筹，探究三者协同共生的路径，为寒地建筑适应性设计提供新思路。

2. 发展疗愈性环境的设计范畴

以自然资源匮乏的严寒及寒冷地区建筑环境作为疗愈性设计的载体，通过挖掘寒地自然条件的疗愈潜力、提炼人工建筑空间支持下的促疗愈行为与感受，试图拓展疗愈性环境在内涵、方法与路径方面的范畴，以突破疗愈性环境建构依赖绿色景观的局限，为城市环境寻求更充裕的疗愈契机，为基于疗愈理念的健康环境设计提供更广阔的应用空间。

　　3．提出寒地建筑空间疗愈功能提升策略

　　立足寒地特殊气候条件与建筑特性，以空间环境诱发的心理情绪困境和行为认知阻碍为目标问题，借助疗愈性环境的相关理论方法，解析寒地建筑空间环境的疗愈机制，从而建构设计框架，提炼主要设计内容，通过分析、整合与演绎，提出适应寒地特殊气候的空间环境疗愈性功能提升策略。

1.6.2　研究意义

　　本研究在"健康城市"的宏观愿景下，立足气候条件恶劣的寒冷地区，以人群身心资源恢复需求为导向，通过引入、整合、发展与运用疗愈性环境的相关理论与方法，定性探究寒地建筑空间环境对身心疗愈的作用机制，建立寒地疗愈建筑设计研究体系，以期推动寒地健康建筑设计走向精细化，并切实提升寒地建成环境的健康促进功能，为寒地城市公共健康建立空间支持。具体研究意义如下：

　　1．理论意义

　　（1）以身心过度消耗为目标问题，引入环境心理学、行为认知学等学科的相关理论与方法，从压力纾解、认知资源恢复等角度辨识建筑空间环境的积极特性，为以人为本的寒地建筑研究提供理论思路。

　　（2）以环境感知与认知机制为媒介，剖析寒地建筑空间环境通过对个体身心资源与认知能力的作用而影响健康结局的过程特征，以从更客观的视角理解建筑环境与健康之间的内在关联，为寒地健康建筑设计提供理论依据。

　　（3）以自然干预理念为依据，以促进身心疗愈为导向，探究寒地气候特征和寒地景观特征对个体心理情绪与行为认知的正反向作用，以建立以建筑空间为主体的应对机制，为寒地建筑适应性设计提供理论参考。

　　2．现实意义

　　（1）提出寒地建筑疗愈性设计理念，有助于提升社会公众、政府职能部门和学界对疗愈理念的认知，呼吁其重视并加强日常生活空间对精神高压、精神疲劳等健康隐患的防治作用。

　　（2）建构寒地疗愈建筑设计体系，有助于指导以健康促进为目标的工程实践与相关标准的编制，促进寒地人居环境健康功能的提升，以切实改善寒地城市居民与环境相关的心理情绪问题。

1.6.3　研究内容

　　1．确立疗愈性环境在寒地建筑中的适用途径

　　从环境心理学和行为认知学相关理论入手，阐述环境产生身心疗愈效益的内在机理，

探究建筑空间发挥疗愈功能的潜在动力；综述疗愈性设计的相关理论与方法，论证其在建筑空间设计体系中的适用性；整合寒地气候影响下的建成环境特质，识别寒地地区的特定疗愈问题。

2．建构寒地疗愈建筑设计框架

基于寒地建筑设计研究的基础理论，解构寒地建成环境，逐项分析环境对个体身心的作用模式，确立其疗愈属性；依据空间环境固有属性和疗愈性设计原理，确立环境疗愈性提升路径，并考虑其在不同功能空间中的应用差异；最后提出寒地疗愈建筑设计导向。

3．提出寒地疗愈建筑设计策略

根据寒地疗愈建筑设计框架中所探明的作用模式、应用路径和设计导向，从气候环境、景观环境、人工环境三个维度上提出寒地疗愈建筑设计的具体策略与方法。

1.6.4 研究对象

1．寒地

目前对寒地的范围没有明确的界定，在地理学上，纬度在60°以上的地区是寒带。但建筑空间主要受到当地气候的影响，而海陆分布、地势、气流等因素都是某一地区气候的重要成因，所以以建筑空间为主要研究对象时，不能只按照纬度来划分寒地范围。在建筑学领域，寒地是根据冬季气候特征所定义的，泛指冬季漫长、年平均气温偏低、地理纬度较高、气候相对严酷的地区[①]。我国寒冷气候条件下的地域幅员辽阔，国家标准《民用建筑热工设计规范》GB 50176—2016划分的5个建筑热工设计气候区域中，严寒和寒冷地区覆盖了中国的东北、华北、西北和西南地区，约占国土总面积的2/3[②]。

因此本书的"寒地"强调的是具有明显冬季特征的地域空间，且冬季在全年时间中占据较大比重。从具有明显的冬季气候这一特征出发，参考国际上对寒地城市和冬季城市的定义，本研究将一年中日平均气温在 0℃以下的时间连续为3个月以上，且具有低温、冰雪和短日照冬季特点的区域界定为寒地。

2．疗愈

疗愈（Healing）一词也可被其他术语所代替，例如恢复（Restorative）、治疗（Therapeutic），这些术语均起源于自然体验对身心产生的积极益处，在多数情况下所表达的含义相同或相近，描述的是一种良好的、积极的心理学效果，可通过多种方式实现，但因来自不同的知识体系而稍有差异。Jiang对这些术语及其相关理论进行了梳理（表1-3），从中可知医学领域中"治疗性景观"范畴较广，涵盖物质空间与非物质空间环境，超越了

---

① 梅洪元. 寒地建筑[M]. 北京：中国建筑工业出版社，2012：18.
② 冷红，曲扬，袁青. 寒地城市规划研究回顾与展望[J]. 科技导报，2019，37(8)：20-25.

"疗愈"相关的术语及理论   表1-3

学科或领域	术语名称	相关理论
医学	治疗性景观（Therapeutic Landscape）	场所感； 治疗性景观的4个维度包括：自然环境、建筑环境、象征环境和社会环境
环境心理学	恢复性环境（Restorative Environment）	注意力恢复理论（Attention Restoration Theory，ART）和压力恢复理论（Stress Reduction Theory）； 恢复性环境的4个基本特征：远离、丰富、吸引和兼容
环境心理学	治疗性景观（Therapeutic Landscape） 疗愈花园（Healing Garden）	审美情感理论（Esthetic-Affective Theory，EAT）与心理进化理论； 疗愈花园的3个特点：缓解身体病症或创伤、缓解身心压力、提升整体幸福感
生态心理学	健康环境（Solute Genic Environment） 治疗性景观（Therapeutic Landscape）	环境行为模型和生态心理学相关理论（个体不是单项的刺激受体，而是与环境之间存在动态互动的关系）
园艺治疗	疗愈花园（Therapeutic Garden）	体验流动理论，感觉刺激理论

（根据Jiang S. Therapeutic landscapes and healing gardens: A review of Chinese literature in relation to the studies in western countries[J]. Frontiers of Architectural Research, 2014, 3 (2), 141-153. 改绘）

本研究范畴；其他领域中"治疗性景观"和"疗愈花园"的术语更强调以自然为主体的景观环境，与本研究的建筑空间存在较大差异；相比之下，"恢复性环境"更多地描述了一种物质空间环境属性，不局限于自然。因此，本研究以环境心理学领域中"恢复性环境"为主体概念，参考其他研究体系中的相关理论与方法。

3. 自然体验

当我们提及"自然"或"自然环境"时，我们具体指什么？这一问题的答案多数情况下是主观的。有些研究将自然解读为"荒野"（Wildness），指没有明显人类影响的区域，描述了一种"人工含量"为零的极端情况，但这显然不能涵盖被人们认定的自然。那么一处景观中的自然含量达到多少时可以被感知为自然？这是随着时间、空间和参与者的特性而变化的。自然是一种基于社会背景的建构，还是恒定独立的存在，这是人文科学和自然科学都争论的问题。多数对于自然健康疗愈功能的研究都采用了对比的方法，将两种或以上的环境体验进行比较，而相比之下一种环境更为"自然"，则可以推断"自然"是对某种渐变的环境特性的描述，而难以对环境类型进行界定。从此类研究的适用性角度出发，本研究将"自然"定义为：包含生物系统元素的区域，例如植物、非人类动物等，且这些生物系统在人类管理的范畴和程度内。

体验指个体通过视觉、听觉、嗅觉、味觉等感官对来自环境的刺激进行感知并与之相互作用的过程，自然体验即来自具有自然属性或特征的环境刺激的作用，是较为广泛且同样难以界定的。首先，这种体验可以在真实的场景中发生，也可由虚拟现实所诱发，因为虚拟的景观也能提供真实的感官刺激，甚至可由想象或意念而间接引发；并且，自然体验可能是个体受主观意愿驱动而发生的，也可能是偶然的、非目的性的，并存在于各种环境背景或活动背景中；另外，自然体验未必是令人愉悦的，危险或未知等消极特征的存在均将改变最终作用结果。因此本研究需要对自然体验进行筛选和界定，鉴于研究内容与现有技术方法限制，将其定义为一种由真实存在的物质空间环境特征所引发的、具有设计目的的、可被直接感知和探析的、对身心具有积极益处的自然互动过程。

1.6.5　研究方法

1. 文献研究法

空间环境的疗愈功能以实证研究为主，主要对象是自然景观环境和城市户外公共空间，研究结论基本为某一项环境特征对身心恢复的独立作用。因此，需要对既有的实证结果进行梳理和总结，通过厘清各项疗愈性环境特征及其作用机制，寻找已被证实的积极环境特征与建筑空间之间的契合点，从而挖掘建筑空间中的"疗愈"机会。另外，受限于经济发展水平和健康意识，我国在社会认知和学术研究层面，疗愈理念的应用范畴以医疗环境居多，针对普通城市居民与环境之间疗愈性作用的研究基本集中在欧美、日本、新加坡等发达国家和地区。因此，需要对国外先进研究进行汇总和梳理，结合我国本土特征，制定适宜性的应用策略。

综上，为基于实证研究结果建立质性理论，本书在论题的确立、关联建构、策略推导等过程中的理论层面都运用了文献研究法，分别针对疗愈理念、恢复性环境、寒地建筑设计这三方面进行文献综述。首先，通过对有关疗愈理念的环境心理学和行为认知学文献以及寒地人居环境文献的研究，全面了解疗愈效益产生的环境机制和寒地建筑空间环境设计诉求，以深入解析疗愈性环境与建筑空间各自的特质属性，寻求内在关联。并在广泛收集现有恢复性环境的研究文献的基础上，对有利于疗愈的空间类型、空间特性或空间设计手法进行归纳汇总，初步建立空间恢复性影响要素的集合及相关的策略集合，在其中筛选具有应用于寒地建筑空间环境设计潜力的要素，为后续策略的提出奠定基础。

2. 调查研究法

空间环境的疗愈效益本质上是指个体与空间相互作用过程中某些特定心理、情绪和行为结果，除医疗环境之外，既有设计实践中鲜有以身心疗愈为目标体验，因此需要对既有寒地建筑的环境主观评价、使用感受与体验进行调查和搜集，调查既有建筑设计中对个体身心愉悦、积极行为激活等与疗愈相关的设计思考，以筛选出具有与疗愈相关功效的建筑案例，通过分析建筑空间环境特征与身心积极影响之间的作用关系，提炼能够促进疗愈的设计方法。另外，目前相关研究主要集中在城市公共空间且针对温暖季节，基于文献综述所归纳出的影响因素或机制可能无法完全适用于寒冷地区的建筑室内空间。因此，需要通过调查寒地公共建筑案例和寒地城市居民切实需求来建立筛选和调整标准，使基于文献综述所得到的结果转化为符合寒地气候需求、适应特定建筑空间类型的设计方法。

　　综上，为基于设计实践优化理论研究结果，本书在机制推导、策略与方法演绎过程中运用调查研究方法，以促进积极心理与行为为筛选标准，对寒地既有公共建筑设计案例进行整合、归纳与比较，以全面了解寒地建筑设计的典型特征、业内评价与寒地居民诉求，从中提炼规律性的、具有指导价值的结论。

1.6.6　研究框架

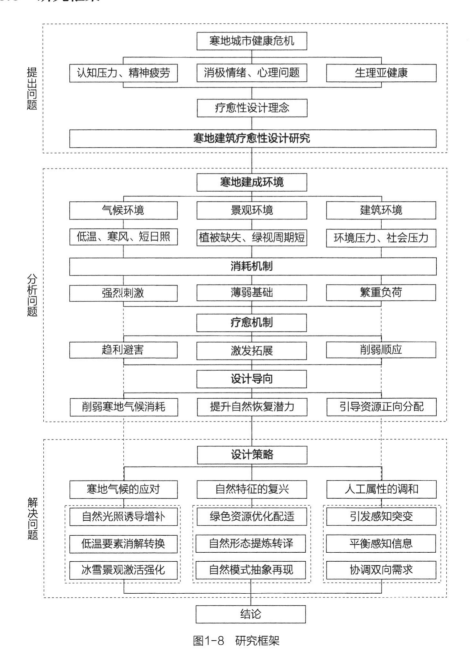

图1-8　研究框架

第2章

疗愈与建筑空间

　　疗愈性环境是环境心理学和治疗学中的重要概念，论证了环境因素对人类病症改善的促进作用，描述了一种促进机体正向发展的环境特征，同时从精神层面强调了自然体验在人类维系健康与福祉过程中所发挥的作用，为城市建成环境引发的健康问题及人与自然的相处模式提供启发。将疗愈性环境引入寒地建筑设计中，是将寒地建筑、寒地自然条件与寒地城市居民健康诉求置于相互关联的同一系统中，剖析寒地自然支持力与寒地居民疗愈需求，以建筑空间作为调和供需差的介质，从而使寒地建筑空间环境具有促进疗愈的基本属性。

　　本章从物质空间环境角度深入剖析疗愈理念的内涵与外延，对本质特性、外显现象、产生机理进行深入解析，厘清疗愈理念介入建筑空间设计的途径与意义；从建筑设计体系的不同层面论证与疗愈理念的配适度及需求度，为将疗愈机制转化为建筑设计秩序奠定基础。

2.1　疗愈的基础内涵

　　人们在与城市环境的对比中，认识到自然环境对身心、情绪和行为等积极影响，这是疗愈理念的起源，同时也确定了疗愈具有来自多学科的广泛内涵，存在诸多含义相近的术语，例如"恢复"和"治愈"等，它们整体上均是对个体身心状态或能力提升与优化过程的描述，但因来自不同的学科视角而各有侧重。在前文提过，本研究的疗愈侧重于环境心理学研究中"恢复"的概念，因此，分别以"疗愈"与"恢复"为关键词进行内涵解析。

2.1.1　疗愈与疗愈性环境

　　疗愈的内涵来源并发展于护理学领域。弗洛伦斯·南丁格尔于1860年在《护理札记》中首次准确地记载了大自然对促进病人康复的治疗作用。她认为，与自然的视觉联系，如通过窗户看到的自然景色或床边的鲜花，有助于患者的康复。研究机构Samueli对疗愈（Healing）进行了定义[①]：是一个整体的、变革性的过程，在身体、思想和精神上进行修复和恢复，从而产生积极的变化、找到意义，并朝着完整的自我实现的方向前进，而不论疾病是否存在。与"治愈"（Cure）的内涵不同，"疗愈"并不是一种明确的最终状态，而是一种有多项通路的过程，而本书所探讨的就是空间环境对疗愈的影响。任何个体都可通过

---

① Sakallaris B R, Macallister L, Voss M, et al. Optimal Healing Environments[J]. Global Advances in Health and Medicine, 2015, 4(3)：40-45.

"疗愈"实现身心的提升，但并非能够完全"治愈"。这解释了相比于"治愈"，"疗愈"强调了机体的提升而非疾病的康复，具有更强的普适性，在空间环境领域具有更广泛的应用潜力。

2009年，在医疗护理领域展开的学术会议上确立了最佳疗愈环境（Optimal Healing Environment，OHE）的概念框架，用以描述医疗保健系统中促进治愈与健康的环境创建方法，由内在（Internal）、人际交互（Interpersonal）、行为（Behavioral）和外在（External）四种维度构成（图2-1）。

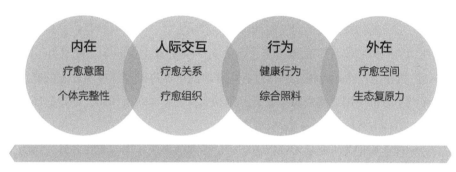

图2-1　最佳疗愈环境的概念框架（来源：根据Sakallaris et al., 2015. 改绘）

首先，内在环境由个体内心的想法、希望、期望、情感、意图和信念构成，将影响甚至决定躯体活动、刺激选择和人际关系。疗愈是由内心的信念和期望促成的，我们需要首先认定治愈和健康有必要、能够并且将会发生，这被称为疗愈意图（Healing Attention），是疗愈发生的准备阶段。促进个体的完整性（Personal Wholeness）是培养疗愈意图的关键，指个体在与自己或他人的交互关系中所经历的身体、思想和精神的一致程度。当这三个维度所经历的事件评价或感受获得较为一致的结论时，三者之间的连接力量得以加强，从而促进整体协同与优化表现。

其次，所有疾病的护理与治愈过程均发生在人际环境中，与他人的沟通、社会景观和教育经历等均是其中的关键因素，也是疗愈发生的必要条件，这描述了一种疗愈关系（Healing Relationship），被定义为具有疗愈意图的人之间的关系。不同于其他积极关系，在疗愈关系中个体之间的联系是约定的且互利的，需要双方共同的积极情感参与，其形成与发展是刻意而需要付诸努力与技巧。疗愈关系涵盖的内容广泛而复杂，其形成过程非单一因素可准确描述，而需要建立在一种具有一定结构性、过程性、协同性的有机体系中，这被称为疗愈组织（Healing Organization）。由一系列有利于疗愈的资源组成，通过探明利益相关者的内心意图、建立信任关系以制定关爱性的、可共享的环境决策来刺激疗愈的产生。

再次，行为环境由我们代表自己或他人所采取的行动组成，通过增强自身的自愈能力与免疫能力来促进健康与疗愈，主要指积极健康的生活行为方式（Healthy Lifestyles），不仅指饮食、运动与锻炼、酒精依赖或药物成瘾等生活习惯方面，还涉及环境行为层面，例如环境刺激的应对、压力的自我管理等。健康指导（Integrative Health Coaching）是一种促进健康行为的综合方法，以个人为中心的团队护理过程，包括为健康生活方式提供范例和指导、制定个性化护理目标、承认患者的决策地位并赋予其一定的治疗自主权等。

最后，与前述三种维度不同，外部环境维度指真实可见的物理环境，即通过人类建造技术所产生的建成环境，被定义为疗愈空间（Healing Space）。由于物质空间环境对个体行为与情绪的诸多影响，因此这一层面的环境构念与前述三种构念存在先天联系，即疗愈空间应激发疗愈意图、促进疗愈关系、支持健康行为。一方面，建成环境与人类发生互动联系；另一方面，其体现了人类对于自然资源的利用方式，并且自然是疗愈环境的关键组成部分，所以在"疗愈空间"的维度上，存在另一关键概念，即生态复原力（Ecological Resilience），指在与自然环境相互作用过程中获取的可促进自身疗愈与修复的能力，这从另一层面强调了谨慎使用自然资源对人类健康和地球健康的双重作用，而建成环境即为自然资源使用与对待方式的体现。

综上，护理学的相关研究从宏观视角分析了疗愈的形成原因与支持条件，这为本研究提供了启示：疗愈是一项具有多通路作用的过程性结果，物质空间环境不是直接诱发疗愈，而是通过支持促进疗愈的行为或情绪进而"催化"疗愈结局（图2-2）。

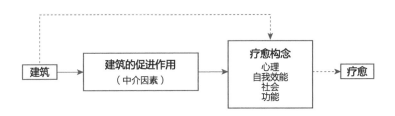

图2-2 物质空间环境对疗愈的作用机制（来源：根据Dubose et al., 2018. 改绘）

Dubose等[①]对护理空间促进疗愈方面的实证研究进行综述，将既有研究证据分成四类。第一，心理方面：疗愈性环境能够促进个体对环境刺激产生正向反应，为积极情绪和情绪管理提供支持，化解攻击性，避免或减轻焦虑和抑郁；第二，自我效能方面：疗愈性环境能够保障个体自主、有选择地进行活动，为增强与环境相关的自我效能感提供支持，促进其内部一致性、自我控制感与适应能力的提升；第三，社会方面：疗愈性环境能够促进沟通与交往，以及在此过程中个体价值的体现，为发展或维系与他人关系并从中受益提供支持，促进个体社会关系的优化；第四，功能方面：疗愈性环境能够支持个体在最少辅

① Dubose J, Macallister L, Hadi K, et al. Exploring the Concept of Healing Spaces[J]. Health Environments Research & Design Journal, 2018, 11(1)：43-56.

助下顺利高效地完成与空间功能相关的行为和活动,削弱行为障碍,促进个体生活质量、主观舒适度和幸福感的提升。

相比于OHE理论框架,这项研究更聚焦物质空间环境对疗愈的影响作用,从其所阐述的环境设计对治疗结局的影响中,可提炼出物理空间环境与疗愈结果之间的中介作用模型(图2-3):以心理情绪为中介、以自我效能为中介、以社会交往为中介、以日常基础活动为中介。疗愈理念从护理学中发展而来,疗愈结果受到诸多社会、人文、医疗和个体等因素的复杂作用,对疗愈空间的探讨既要回归建筑学的本质,以空间对心理、情绪和行为的影响为基础,又要结合护理学原理,厘清能够诱发疗愈结局的特定心理或行动,以此建立物质空间与疗愈之间的可行通路。

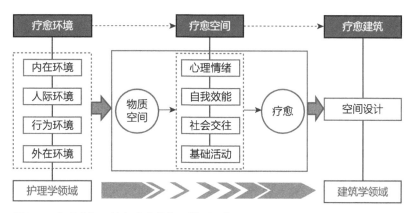

图2-3 物理空间环境与疗愈的作用模型(来源:根据Dubose et al.,2018. 改绘)

护理学中的疗愈理念虽重点关注了病患的康复过程,但其阐述了环境这一非医药手段对病症改善的积极作用,这传达了一种相对普适的、以疾病预防与能力提升为目标的健康干预理念,为以健康促进为目标的日常生活环境提供参考。并且,护理学研究中所阐述的"疗愈空间"理念强调了物质空间环境在促进身体机能恢复与提升方面的重要作用,为空间环境学科的相关研究提供支持与指导。

2.1.2 恢复与恢复性环境

环境心理学和空间设计学中的"恢复"最初是由美国景观设计大师奥姆斯特德(Frederick Law Olmsted)于19世纪中期提出,泛指自然对于人类清脑提神和疲劳恢复等积极功效,他认为自然要素对城市居民有压力调节作用,提出了"恢复"(Restoration)这一术语。护理学中也提到"自然环境具有能够促进疗愈的恢复属性"(Restorative Qualities)。到20世纪80年代,恢复性环境的研究逐渐兴盛,集中在环境行为学、环境心理学和风景园林领域,主要为对支持心理健康的环境特征的定性与定量探索。恢复的概念得到进一步完善和明确，指人们重新获得在适应外界环境过程中被损耗的心理资源或能力，包括认知、心理和社会三个层面。恢复性环境（The Restorative Environment）的概念由美国密歇根大学环境心理学家史蒂芬·卡普兰（Stephen Kaplan）于1983年提出，指能够促进认知资源恢复，引发心理、生理或行为层面积极功效的环境。由于卡普兰是通过对自然野外环境的恢复功能的研究而推导的恢复性环境的概念，所以最初恢复性环境特指自然环境，这一发现证实了物质空间环境对于心理精神健康的重要影响作用。

　　恢复既是过程，又是结果。过程方面表现为个体通过经历一个或一系列过程，更新或重建某些已经受损的适应性资源或能力，恢复过程的描述将涉及时间特征，例如不同的恢复阶段、恢复所需时间以及发生质变的标志性时间点；结果方面具体表现如下：生理层面为肌肉放松、血流舒张压下降、皮质醇等应激激素水平下降，心率平缓，激活副交感神经活动，从而促进机体放松时易活动的内部器官和腺体活动，例如消化器官；心理层面为情绪的改善，紧张心态、焦虑、愤怒、挫败感、困惑等负面情绪的减轻，情绪调节趋于稳定，适应能力增强，身心宁静，发生潜在的自我反思；认知层面为定向注意力得以补充、大脑运作效率提升、认知水平提高等（图2-4）。

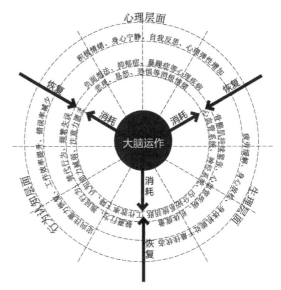

图2-4　个体消耗与恢复模型

　　恢复过程或结果与特定的环境不是绝对对应关系，而是在某些环境中，恢复过程相对来说更容易发生或更顺利进行。因此"恢复性"不是某种环境的绝对属性，而是隐含了与另一种相对苛刻或有压力环境比较的相对属性。另外，并非所有与环境接触的益处都是恢复性益处，Hartig在其著作《恢复性环境》（Restorative Environment）[①]中进行辨析：Instoration中文译为"恢复、复兴、建立"，由环境体验所引发的获取新资源、学习新技能的一系列过程，例如个体变得更加自信、自立、习得新技能或身体素质的提升，是一种个人能力或表现的加强或发展。而恢复（Restoration）指从心理资源匮乏或枯竭状态恢复到正常状态。

　　所以最初的恢复性环境大多指自然环境或人工环境中的自然部分。而随后的研究表明：设计精美而又有吸引力的建成环境可以具有同自然环境相同的恢复性效益。这一研究结果表明，恢复性不仅仅是自然环境的专有属性，也是一种空间属性，同时是建构适宜人

① Hartig T. Restorative environments[M]. San Diego：Academic Press, 2004：273-279.

类身心健康、愉悦生活的建筑空间的设计目标。在建筑设计领域，最初对恢复性环境的应用局限在医疗建筑的景观设计中，但这对于城市普通居民的可达性和可利用性较低，因此恢复性环境的设计逐步扩展到城市功能空间中。

那么为什么没有患病的公众也应该暴露于恢复性环境中呢？

首先，世界卫生组织对于"健康"的定义：健康不仅是指没有疾病或充满气力，而是生理、精神、社会幸福感的充沛状态。并且健康与疾病并不是两个截然分离间断的独立体，而是存在缓慢过渡的连续体。健康和疾病都是对生活运行状态的一种描述，前者描述的是一种充沛丰盈的良好状态，后者描述的是器官发生病变、正常功能无法运行的状态，当介于二者之间时，生命状态由"健康"向"疾病"逐渐走向低落和消极，这被称为"亚健康"状态，即生命系统没有性状本质的改变，但在功能运行上效率低下或动力不足。现代人受到激烈的社会竞争压力、欠缺的体力活动和环境污染等因素的影响，身体大多处于一种亚健康状态，表现出轻微的心理障碍、精力体力不足等症状。而恢复性环境能通过与体验者相互作用对其消耗的身心资源进行补充，缓解亚健康状态，促进其身心资源转向充沛和高效，从而达到最佳的健康状态。所以恢复性环境对于病患和普通城市居民都具有积极的现实意义。

恢复性环境具有心理学、生态学和可持续科学的多重内涵。寻求恢复的力量是人类生存必不可少的环节，自然不仅为我们提供物质能源，更给予我们精神力量。远离自然，我们会处于心理和生理的病态。所以，恢复性环境通过与自然建立密切联系，充分利用来自自然的先天恢复性资源的同时，以人工环境为载体创造后天恢复性环境，以达到促进个体恢复的最终目的。恢复性环境从时间和空间上作用于个体，恢复效果不是永久不变的，且个体需要的恢复强度受自身因素影响也各有不同。考虑这种变动性，整体建筑空间中的恢复性环境应是一个协同可变、有机流动的系统。

综上，通过对"恢复"与"疗愈"两个术语内涵的解读，可知二者存在以下异同：首先，二者都描述了一种身心能力或资源的正向转变，并均以环境在其中的影响作用为研究主体，但"疗愈"从更广义的视角整合了人群所体验到的各类环境，包括人文环境、社会环境、家庭环境等非物质环境，并从多种环境的复合作用角度制定疗愈性治疗策略。而"恢复"的研究集中在环境心理学、风景园林学领域，以物质空间为基础，通过对自然环境积极效益的研究探究促进身心恢复的环境特征。因此，疗愈的研究范畴大于恢复，疗愈性环境研究中所探明的非物质空间环境以及个体特征在物质空间环境与积极健康结果之间的中介作用有助于推动恢复性环境研究。另外，"恢复"指重新获得用于持续适应环境的生理、心理和社会资源，从长远来看，无法更新枯竭的资源会对有效行动、情感福祉和广义上的身心健康产生消极影响。恢复性环境的确可以用于临床治疗或其他康复过程中，但治疗往往与个体从未有过的能力有关，且侧重于个体因突发性的事故或病理过程而失去的能力，而不是在适应不断变化环境这一正常过程中，这意味着相比于疗愈性环境，恢复性环境的理论和应用范围更广泛，恢复性环境并不排除引发能力降低或缺失的突发事件，并且涵盖了个体在生存和发展中正常的"受损"状态。因此，针对日常环境中积极特征的提取应基于更普适的"恢复"理念进行。

2.2 认知机能的理论原点

生命的运行是一个不断消耗能量的过程，生命体本身是一种不断打破平衡态的耗散系统，对于人类来说，汲取能量最直观的方式是食物的摄入，这是低层次的生命需求。而精神养料的输进对于人体是更高级的需求，来自于认知。认知是个体精神世界与外界建立联系的基础，是个体与环境刺激相互作用的唯一途径，因此本节将以认知机能为理论原点，解析环境恢复性的发生机理。

2.2.1　环境认知的基本原理

1．认知资源与行为动力

认知是指大脑中枢神经对感官系统接收的环境信息进行处理和加工，将其转化为行动指令，进而指导心理活动或身体活动的一系列过程，包括感觉知觉、记忆学习等。相比于机体内其他类型的生命活动，这一过程的耗能量最高，大脑以人体总重1/40的重量占据着人体总耗能量的1/4，这充分证明了上述观点。然而认知功能的运作不能直接使用身体内的物质能量，而是大脑将身体内部通过血液传输的物质能量转化为自身可用的精神能量，作为认知行为的能源和动力，注意力是转化的产物，是认知活动的基本资源和运行动力。注意力的充沛与否，决定了认知过程的顺利程度和进行效率，在认知过程的初期，注意力帮助大脑在众多感知刺激中挑选对于自身有意义的选项，屏蔽其他干扰项，使关注的焦点停留在当前的对象上；在认知过程的中期，注意力保障大脑持久地停留在目标事件上，从而抑制分心，为深入地理解和分析提供时间；在认知过程的后期，注意力帮助大脑做出正确的判断，向机体发出指令对环境变化做出相应的反应。注意力从始至终贯穿于整个认知过程中，从注意到一个事物，到进一步思考、理解、行动和记忆，每一个认知环节都离不开注意力的供能和维系。

因此，注意力资源的储量成为衡量机体认知能力和认知效率的基本标准，同时也是提升认知能力和效率的契机和途径。而注意力的来源有两个不同的途径，第一个来源是通过物质能量的转化构成的基础资源库，由于大脑的转化能力和条件有限，外界作用无法在这一层面上通过转化效率的提升增强注意力资源的储备量；第二个来源是大脑自身通过认知活动的暂停使注意力消耗过程终止，而使注意力得以休憩和恢复，以便应用到后续更有意义的活动中。相对于前者，后者更加灵活和可控，是调节注意力资源的方法。

2. 认知过程与发生机制

认知过程以感官系统对外界刺激的感知和接收为开端，以大脑对刺激信息的筛选、处理和加工为主体，以发出指令、支配躯体行动为终极目标。大脑不仅能够感知和处理即时信息、做出直观的判断，也能选择性地将信息进行保留、提取并储存其意义，形成固定的概念和判断模式，当再次接受类似信息的时候，使上述处理过程简化，甚至做出"不费力"的回应。这就分化出了分别处理上述两种刺激的注意力，一种是当大脑首次面对或识别陌生、不喜欢、不想处理的刺激时启动的注意力，这需要大脑在整个过程中都消耗巨大的能量用来抵制分心、计算新鲜的信息；另一种是目标刺激在大脑中已经形成了固定的模式或符号，当面对这种刺激时，大脑自动启用已有的应对机制，所以无须即时地分析和处理就能向机体发出准确的指令，这一过程对于大脑来说是低能耗甚至零能耗的，所以处理这种刺激是注意力得以休憩和恢复的契机。

3. 认知结果与影响作用

人们感知环境以获取信息，并对信息进行储存、记忆甚至联想和创造，这些都依赖认知活动，认知活动是生存和发展的前提，认知活动能否顺利进行和认知成果的优劣对人类的情绪、行为表现以及身心健康都具有举足轻重的影响。认知效益是认知活动的成果，即大脑在加工、储存和提取信息的过程中为自身或社会发展带来的功效益处，是衡量个体生存价值的重要标准，取决于认知能力和认知效率。认知能力指人脑加工、存储和提取信息的能力，即智力，包括观察力、记忆力、想象力和理解力等[①]。在医学和认知学研究中，智力主要受先天遗传因素的影响，个体努力或环境作用等浅层的因素难以对其产生有效的影响。而认知效率指大脑加工、存储和提取信息的效率，同一个体在较长的一个阶段内，其认知能力处于相对恒定的状态，但认知效率却时常产生波动，这正是我们日常生活中经常提到的"状态好坏"。大脑如同一个高速运转的处理器，认知能力依赖于处理器的硬件构成，而认知效率则取决于软件的运作速度，既定的硬件无法改变，但可以通过清理缓存、优化设置来提高软件的运行速度，认知能力就相当于大脑的硬件，认知效率相当于大脑的软件，正如龟兔赛跑中，兔子修长灵活的四肢擅长奔跑，但被无关的事物干扰，兔子的奔跑效率下降导致最终输掉比赛。所以在认知能力难以转变的情况下，提升个体对于特定事件的认知效率能够改善和优化认知结果。

---

① 高秋玲. 智力障碍儿童语音研究[D]. 烟台：鲁东大学，2019：40.

2.2.2　认知资源的恢复机制

1．认知资源的构成

注意力是基础认知资源。心理学家威廉姆·詹姆斯（William James）[1]在1982年将注意力分为无意注意力（Involuntary Attention）和有意注意力（Voluntary Attention），前者指对具有直接令人兴奋特质的刺激的反应，是不需要付出努力的注意，例如对明亮的颜色、救护车的声音、小狗玩耍的场景、在林中漫步的清凉感等刺激的即时关注；后者指在物体或事件本身不吸引注意的情况下，对某一重要事物不得不给予的注意。这两种注意力的区别在后续的神经生物学研究中得到了证实[2]：16位成年人在完成注意力网络测试任务（Attention Network Test，ANT）时，核磁共振成像（Functional Magnetic Resonance Imaging，FMRI）表明在完成不同任务时，大脑皮层区域发生了分化，证明了存在不同类型的注意力对不同活动进行支持，定向注意力所需的认知控制位于额叶和前额叶皮层，非定向注意力则由顶叶神经元驱动。

随后，环境心理学家史蒂芬·卡普兰（Stephen Kaplan）进行了进一步的阐释，将"有意注意力"改称为"定向注意力"，将"无意注意力"改称为"非定向注意力"，其内涵基本保持不变，前者是针对高级复杂任务的耗能资源，后者是运用于简单或本能任务的非耗能资源。在前文的研究中，卡普兰进一步明确了定向注意力是日常生活中大多数的认知活动的供能源头，而当非定向注意力运行时，机体大多处于放松和休憩的状态，所以在此后对于人类认知活动的研究中，注意力恢复的对象特指定向注意力的恢复，而其恢复的原理就是引发非定向注意力的启动。

2．认知资源的损耗与恢复

个体保持专注于一项任务的方式并不是增多对这一任务倾注的注意力数量，而是启动定向注意力来抑制其他的干扰，避免分心，随着目标任务的深入和持续，所需抑制的无关刺激数量激增，定向注意力的消耗增强，持久地消耗而得不到有效的恢复会引起定向注意力疲劳（Directed Attentional Fatigue，DAF）。定向注意力疲劳对于认知系统会造成消极影响，类似于大脑额叶损伤，引发认知活动时的无效感[3]。这种无效感会降低个体对环境刺激感知、处理和应对的能力，使认知和行为效率下降，促发个体在心理、生理、行为和认知三个层面上的转变：在心理层面上，产生消极情绪，甚至导致心理问题或精神疾病；在生理层面，心血管系统、骨骼肌系统等相关应激反应系统持续处于被激活的状态；在行为和认知层面，应激性降低，没有能力或精力制定或执行计划，产生对人际关系信息反应迟

① James W. Psychology：Briefer Course[M]. London：Macmillan, 1892：142.
② Buschman T J, Miller E K. Top-Down Versus Bottom-Up Control of Attention in the Prefrontal and Posterior Parietal Cortices[J]. Science, 2007, 315(5820)：1860-1862.
③ 王小娇. 恢复性环境的恢复性效果及机制研究[D]. 西安：陕西师范大学, 2015：21.

钝、工作效率下降、错误率增加等现象。

定向注意力恢复，简称注意力恢复，是行为认知层面恢复水平的标识，是"恢复"的一个子项，指定向注意力资源的重新获取。具体而言，个体通过4个渐进式阶段来完成恢复[①]。第一阶段：恢复的确立阶段，头脑清晰，头脑中杂乱的思绪逐渐消退，先前活动遗留下的认知残余物被督促逐渐离开大脑；第二阶段：通过启动非定向注意力使定向注意力得以休憩，定向注意力得到补充；第三阶段：实现高水平的认知宁静，开始关注之前没有认识到的想法或问题；第四阶段：随着作用时间的累积，进行深入的恢复，实现对生活、行为和目标的反思，至此，个体完成了整体的恢复过程。

恢复的过程实际上是环境感知的过程，包括自下而上和自上而下两种信息加工过程[②]。当个体接触环境刺激时，最终的感知结果是由这两个过程相互作用产生的，有时一方可能会占据主导地位。自下而上的过程描述了当视觉刺激到达大脑后，感觉神经元被激活，产生对物体的认知；自上而下的过程指人类利用对情境的先验知识来理解刺激。前者相对自动地发生，后者是一个主动的、需要意志参与的过程。注意和感知并不是同一个过程，却密切联系且有相似性。同样注意力可以根据任务需求，受到意志控制而集中，也可以通过突出和重要的刺激被自动聚焦。例如，非定向注意力类似于自下而上的注意，定向注意类似于自上而下的注意。

所以恢复是自动认知，即自下而上的认知活动的开启诱导了非定向注意力的使用，这一时期是无需耗费努力的，不会对认知机能造成压力。因此，将自身暴露在能够产生非定向注意的环境中，就不需要自上而下的认知参与，从而释放了定向注意力资源，引起恢复[③]。定向注意力得到有效的恢复标志着一种积极的认知过程，包括从精神疲劳中快速恢复、长久保持高活跃水平的注意力、有效的认知过程和深层反思。

2.2.3　认知资源的恢复效益

1. 生理健康效益

注意力恢复与健康的关联体现在生理健康和心理健康两方面，二者彼此相关、互相影响。在心理健康方面，注意力恢复所引起的消极情绪的改善促进多巴胺等有利激素的分泌，使安全感、幸福感、宁静感等情绪得以复兴，对倦怠感、无聊感、挫败感、焦虑感进行长效改善，促进心理向正面健康的方向发展。在生理健康方面，注意力恢复所带来的精

① 董靓. 景观疗法可以改善社交障碍[J]. 生命世界，2014(2)：78-79.
② Buschman T J, Miller E K. Top-Down Versus Bottom-Up Control of Attention in the Prefrontal and Posterior Parietal Cortices[J]. Science, 2007, 315(5820)：1860-1862.
③ Berman M G, Jonides J, Kaplan S. The Cognitive Benefits of Interacting with Nature[J]. Psychological Science, 2008, 19(12)：1207-1212.

神压力的舒缓和心理疲劳的减少，能够使个体较少地暴露于压力之下，对身体机能起到一定的积极功效，例如降低心率、脉搏频率、血压、唾液皮质醇浓度以及肾上腺素等应激激素水平。这表明交感神经系统被阻抑、副交感神经系统被激活，意味着生理压力得以纾解、新陈代谢处于平静缓和的状态，与压力相关的病症，例如心脏病和心脑血管疾病的发生概率减小。并且生理健康与心理健康相互影响，良好的心理健康状态能够提高机体的免疫水平，为各项身体活动提供主观动力，提升体力活动的水平，促进生理健康。同时生理健康也是保持良好心态的基础和前提条件，是心理健康的有力支撑。

2. 积极情绪效益

积极情绪（Positive Emotion）是一种暂时的愉悦体验，是在目标实现过程中取得进步或得到他人积极评价时所产生的感受。积极情绪能够促进个体积极品质和力量的发挥、提高个体的积极性和活动能力、提升主观幸福感、改善面对挫折的态度和对抗压力的能力、促进形成正确价值取向、避免极端行为的发生。注意力恢复与积极情绪的关联在于两方面：首先，充沛的认知资源带动各项认知行为的顺利进行和行为效率的提升，这使得个体更容易取得成功或来自自我以及他人的正向评价，从而产生能够激发积极情绪的实际事件。其次，情绪调节是一项影响表征情绪的重要心理活动，有效的情绪调节能够对负性的情绪表达进行抑制，使思想处于一种更加乐观的状态；并且较高的情绪调节效能感能够弱化个体对环境中压力的感知，即个体对能够有效调节自身情绪状态的自信程度越高，环境中的压力事件对其造成的影响越小。在上述过程中，情绪调节属于心理活动的一种，而定向注意力作为基本的认知资源，是一切心理活动的源动力，所以充足的定向注意力资源将使大脑的情绪调节活动处于活跃高效的状态，并且能够增强个体对情绪调节的信心，即提高情绪调节效能感。

3. 认知提升效益

认知活动在广义上指个体对外界环境刺激的感知和处理过程，认知效率是保障认知活动顺利进行的基本能源动力，是自身认知能力充分发挥与发展的前提，与环境应激能力、情绪调节能力和智力成果相关。因此认知资源损耗后的恢复将保障认知资源长期处于充足的状态，使各项认知机能能够顺利进行。注意力恢复与认知能力的本质关联在于对认知效率和认知活动持续性的保障和支持上，注意力在消耗后得以快速补给能够保障充沛的注意力资源被应用于当前的认知活动中，使个体的瞬时记忆能力、感知能力、逻辑思维能力、反应速度等维持在自身的最佳水平上，反之若注意力资源持续消耗未能进行补充，会造成精力不足而难以抑制分心，导致错误率上升、反应相对迟缓甚至对认知任务表现出消极倦怠的态度。另外注意力的定期恢复，是一种认知资源的可持续使用，有利于长久而持续的认知活动。同时注意力恢复对认知效率的提升也会产生一系列积极的连锁反应：由于注意力资源的持续供应，个体总是能以自身良好的状态完成基础活动与智力任务，这大大提升了个体的自信心、自我认同感以及自我效能感；进一步鼓励积极行为或习惯的培养与产生。

综上，认知资源的恢复对生理健康、积极情绪和认知提升具有促进作用，与恢复性环境所描述的积极效益相似，并且认知资源作为一种重要的身心资源，也符合恢复的内涵，从认知机能入手分析"恢复"的过程特征，是从人与环境作用的根源解析身心资源的恢复与外在表现和健康结局之间的关联。人类的机体是一种复杂、有机、非线性的系统，生理、心理和行为认知三方面的恢复结果相互作用、互为因果，具有千丝万缕的联系。例如，良好的心态、情绪能够诱导积极的社会行为并促进机体正向运行，健康的体魄能够使个体保持愉悦的心态和高效的工作状态，顺畅的认知活动又能激发个体的成就感，从而唤醒愉悦情绪等。所以这三种恢复结局无法完全分离地进行独立探讨，也不存在与其对应的单独具有一种或两种恢复功能的环境，而是同时发生、相互伴随与协同的。

2.3 恢复性设计的相关理论

以环境心理学中恢复性环境为核心概念，对典型理论进行综述和分析，明确环境产生疗愈效益的内在机理，并引入环境设计领域中的亲生物设计理论与环境偏好理论，以扩展恢复性环境的设计路径。

2.3.1　注意力恢复理论与压力恢复理论

注意力恢复理论与压力恢复理论是环境心理学领域中恢复性环境研究的两大著名理论，前者与认知资源的更新有关，后者与压力减轻和情绪变化有关，二者都将恢复视为一个有序的、物质环境与个体相互作用的过程，从生理放松开始，以情感和认知的恢复为结局。

1. 注意力恢复理论

注意力恢复理论（Attention Restorative Theory，ART）于1983年由环境心理学家史蒂芬·卡普兰（Stephen Kaplan）提出，确立了定向注意力在认知功能有效发挥中的关键作用，并阐述了通过与环境的互动而恢复定向注意力的认知机制。与充满内在迷人特性的环境互动（例如自然环境），能够适度激发非自主注意力，从而允许定向注意力得到休憩和补充，在这样的环境中，注意力的发生由环境自身特征以自下而上的方式所捕获，而并非个体自上而下地付出努力进行选择性注意，因此定向注意力的需求达到最小化。大自然充满了有趣的刺激，谦逊地以自下而上的方式吸引注意力，让自上而下的定向注意能力有机会补充。而城市环境所包含的自下而上的刺激会极大地吸引注意力（例如汽车鸣笛声），并且需要定向注意力去克服这种消极刺激，因此其恢复性较弱。卡普兰引用了著名的城市公园拥护者弗雷德里克·劳·奥姆斯特德（Frederick Law Olmsted）的话："自然风景使人的头脑不至疲倦，但又能锻炼它；使它平静，又使它活跃；因此，通过思想对身体的影响，给整个系统带来提神和恢复活力的效果。"

注意力恢复理论指出恢复性体验是一种环境与个体的互动状态：环境对个体有"柔软的"吸引力，同时个体对环境产生"毫不费力"的迷恋。包含以下特征的环境将有效促成这种积极状态：远离性（Being Away）、丰富性（Extent）、吸引性（Fascination）和兼容性（Compatibility）[①]。"远离性"指环境能够引发个体产生不同于日常生活的心理感受；"丰富性"指环境包含充足的要素或广阔的结构，向个体提供丰富的感知信息；"引力性"指环境能够在不损耗个体定向注意力的前提下对其产生吸引；"兼容性"指环境功能和特性与个体的活动兼容（图2-5）。

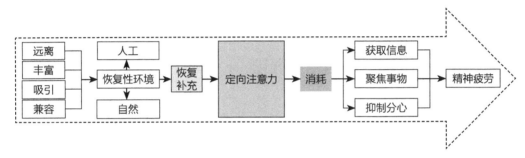

图2-5　注意力恢复理论的作用机制

远离：是恢复的首要条件。远离指引起和常规情景不同的心理内容，它是一种概念上的不同生活形态，可以是身体上离开不想体验的环境，也可以是心理意识上的分心。身体上的远离如远足、旅游等，心理上的远离可以是任何使心思脱离现实生活的体验，例如观察自然、置身花园中是一种具有普遍意义的远离。

丰富：是恢复的基础前提。指环境具有丰富的感知信息，可以通过空间要素或空间结构方面的变化和差异来实现，而并不一定需要较大的空间规模。空间的丰富性能够使个体的注意力持续地停留在当前的恢复性环境中，避免单调感和分心的产生。

吸引：是恢复的维系动力。指环境能够愉悦地吸引个体，而不会引起资源损耗和认知疲劳，空间具有足够的吸引力才能保障个体与恢复性环境的作用，这种吸引可以分为由娱乐、体育活动等引发的短暂、强烈的吸引和由审美感受引发的长久、舒缓的吸引。

兼容：是恢复的必要保障。指环境设置能够支持个体的活动，同时个体的行为也能吻合环境的特性。兼容性能够激发个体对环境的访问深入，增加访问频率，同时使空间环境的功能得到充分施展和发挥，实现资源的有效利用。

① Herzog T R, Maguire P, Nebel M B. Assessing the restorative components of environments[J]. Environmental Psychology, 2003, 23(2)：159-170.

2. 压力恢复理论

压力恢复理论（Stress Recovery Theory，SRT）由环境心理学家罗杰·乌尔里希（Roger Ulrich）于1983年提出[①]，该理论认为环境对个体的恢复性作用是由生理和心理上压力反应最先引发的，然后是情感、行为和认知方面的转变。在压力恢复理论中，恢复的前提是参与者处于一种紧张或高度兴奋的状态，暴露于自然环境作为一种缓冲性的介入，降低既有压力对健康的负面影响。

"压力"（Stress）是这一理论中的关键概念，是由个体身心或行为层面的各种需求所引发的，而处理需求需要消耗身心资源。如果应付需求所需资源上涨而产生超额需求，就会产生压力。因此压力就是一种对感知到的超额需求的反应过程，通常表现为负面影响和增强的生理激活。如果过度需求持续存在，个体既不能获得消除这些需求所需的新资源，又不能有效利用现有资源时，压力就变成一种慢性的消极作用。综上，压力可被理解为在适应外界环境过程中，个体为规避风险或寻求发展而产生的机体对环境刺激的自主反应，当反应适当时，压力是一种适应环境、提高生存质量的工具，当持续反应过度时，压力会成为危害健康与福祉的消极介入。

乌尔里希提出：当面临与生存相关的情况时，机体内部相应的系统会激活以指导行为，该系统依赖于选择行为策略时固有的情感反应以及执行该策略时所要调动的生理资源。当人们面对来自环境的刺激时，会首先以自身的健康和发展是否受到不利影响为依据对其进行判断，当判断结果为不利的威胁或挑战，会产生压力，压力促使机体进入一种高度唤醒状态，以应对即将到来的危险，例如身体调节到紧张、激动、亢奋的状态以准备战斗，或者产生恐惧、害怕的情绪以迅速逃离等，这一系列过程被称为应激反应，是生物在生存进化中形成的重要的自我保护模式，是对环境的敏锐反应。但如果长期处于这种高度唤醒状态，会造成身心资源的巨大消耗，心理层面表现出过度悲伤、消极情绪甚至精神疾病；生理层面体现在心血管系统、骨骼肌肉系统、神经内分泌系统的功能障碍；行为层面体现在认知效率下降、错误率上升、适应能力减弱、药物成瘾等行为认知障碍。

当个体能够以非警觉的状态观看场景，并从中感受到轻微或中度的兴趣、愉悦和平静时，可以实现压力恢复，此时个体的兴趣被保持在当前环境中，生理唤醒下降。这种恢复反应是由对环境中某些视觉模式的感知而迅速启动的，具有这种特征的环境也许无法提供丰富的感知信息，但却能引发普遍的积极情感反应，从生物学的角度解释，人们对某些环境特征具有先天偏好，可在较短的体验时间内获得愉悦感受，例如在人类生存进化早期自然中所存在的有利生存的环境特征（包括水的存在、开阔的草地等）。现代城市环境中包含过量的信息，对人体的感官系统造成强烈的干扰和运行负荷，这导致了个体长期处于压

---

① Ulrich R S. Aesthetic and affective response to natural environment[J]. Behavior and the Natural Environment, 1983,6：85-125.

力或应激状态，而自然所具有的独特环境属性符合人们的认知与审美需求，自然信息对于人类是亲和的，因此处于自然环境不会激发个体的应激状态，从而使原本紧张的情绪和机体得到放松。

压力恢复理论描述了一种能够舒缓机体的应激状态、消解因高强度持久应激而导致的上述消极影响的环境，这类环境被称为压力恢复环境，其所具备的特点包括：适宜的感知复杂性、明确的结构秩序，以及特定的中心焦点、自然元素、安全性。多数自然环境具有减压功能，而城市中的人工环境往往对此缓解过程有阻碍作用①。压力恢复理论描述了减缓心理和生理压力、降低个体经历应激反应频率的环境特点，基于减压与注意力恢复之间密切的相互联系，该理论能够对人工环境的恢复设计提供一定的辅助。

3．辨析与关联

注意力恢复理论和压力恢复理论所描述的恢复性体验在概念与发生机制上均具有一定差异。首先，前者将恢复描述为一个相对较长的渐进式进程，第一阶段是"清理头脑"，即清除过多的认知"残留物"，然后是启动非定向注意力处理环境信息，使定向注意力得以补充，最后是持续地停留在当前环境中实现深层的反思。后者认为恢复是对环境中的视觉属性及其偏好评价的一种反应，会迅速导致生理或心理上的放松，是一种快速发生的因果式进程。另外，注意力恢复理论中的恢复前提是精神疲劳，压力恢复理论中是生理或心理压力，前者是心理功能主义理论，人类具有一种未习得的倾向，即对自然内容（如植被、水）和在进化过程中有利于生存的环境特征配置的关注和积极反应；后者是心理进化理论，由于人类在自然环境中长期进化，因此在生理或心理上，人们在某种程度上适应了自然环境，而不是城市环境。

二者之间存在千丝万缕的内在关联。在发生机制上，压力的产生是由于大脑将环境信息判定为不利或危险，而这种判定依据有二：一是在长期生存进化中形成的先天反应，例如人看到蛇或老虎，会无意识地将其评估为危险，而在现代社会的日常生活中，这种根植于人类生物属性的先天危险事物很少出现；二是人们会依据自身目前占有的资源或具备的能力现状做出判断，当资源足够匹配当前任务或能力足以应对挑战时，则不会产生压力，而当资源不足时，则当前环境信息被视为威胁。这解释了为何不同个体对压力的界定不同；并且对于同一个体，相同的任务，在某些时候是有压力的，而在另外的时间是没有压力的。而注意力就是其中一种重要、影响广泛且易于消耗的资源，所以针对某类与信息加工处理有关的任务或挑战而产生的压力是由于注意力资源的不足。因此注意力资源匮乏是压力产生的根源之一，而压力在机体内的产生和积聚所导致的消极情绪、逃避行为以及生理系统的短期改变也会反作用于机体的认知机能，为认知行为的进行徒增更繁多的分心事

---

① Ulrich R S, Simons R F, Losito B D, et al. Stress recovery during exposure to natural and urban environments[J]. Journal of Environmental Psychology, 1991, 11(3)：201-230.

件，加剧了注意力的消耗，形成了恶性循环。因此，减压与恢复注意力具有相辅相成的影响作用。另外，在环境对个体的作用结果上，注意力恢复和压力恢复所产生的各项身心积极转变之间联系紧密，且存在相互促进的效应。

整合这两种理论可以发现，恢复性体验始于生理和注意力的恢复，随后是情感的改变以及幸福感的提升。恢复可以被视为一种多阶段的体验，在这种体验中，个体可以通过与支持他们恢复需求的环境相互作用而实现积极转变。

2.3.2　亲生物设计理论

恢复的提出源于对自然环境对人类身心作用的研究，自然环境也成为恢复性环境设计的源泉，以恢复为目标的空间环境设计应向自然学习，然而这不应是简单地在人工环境中引入自然元素，自然元素所占的比重、种类、引入方式、存在形态等均需以恢复效果为考量标准进行调配，才能高效、集约地利用自然，而亲生物设计理论为人工空间的自然转化方式提供了理论依据和设计参考。

1. 亲生物性及其与恢复的关联

亲生物性（Biophilia）是人类与生俱来的天性，由德国社会心理学家埃里希·弗洛姆（Erich Fromm）于1964年首次提出，指人类会被有生命的事物吸引，产生一种不自觉的心理痴迷。1984年，哈佛大学生物学家爱德华·威尔逊（Edward Wilson）从生物进化学的角度进一步印证了这一特性，环境是生物进化的本源驱动力，也是筛选和左右进化方向的关键要素。人类的身体和心智从自然中衍变而来，在这个漫长而深刻的作用过程中，自然催生出的机体特质烙印在遗传基因里，成就了人与自然不可割舍的联系，这决定了人类难以脱离自然而独立存在，不仅仅是物质资源上的需求，还包含审美、理智、认知和精神上的依赖。

与之相比，自工业革命以来科技塑造的现代城市环境，与人类短短几百年的"交往"，尚不能建立牢固的生存依附关系[1]。所以在由钢筋混凝土打造的现代城市中生存的人类由于亲生物性不能得到满足，而表现出一系列身心病症。随着城市空间对自然的侵蚀，人们将自然体验视为一种愈发宝贵的愉悦经历，殊不知这仅是天性的满足，而天性的压抑和制约则会带来机体功能的失常，在这种背景下，接触自然所产生的积极功效更加凸显。

在生理层面表现为心率、脉搏频率、血压、唾液皮质醇浓度以及肾上腺素等应激激素下降。这表明交感神经系统被阻抑、副交感神经系统被激活，意味着处于平静缓和的低唤

---

[1] Edward W. Biophilia[M]. Cambridge：Harvard University Press, 1984：1-35.

醒状态，这是一种生理恢复的表征。在心理层面[1][2]：自然体验能够促进多巴胺的分泌，诱发强烈的愉悦感，提升主观舒适度；促进安全感、幸福感、宁静感等深层情绪的培养；激发倦怠感、无聊感、挫败感、焦虑感的长效改善等。在行为认知层面[3]：自然体验对于工作效率、准确度、环境感知能力、反应速度、瞬时记忆能力和创造力具有提升作用。

基于上述与自然接触的多种积极功效，可以看出，亲生物性得以满足与机体身心的恢复在内涵上重叠，与自然有效地接触，使得亲生物性得以满足，进而引发机体各项资源的休憩和恢复。亲生物性作为一个桥梁，连接了自然环境与人类的身心恢复，使三者的关系更加明确，恢复的必要充分条件不是自然环境，而是亲生物性的满足。因此迎合亲生物性的人工空间同样能够发挥恢复作用，以复兴亲生物天性为目标的亲生物设计理论能够为人工空间恢复功能的提升提供指导。

2. 亲生物设计理论

亲生物设计（Biophilic Design）指从自然中汲取经验，通过对自然的重现、利用、模拟和提取等手段创造能够支持和复兴人类亲生物天性的人工环境[4]。设计原则包含：创造一种重复持久的环境体验；符合人类进化机制；培养个体对特定地区中自然生态环境和文化环境的依恋；促进人与自然的积极交互；提出统一协同的环境整体设计方案[5]。亲生物设计并不是一个全新的概念，它与绿色设计、可持续设计、仿生设计等理念有所重叠，都是以自然为基点、以平衡人与自然关系为终极目标所提出的设计理念和方法。但又有所不同：

从内涵本质上看，它强调的并不是自然的直接引入和利用，而是分析和提取人与自然相互作用的进化过程中自然所具备的某些利于人类生存发展的环境特质和模式，并将其应用于人工环境，这是一种从本源出发，更加接近事物真相和原理的分析方法。如果将以往的设计理念比作"在环境中引入一棵树"，那么亲生物设计就是在环境中引入树给予人的庇护和审美体验，并不一定要存在一棵真实的树。相反，如果树的存在与亲生物性相悖，例如阻挡了前景视野或平添了恐惧感，则会使自然丧失应有的积极功能。

从研究视角上看，以往的设计理念，例如可持续设计，着重于对自然物质资源的集约优化利用，而亲生物设计使自然的非物质功能和效益得以挖掘和展现。这使得自然在人类社会中的形象更加丰满和立体，人类需要从自然汲取精神养料，就如同获得物质资源一样

① Kaplan R, Kaplan S. The Experience of Nature：A Psychological Perspective[M]. New York：Cambridge University Press, 1989：90.
② Kaplan S. The restorative benefits of nature：Toward an integrative framework[J]. Journal of Environmental Psychology, 1995, 15(3)：169-182.
③ Staats H, Kieviet A, Hartig T. Where to recover from attentional fatigue：An expectancy-value analysis of environmental preference[J]. Environmental Psychology, 2003, 23(2)：147-157.
④ Edward W. Biophilia[M]. Cambridge：Harvard University Press, 1984：1-35.
⑤ Kellert S, Edward W. The Biophilia Hypothesis[M]. Washington：Island Press, 1993：5-20.

必不可少。设想一下，一个完全由太阳能电池板组成的公寓，其生态性和可持续性毋庸置疑，但无法满足居民的审美需求，更不能唤醒人们对生命的热爱，人们不愿意待在这样的环境中，这种模式也无法继续维持。

从研究范围上看：广度上亲生物设计实现了自然由狭义到广义的扩充。传统绿色设计中关注的"自然"局限在植被、森林、水体、生物多样性等方面，然而大至星空、海洋、地质、水文、气候，小到苔藓、地衣、土壤微生物，等等，这些都是自然的重要组成部分，蕴藏着人类所需的积极力量，而目前人工环境尚未对这些因素加以利用，这无疑是巨大的损失。深度上亲生物设计促成了自然由表象到就里的深入。从传统理念中单一的视觉联系，到亲生物设计中创造多感官体验的自然环境，这意味着人与自然相互作用程度的加深和有限资源的潜力扩充。另外，"参与自然"是亲生物设计的另一要点，人类应该试图成为自然运行过程中必需的一分子，这才是牢固关系的基础，而不是将自身视为主体，去观赏享受自然。

因此，亲生物设计并不是对以往研究的否定，也没有试图包罗所有绿色生态的设计方法，而是展露了自然不被关注的另一面，试图为人工环境的优化和完善提供新颖的切入角度。2014年威廉姆·布朗宁（William Browning）等提出了14项亲生物设计模式[①]（表2-1），2015年斯蒂芬·凯勒特（Stephen Kellert）提出了24项亲生物设计策略[②]（表2-2）。将二者进行比较分析可以发现设计方法从三方面展开：真实自然要素的运用、自然要素或特性的抽象和提取、人与自然关系的演绎和转化。威廉姆·布朗宁将前两项的组成要素按照同一性进行归类，体现出更加简化的结果，并且在第三项中增添了"神秘"和"冒险"两项特点。将二人的研究成果进行拟合，得出26项设计要点，并结合相关文献，对每一项的具体含义进行解析（表2-3）。

威廉姆·布朗宁的亲生物设计模式（2014年）　　　表2-1

自然要素	自然的类似物	人与自然的关系
视觉联系	自然形态	前景
非视觉联系	自然材料	避难
无规律的感官刺激	复杂性与秩序	神秘
热流和气流		冒险
水		
动态漫射光		
自然系统		

① Browning W, Ryan C, Clancy J. 14 Patterns of Biophilic Design[M]. New York：Terrapin Bright Green LLC, 2014：53.

② Kellert S R. Nature by Design：The Practice of Biophilic Design[M]. New Haven：Yale University Press, 2015：76.

斯蒂芬·凯勒特的亲生物设计策略（2015年）　　　表2-2

直接性自然体验	间接性自然体验	空间和场所的体验
光	自然图案	前景与避难
空气	自然材料	有组织的复杂性
水	自然颜色	集成性
植物	模拟自然光和自然通风	过渡空间
动物	自然形状或形式	可移动性和寻路
天气	自然联想	场所情感联系
自然系统	信息丰富性	
火	时间的更迭	
	自然几何	
	仿生学	

亲生物设计要点综合与释义　　　表2-3

分类	要素	内涵
直接自然	1. 自然光	室内自然采光、审美性光影、月光、星光、生物荧光、火光
	2. 空气	自然通风
	3. 水	水体、喷泉、水族馆、人工湿地、水声
	4. 植物	真实的植物或标本、绿化屋顶、绿植墙体
	5. 动物	真实的动物或标本、投喂饲养行为
	6. 天气	对外部天气的感知
	7. 火	真实的火，例如壁炉；或对光的颜色、运动状态和温度进行调控模拟火
	8. 自然系统	由植物、动物、水体、土壤和岩石等组成的整体性自然，包括地形地貌、植被景观、生态系统
间接自然	9. 自然图像	照片、绘画、雕塑、壁画、视频、计算机模拟和其他手段表征的自然图像
	10. 自然材料	天然的建筑或装饰材料，例如木材、石材、羊毛、棉花和皮革、竹、藤
	11. 自然颜色	土壤、岩石、植物等自然的柔和色调，避免强烈人工性、对比和振动的颜色
	12. 模拟光和空气	对自然光谱和动态特性以及自然通风的模拟
	13. 自然形式	对自然形态的提取，例如花卉、树等植物图案；贝壳、蜂巢等动物形态
	14. 自然联想	对自然形态的抽象和符号化
	15. 信息丰富	丰富的环境信息能够激活视觉、触觉、嗅觉等多种感官对环境的感知
	16. 时间变化	对时间变化的具象化和表征，例如材料的老化、金属的氧化
	17. 自然几何	自然几何的运用，例如分形、黄金比例、黄金螺旋、斐波那契数列、动态对称等
	18. 有组织的复杂性	一定的视觉复杂性和易辨析的组构逻辑。视觉复杂性代表环境包含丰富的信息，清晰的逻辑代表信息容易被获取，这样的环境有利于生存
	19. 集成性	众多独特的元素集合成统一的整体，包括连续的空间关系、清晰的边界、功能或形式上的焦点
	20. 仿生学	以优化性能为目的的对自然的模仿，非简单的形态复制

续表

分类	要素	内涵
人与自然作用关系	21. 前景与避难	广阔的前景视野和安全的后方庇护所，确保个体能够对环境进行观察而不必参与活动
	22. 移动寻路	明确的路径和出入口以及导引系统，确保个体进行自主移动
	23. 过渡空间	明确的边界和连接体以保障个体的领域感和控制感
	24. 场所情感联系	建立个体与当地地理风貌、历史文化或生态环境的联系以提升归属感和认同感
	25. 神秘	模糊的视野或部分显露的前景引发好奇、鼓励探索、创造动态的空间体验
	26. 冒险	可识别的危险，附加可靠的保障，创造对可控风险的体验，促进愉悦反应

3. 亲生物城市设计理念

美国弗吉尼亚大学的可持续发展专家蒂莫西·比特利（Timothy Beatley）的著作《亲生物城市》（*Biophilic Cities*）是首部亲生物城市的专项研究，其中全面而细致地对这一概念进行了描述[1]：指城市尺度上的亲生物性的体现。它不是传统意义上对公园的服务半径、可达性和数量上的探讨，而是将城市作为一种生态系统，强调更广义的自然，考量众多生态系统和各项人类活动的综合作用。书中提出的亲生物城市应具备的特性和衡量标准是统领后续亲生物城市研究的指导性纲要，包含丰富的自然体验、对自然的模仿、保护广义的自然、自然活动的支持、室外活动的支持、自然环境的认知、生物重视度、自然投资8个分项下的22个子项衡量指标（表2-4）。

亲生物城市的衡量指标　　　　　　　　　　　　　表2-4

方面	特性	衡量标准	说明
基础设施	丰富自然体验	1. 公园或绿地100米范围内人口数量	纽约制定的亲生物城市计划：到2030年，所有城市居民能够10分钟步行到达公园或绿地
		2. 生态网络连通度	赫尔辛基市Kes公园连接了城市边缘的原始森林和城市中心
		3. 城市中（半）野生状态的土地所占比重	日本学者提出城市中应该有10%的土地为自然保护区
		4. 城市中森林覆盖率	美国森林协会建议：城市森林冠层覆盖率应达到40%，较高的在外部地区，较低的在城市中心位置
		5. 人均自然步道长度	阿拉斯加的安克雷奇：每1000人有1英里的步道
		6. 社区公园或绿地的人均拥有量	西雅图的亲生物城市目标：每2500名居民至少拥有一个社区花园
		7. 多感官体验	与自然的视觉联系为主，加强自然声景设计以及其他感官刺激

---

① Beatley T. Biophilic Cities[M]. Washington：Island Press, 2011：1-16.

方面	特性	衡量标准	说明
基础设施	模仿自然	8. 人工绿色设计（例如绿色屋顶、生态墙体、仿生建筑等）的数量	芝加哥市的亲生物城市目标：每1000个居民拥有一个绿色屋顶或其他绿色设施，或每一个街区拥有一个
	保护广义自然	9. 水体以及水生物	德国弗莱堡市建造贯穿城市街道的水渠系统
		10. 城市边界之外自然	城市应加强对山脉、海洋或星空等自然环境的关注
人类活动	自然活动	11. 参与自然活动的人口比例	例如园艺、露营、观鸟、越野等俱乐部或组织，至少1/4以上的居民是此类活动的积极参与者
		12. 从事自然恢复与保护工作或志愿服务的人口比例	至少1.5%的城市居民参与到此类活动中。澳大利亚布里斯班有124个丛林保护组织和大约2500名志愿者
		13. 进行种植活动的城市居民比例	包括在阳台、屋顶或社区花园进行种植，温哥华44%的居民进行种植活动用于自己食用
	室外活动	14. 居民户外活动时间	在气候适宜的条件下，户外活动时间应占总活动时间的15%~20%
		15. 学校户外活动时间	芬兰学校要求每45分钟提供一次户外玩耍的机会
公众认知	对周围自然环境的认知	16. 对本地常见动植物物种的认知能力	至少1/3的城市居民能够正确识别一种常见的本地鸟类
		17. 对周围自然环境的好奇程度	城市居民平均每天至少花30分钟观察、探索或了解周围的自然
		18. 环境教育的发展情况	城市至少有一半的公立学校实施户外教学并具备一定数量的环境教育课程
政策管理	重视其他生物	19. 支持生物多样性	爱尔兰都柏林制定城市生物多样性行动计划
	投资自然	20. 自然保护相关事项上的财政预算	一个城市的预算至少应该有5%用于自然保护、教育和恢复
		21. 亲生物试验项目	一个城市至少应该有5个亲生物试点项目或倡议
		22. 亲生物设计资助和奖励，绿色建筑规范的制定和拨款奖励政策	许多美国城市，如西雅图和波特兰，都将亲生物设计列入市政法规，并给予资助和奖励

　　基于上述标准，欧美众多发达国家的重点城市践行了亲生物城市设计理念，建筑群体空间如同一个微缩的城市，所以亲生物城市设计的实践对于其亲生物设计和建立更有利于恢复的空间环境具有重要的借鉴和参考意义。通过参阅相关文献搜集了北美、欧洲和澳大利亚等国家和地区的城市亲生物设计尝试，主要集中在政策法规、空间设计和社区参与三方面（表2-5）。

国外典型城市的亲生物设计实践 表2-5

类型	城市	项目名称或目标	时间	发起者	内容
政策法规	墨尔本	森林中的城市	2008	政府部门	建造城市森林，计划2040年冠层覆盖率翻倍，达到44%
	伦敦	城市树木倡议	2011	政府部门	2025年使伦敦的树木覆盖率增加5%，每个伦敦人拥有一棵树
	哥本哈根	公共游泳计划	—	政府部门	治理港口和河流环境，举办游泳比赛
	温哥华	《绿色城市行动》	2010	政府部门	2020年成为世界上最绿色的城市，所有居民住在距离绿色空间步行5分钟的范围内，种植15万棵新树
	多伦多	强制性绿色屋顶	2009	政府部门	《多伦多市法案》规定：新建六层以上的住宅、学校等建筑达到50%以上的绿色屋顶，并提供财政支持
空间设计	新加坡城	花园中的城市	—	政府部门	建立广泛的公园系统，通达的步行连接网络总长300公里，亲人的尺度节点
	奥斯陆	森林城市	—	政府部门	出色的地铁交通使居民15分钟内到达城市周边的森林；94%以上的居民居住在距离绿地300米的半径范围内，人均绿地面积47平方米
	芝加哥	鸟类友好高层	2010	设计机构	Aqua Tower高层酒店，通过波浪状的外观使建筑的边缘更容易被鸟类看到，将致命的鸟类撞击降到最低
	阿姆斯特丹	从摇篮到摇篮	2018	设计机构	建筑使用进行生物降解后可以回归土壤的材料，或者可以被回收并不断重复利用的材料
	维托里亚-加斯泰兹	亲生物城市计划	1980s	政府部门	紧凑密集的城市布局使得25万居民中50%的出行方式为步行，人们一天的大部分时间都在户外和车外度过
社区参与	纽约	城市露营计划	1990	政府部门	组织露营活动，免费提供旅行必需品和技术指导，鼓励城市居民在周末进行户外活动
		全球夜间项目	2010	国家天文台	指导和组织市民拍摄所在区域的星空景象、测量相关数据
	密尔沃基	城市生态中心	2012	社区机构	提供多种学习和参与自然的服务，例如为户外运动提供装备

2.3.3 环境偏好相关理论

在恢复性环境研究中，偏好作为一项重要的因素，对环境的偏好会增加个体与环境之间的联系，促进深入互动，提升环境体验所获得的健康效益。因此增强环境偏好的相关设计理论方法对于恢复性环境的建构具有指导意义。

1．环境偏好及其与恢复性的关系

环境偏好是个体先天存在的对某一类型环境的情感表现，是个体的主观感受，受个体差异的影响而有所不同，但研究发现人类整体表现出对某些环境的偏好程度较高。对景观美学的有意识偏好可能与自然的恢复效益之间存在复杂的相关关系：对自然的偏好促成了认知或情绪上的好处？还是人们对自然中产生恢复作用的某些特征具有先天的、普遍存在的喜好，而偏好并非中介因素？这两种说法分别有实证研究进行支持。

卡普兰（Kaplan）认为让人产生偏好的环境更有可能成为恢复性环境，环境偏好对环境恢复性评价具有显著的正向影响，因为个体偏好的环境更容易满足个人的需求，使其有强烈的欲望去融入其中，对于喜爱地方的体验更容易与个体发展出牢固的情感连接，以激发地方认同感，进而使这种体验伴随恢复性的愉悦感受。个体对自然的看法将影响自然体验对其产生的情绪和认知影响。从社会心理学的视角分析，探索通常涉及对"与自然的联系"的测量[①]，并借鉴了社会心理学的理论，即对比自己更伟大的事物的归属感，以及由此产生的消极情绪的减少，从而会对幸福感产生影响。与自然联系程度（Connectedness to Nature Scale）用来衡量一个人对自然有意识的、自述出的情感联系水平，通常能够预测个体在自然中的环境行为。正如社会心理学研究表明的，对群体的归属感可以为个人提供目标感和积极影响，人类认为自己从属于"比自己强大力量"的一部分的自我概念可能使其从消极自我意识中解脱出来。自然对情绪的积极影响是由个人通过经历与自然联系的感觉的增加所中介的[②]。产生自然联系感与心理利益具有因果机制，因为属于一个群体或"比自己更伟大"事物能够产生力量。另外，也有研究表明个体与恢复性环境之间的直接作用关系：Korpela等对卡普兰所称的自然环境基本恢复品质的四个组成部分的偏好——"远离、魅力、广度和兼容性"进行测量。他们发现，这些特质与环境的各个方面密切相关，这些方面独立地使它成为被试者"最喜欢的地方"。这项研究证明了后一观点：人们在环境中寻找恢复性特征，恢复需求的满足使其对环境产生偏好[③]。

综上，环境偏好与环境恢复性之间存在紧密的联系，因此研究者也经常将环境偏好的影响因子作为恢复性环境的备选特质，环境偏好的相关理论方法对于恢复目标的实现具有指导意义。

2. 视觉复杂性理论

视觉感知复杂性是评价环境偏好的一项重要因素，主要从视觉感知引发的审美体验上探究人类偏好的环境特征。感知复杂性过高，个体会产生混乱感；感知复杂性过低，个体会产生单调感。从注意力恢复的角度分析，视野范围内的信息量过于繁多复杂，会加剧注意力的损耗，但若环境中信息过于单调，则环境缺乏足够的引力使个体停留，无法保证与

① Mayer F S, Frantz C M P. The connectedness to nature scale：A measure of individuals' feeling in community with nature[J]. Journal of Environmental Psychology, 2004, 24(4)：503-515.

② Mayer F S, Frantz C M P, Bruehlman-Senecal E, et al. Why is nature beneficial？The role of connectedness to nature[J]. Environment and Behavior, 2009, 41(5)：607-643.

③ Epstein S. Cognitive-experiential self-theory：An integrative theory of personality[J]. The relational self：Theoretical convergences in psychoanalysis and social psychology. New York：The Guilford Press,1991：111-137.

个体产生深入而长久的作用。所以中等程度的复杂性能够使感知信息的过程轻松地顺利进行，是引发视觉审美感受的前提，也是恢复性环境的基本要求。

在视觉复杂性研究中，引入了熵的概念来描述视觉范围内人眼所感知到的主观复杂度，在空间环境的某一视觉范围内具有明显边界的组成单元数量为n，其中第i个组成单元在视觉范围内被感知的频次为P_i（i=1, 2, …, n），则该视点的空间环境所表现出的视觉复杂程度为：

$$H_i = -P_i \lg P_i$$

H_i的数值为该区域视野范围内研究对象的视觉熵[1]。

视觉熵的引入使视觉复杂性得以量化，从而建立了视觉复杂性与偏好程度之间的直接关系，在以纵轴为偏好，横轴为复杂程度的坐标系中，复杂程度与偏好之间呈现倒"U"形的函数关系，此规律被认为是天生而不是后天学习的反应。上述规律适用于无人文意义的单纯的图形细节，当界面中增加有意义的刺激时，则图形所带来的引申或想象意义主导了偏好，此时界面图形的复杂性可忽略不计。

3. 萨凡纳理论

萨凡纳理论（Savannah Theory）又称"草原理论"，1982年由研究心理学家约翰·鲍林（John Balling）提出，同样是从进化的角度诠释人类对环境的偏好。选取沙漠、雨林、热带稀树草原、混合的硬木和北方森林5种自然环境作为研究对象，将测试者根据年龄分组，8~11岁的儿童最喜欢大草原的环境设置。到15岁时，受访者开始喜欢混合的硬木设置，而硬木环境是美国东部的普遍自然特征。结果表明，大草原是人类进化的自然环境，年龄越低，受环境和社会的影响越小，对自然环境越表现出天生的喜好，而随着年龄的增加，个体会愈加偏爱周围的环境[2]。萨凡纳理论揭示了人类偏爱最初的生存环境，正如史蒂芬·卡普兰（Stephen Kaplan）提出的相比于人工环境，自然环境更具有恢复性。因为在人类几千万年的农耕进化史中，早已适应自然，相比于此，由工业革命带来的几百年的现代化社会中的城市环境远远不及自然环境，自然环境相对于人脑来说是不需要定向注意的参与便可欣赏并获得审美体验的恢复性环境。萨凡纳理论指出，环境对于个体的恢复性同样取决于个体儿时的生长环境和自然体验经历，个体对具有出生地现存动物、植物形态、地形、地质特征和气候特点的环境更加偏爱，获得的恢复效果也更加明显。萨凡纳理论强调了气候环境与个体偏好和恢复体验之间的紧密联系，为恢复性环境的气候适宜提供了支撑。

4. 前景与避难理论

前景与避难理论（Prospect-refuge Theory）由英国学者简·阿普尔顿（Jay Appleton）

---

① Ramzy, Shafik N. Biophilic qualities of historical architecture: In quest of the timeless terminologies of 'life' in architectural expression[J]. Sustainable Cities and Society, 2015, 15: 42-56.
② Balling J D, Falk J H. Development of Visual Preference for Natural Environments[J]. Environment and Behavior, 1982, 14(1): 5-28.

于1975年提出，在其著作《景观体验》(*The Experience of Landscape*)中描述：人类对于居住空间最基本而原始的行为和心理需求是空间允许个体在不被看见的前提下观察四周的环境，这种对于安全感的渴望源于达尔文人类进化学中生存的本能，人类天生偏好提供前景和避难所的环境，处于这样环境中的个体具有明显的生存优势。在某些特定的情况下，对某些环境的观察和体验能引发愉悦感。审美是个体与环境交互作用的产物，而非某个物体、地点特有的属性，而前景 (Prospect) 与容纳观察者的避难所 (Refuge) 的特定组合成就了审美和情感的偏好。

阿普尔顿将环境组分分为提供前景机会 (Prospect Opportunity) 组分和提供避难机会 (Refuge Opportunity) 组分，前景 (Prospect) 是环境引导进一步访问，或暗示神秘与好处的环境信息；避难 (Refuge) 是规避捕食者和危险的环境设置，与躲藏、遮蔽和寻求保护等行为相关。前景与避难的组合决定了环境的生存价值和美学价值。环境设置以符号的形式被大脑接受、感知和处理，前景符号和避难符号的强度、象征方式、空间位置、所占比重和传播物理媒介（主要是光）都会影响个体对环境的偏好或反感。前景和避难组分的正确组合和应用会产生一种对空间偏好有明显正向影响的环境。前景与避难理论已经被艺术史学家、哲学家和空间心理学家广泛讨论过，并且在20世纪90年代格兰特·希尔德布兰德 (Grant Hildebrand) 丰富了前景与避难空间的特性，强调了形式的复杂性和空间蕴含的探索机会等要素。另外建筑师赖特、阿尔托、穆尔库特、昆迪格和祖姆索尔等都将这一理论应用到设计实践中。

前景与避难理论以科学的方法而非从艺术的角度解释了空间环境的美学价值，从环境适应的角度揭示了对特定环境的偏好，具有前景与避难特点的环境是实现个体审美偏好的重要来源，而偏好是恢复性环境的根基，恢复性环境可以看作是对前景与避难空间的延伸和丰富，前景与避难理论中的"前景"与注意力恢复理论中恢复性环境的"引力"特性相似，而"避难"则与"远离"具有可互通的内涵，即躲避和逃离日常生活。因此前景与避难理论与恢复性环境具有密切的联系，可以辅助恢复性环境的设计。

2.4 建筑空间与恢复性环境的关联

建筑空间是现代城市居民日常生活的主要场所，其环境恢复性与个体的身心健康和行为情绪息息相关。而恢复性环境在多数情况下是由蓝绿资源为主导的景观环境，其属性与建筑内部空间差异较大，因此本节将依据既有建筑空间心理行为方面的研究，进一步探究恢复性环境与建筑空间之间的关联与适用性。

2.4.1 建成环境恢复性的研究基础

恢复性环境所促成的身心积极转变与广义健康目标相契合，恢复是心理健康水平维系与提升的重要环节，因此本节以人群心理健康需求为目标问题，将恢复性设计引入建筑空间健康促进功能研究体系中，并结合建成环境恢复效益的既有实证证据，建构建成环境恢复性的研究基础。

1. 以人群心理健康需求为导引

世界卫生组织将心理健康定义为"一种幸福状态，在这种状态下，一个人实现了自己的潜力，能够应付正常的生活压力，能够富有成效地工作，并能够为社区作出贡献"[1]。在积极心理学中，心理健康具有两方面的内涵：没有心理问题的困扰；人的各种积极品质和积极力量的产生和增加[2]。可见，心理健康的重点不仅停留在疾病的治疗，还更多地考虑到人类的幸福感和效能等方面的内容。因此，未患心理疾病不等同于心理健康，心理健康是一种不同状态的连续体，并不能通过简单的"有病"和"没有病"来描述，而是疾病的症状状态和积极功能发挥状态双重影响下心理的综合状态。

心理学家凯斯（Keyes）结合了心理疾病指标和积极心理健康指标，提出了描述完整心理健康的双因素模型[3]（图2-6）。心理健康的状态涵盖了从毫无活力的较低端状态到适度的中间状态，最终达到蓬勃发展、具有活力的较高状态。模型中心理健康状态的两极分

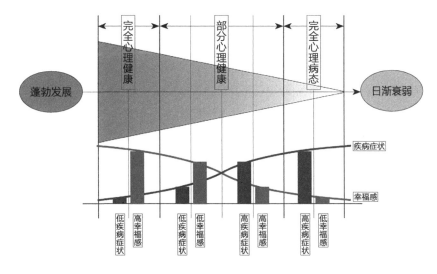

图2-6 心理健康双因素模型

① World Health Organization. Mental Health：A State of Well-Being[R]. Geneva：World Health Organization, 2022. https://www.who.int/news-room/fact-sheets/detail/mental-health-strengthening-our-response

② 孟维杰，马甜语. 积极心理健康及其当代理解[J]. 心理科学，2012，35(1)：243-247.

③ Keyes C L M. Mental illness and/or mental health? Investigating axioms of the complete state model of health[J]. Journal of Consulting and Clinical Psychology, 2005, 73(3)：539.

别是蓬勃发展和日渐衰弱。其中"蓬勃发展"是心理完全健康的状态，具有低心理疾病表现症状和高幸福感，蓬勃发展的个体表现出积极的情绪和生活态度，工作绩效达到最佳状态；"日渐衰微"是心理完全不健康的状态，具有高心理疾病表现症状和低幸福感，日渐衰微的个体表现出消极情绪，工作绩效极低，甚至无法进行正常的生活和工作；介于二者之间的状态是心理部分健康的状态，各项水平中等。

"恢复"指心理资源或能力的重新获得，当身心资源匮乏时，个体没有充足的能量或资源感知与应对环境刺激，体现出一种无效感；当身心资源充足时，个体能够发挥出最佳的生存状态，各项身心机能能够高效、稳定地运作，这与心理健康理念中从"日渐衰弱"到"蓬勃发展"状态的转变相似。因此，恢复与心理健康存在紧密关系，是心理健康的标志、过程和途径：首先，身心恢复代表了机体状态的正向转变，标志着心理健康水平的提升，并且持续不断循环发生的自主恢复也代表了良好的环境适应能力和维系健康心理状态的潜力；然后，恢复是心理健康状态转变的过程之一，个体通过身心资源的重新获得而实现某些能力的改善（例如心理韧性和应激能力），从而达到促进整体健康的作用效果；最后，恢复是一项主动干预机制，通过与积极环境的作用实现身心资源与能力的补给，促进心理健康水平的提升。

2．以建成环境健康功能为依托

心理健康的影响因素包括生物因素、主观因素和环境因素。生物因素包括神经系统、内分泌系统、疾病和营养情况等个体身体因素；主观因素包括人生态度、行为习惯、个性、心理状态和意志品质等；环境因素包括物质空间环境因素和非物质空间环境因素，物质空间环境包括气候环境和建成环境两类，非物质空间环境包括家庭环境、社会环境、教育环境、应激事件等。物质空间环境因素直接影响了身体状况等生物因素的发展，非物质空间环境因素直接影响了性格品质等主观因素的形成。所以环境因素是影响心理健康、产生心理问题的主要因素（图2-7）。

在环境因素中，物质空间环境和非物质空间环境相互影响、相互作用，非物质环境受社会发展、政策体制、经济水平等影响，可改变性较小，所以物质空间环境的改善是行之有效的手段。欧洲景观大会（European Landscape Convention）提出日常生活空间环境的改善（例如街道、广场和建筑）对提高居民生活质量和福祉具有重要价值。由佐治亚理工学院（Georgia Institute of Technology）、德克萨斯A＆M大学（Texas A＆M University）和美国健康设计中心（The Center for Health Design）共同撰写的2008年建筑询证设计文献综述中提到，建筑空间环境特征与物理伤害、行为效率、错误率、睡眠质量、满足感、隐私感、压力等健康结果有关[①]。

---

① DuBose J, MacAllister L, Hadi K, et al. Exploring the concept of healing spaces[J]. HERD：Health Environments Research & Design Journal, 2018, 11(1)：43-56.

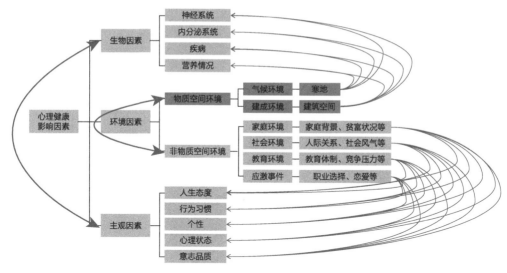

图2-7　心理健康影响要素分析

　　虽然建成环境尤其是建筑内部环境与恢复关系的研究处于起步阶段，基本集中在针对特殊病症人群的病房设计研究中，但建筑空间环境对心理健康影响作用的相关研究已较为成熟，鉴于上节所分析的恢复与心理健康的内在关联，建成环境心理健康效益的相关研究结论能够为本研究提供参考和指导。同时，目前尚不存在关于环境对健康影响的完整理论，而恢复性环境的相关研究为识别和确立支持心理健康的环境特征提供重要见解和证据。

3. 以建成环境恢复效益为根据

　　恢复的理念起源于自然体验对人类的积极作用，自然景观环境被认为是典型的恢复性环境。而城市环境的恢复力在多数评估中是负性的，因为人们倾向于将优美的、积极的自然风景与丑陋的、嘈杂的城市建筑环境相比较，这种环境选择方式将使对城市建筑环境恢复潜力的评估存在偏差。根据注意力恢复理论和压力恢复理论，恢复性体验是由以视觉为主的积极环境感知所引发的，这表明恢复性是特定空间环境的属性，而并非自然环境所特有。

　　既有的实证研究为建筑空间环境的恢复潜力提供证据，例如，历史场所、商业街、咖啡馆或城市墓地等建筑环境对恢复也存在积极作用；具有审美性或吸引力的建筑环境有助于创造积极体验；适当的建筑高度、建筑轮廓线变化和适度的复杂性是支持恢复的环境特征[1]。上述证据表明：建筑空间环境可以通过空间设计与优化，以人工建造的方式塑造促进恢复的环境特征。

---

[1] Lindal P J, Hartig T. Architectural variation, building height, and the restorative quality of urban residential streetscapes[J]. Environmental Psychology, 2013, 33, 26-36.

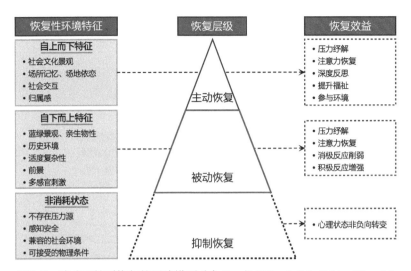

图2-8　建成环境对恢复的影响模型（来源：根据Bornioli A, Subiza-Pérez M. Restorative urban environments for healthy cities: A theoretical model for the study of restorative experiences in urban built settings[J]. Landscape Research, 2023, 48(1): 152-163. 改绘）

　　Anna和Mikel提出的城市建成环境心理恢复模型总结了支持恢复的城市建成环境的特征，描述了恢复潜力的层次结构、允许恢复所需的环境特征，以及恢复所产生的身心积极改变（图2-8）。在这一模型中，环境的恢复性被划分为三个递进的层级：抑制恢复、被动恢复和主动恢复。

　　基础层为"抑制恢复"，指不具有积极或消极的环境特征，允许但不促进恢复性体验，是一种中性的状态，具体特征为：不存在噪声、视觉污染或人群等压力源；具有感知安全性和无威胁的社会景观；包含主观可接受的物理环境条件（例如温度）。这是一种恢复性体验发生的先决条件，但由于恢复属性的缺失，个体不会经历任何相关的心理改善，但也不会增加与环境有关的心理损害或情绪困扰。

　　第二层是"被动恢复"，它反映了注意力恢复理论中典型恢复体验的发生机制，即特定的环境特征自下而上地作用于个体。在这一层级中，个体对于恢复没有主动的积极贡献，而是自下而上环境特征的接受者，环境特征促使个体发生压力减轻、负面情绪改善、积极情感增强或注意力恢复等转变。绿色景观、亲生物设计或类似自然的设计等基于自然的解决方案均能够提供促进恢复的环境特征，同时历史元素、中等感知复杂度、适度建筑多样性、多感官刺激等人工环境要素也属于支持被动恢复的知觉特征。

　　第三层是"主动恢复"，它考虑了自上而下的作用，例如个体的主观动机与能动性，其内涵更贴近于个体既有能力的提升或获得额外资源，而不一定是身心资源处于枯竭的状态。当个体积极参与文化、社会或环境景观中时，将获得有助于积极情感增强的新资源，发生主动恢复，具体表现例如增加社会互动、地点依恋、环境归属感、幸福感或社区意识等。在与环境的这种互动中，个体在身份、记忆、社交等方面贡献了自己属性或内容，使得个体与环境的联系更加紧密，实现自身与环境的一致，这呼应了注意力恢复理论中恢复进程的最后一阶段——"反思"阶段。在这一阶段中，个体反思他们在世界中的角色，寻求自身与环境的统一和连接。而这种增强的环境联系或相关度会提高在环境体验中获得的积极益处，即与未知的或非相关的环境体验相比，如果一个地方具有个体或机体意义，那么体验它所获取的心理益处将增加。

综上，该方面的实证研究确立了建成环境的恢复潜力，论述了不同建筑情景下恢复进程的差异以及所对应的身心变化特征，识别出一系列支持恢复的建造特征与环境特点，可作为建筑恢复性设计的依据和起点。

2.4.2　恢复性环境与建筑空间的匹配关系

建筑空间是现代居民的主要"生态系统"，应对使用者的身心资源与能力的维系提供支援。从空间构成与功能价值两方面探讨恢复性环境与建筑空间的匹配关系，为恢复性环境有机整合进入建筑空间系统中提供依据，实现恢复性体验贯穿建筑整体使用周期内，以发挥物质空间环境的健康促进作用。

1. 恢复特征匹配建筑空间构成

以恢复性环境特征与建筑空间构成与形态特性作为切入点，分析二者之间存在的趋同与耦合，证明建筑空间是恢复性环境的适宜载体，而恢复性也应成为建筑空间环境的必备特质。

（1）循环特征与空间网络。恢复是一个随着时间推移发生的过程，它不是一个突然的离散事件，某一项环境可能不是恢复即时发生的场所，但也许会成为促进个体走向疗愈的重要催化剂。根据认知资源损耗特点，由于长期的定向注意力休憩会造成认知功能无法正常进行，所以恢复所持续的时长应尽量短暂，但为了保证一定时间段内注意力资源处于充足的状态，需通过增加恢复的次数来平衡总体的恢复效果。因此恢复的进行应以"少量多次"为原则，并且恢复的效果不是永久的，个体需要循环往复地经历恢复，因此恢复是一项需要长久持续、间歇作用的过程。基于上述分析，可以对恢复性环境的特性做出一定的推断：恢复性环境不应是一处大型的固定式的专属空间，而应是一张多点协同的空间网络，通过与主体建筑功能的复合，与恢复人群的生活圈域建立连接，以对其施加长期、反复的恢复作用。

（2）时序特征与空间序列。恢复不是一种瞬时发生或结束的活动，而是一项有时序规律的连续过程。根据注意力恢复理论：首先由某项或某系列特定环境特征诱发非定向注意力启动，以使定向注意力由工作状态转变到休憩状态；然后环境需要有丰富的内容持续吸引个体停留在当前的空间中，以保证充足的恢复时长。根据压力恢复理论，恢复是由积极感觉刺激引发的，并且环境应具备充足的容量和清晰的结构以供个体反复探索。综上，一项完整的恢复进程是遵循时序且存在一定结构逻辑的，每一环节的开启都对应不同特质环境要素的刺激。因此，恢复性环境并非独立的作用单元，而是由多项标志性节点按照一定的组织结构串联起来的空间序列，与建筑空间内部的功能流线或人群活动路径拟合，增进恢复性环境特征与个体的相互作用。

2. 恢复效益匹配建筑空间功能

恢复性环境所诱发的一系列积极功效恰好与现代城市居民所面临的健康问题相呼应，体现了建筑使用者对生活环境的预期和需求，从恢复性效益与建筑空间的功能价值之间的匹配程度解析建筑与恢复的内在关联。

（1）生理效益与健康促进功能。建筑空间最基本的功能体现在对不利气候和风险的规避，随着科技的进步，建筑的这项对于身体庇护的功能得到升华，不仅是基本的安全保障，更是对健康的保障。现代人由于久坐的生活方式、缺少体力活动、电子媒体的干扰等因素表现出亚健康症状，出现自我感觉、躯体症状、社会表现、心理状态等方面的不佳现象。恢复对机体应激状态的有效调节能够使神经系统长久处于相对稳定、平和的状态，避免了由生理压力引发的相关病症。恢复性环境的建立能够激发个体进行社交、体育和文娱等活动的欲望，提高体力活动水平。同时心理健康与生理健康息息相关，良好的精神状态、完善的性格以及较强的情绪调节能力都有助于身体的健康。恢复是通过大脑资源的恢复，从而获得心理的慰藉，并反馈到身体上，使各项机能达到最佳的运作水平，因此恢复的生理效果契合现代建筑空间的健康促进功能。

（2）认知效益与行为引导功能。建筑空间与内部使用者的行为之间存在相互反馈的双向作用：建筑通过空间形态、要素与装置等对使用者的某些行为给予支持或阻碍，从而影响使用者的需求目标与行为结果，同时使用者的行为也将反馈给建筑空间，体现在环境行为或改造行为上。当建筑空间对个体的目标意愿或活动给予支持，建筑空间会收获来自使用者的正向反馈。恢复性环境能够促进个体认知资源恢复、改善精神疲劳、增强个体的控制感和自我效能感，使个体在当前空间中的行为效率有所提升，更容易发生引发正向评价的行为结果。这种积极作用又体现在个体对环境的反馈上，个体更偏爱环境、更容易做出积极的环境行为并反复持续使用环境。因此，恢复性环境所引发的认知效益契合建筑对积极行为的引导功能。

（3）心理恢复与精神复兴功能。建筑空间不仅应庇护人类的躯体，也应为精神和思维的兴盛提供支持。然而人工的城市空间变得愈发复杂、混乱，难以辨识，充斥着各种各样的信息和刺激，随之而来的是各种"城市病"的发生，寻求恢复的力量对现代文明来说愈加重要。建筑空间需要在心理层面上对使用者进行恢复，创造压力舒缓空间，激发积极情绪，促进个体快乐地生活，实现身心愉悦的终极目标。一方面，恢复性环境本身是一种从个体心理需求出发的设计，其体验能够带给个体愉悦舒适的主观感受；另一方面，恢复性环境对认知资源的供给，能够使个体拥有充足的精力与能量应对和处理压力，进而从根源上减少消极情绪的产生。因此恢复性环境的心理效益与建筑精神复兴功能相匹配。

2.5 本章小结

疗愈具有多学科内涵，与其相近的术语"恢复"强调在正常环境适应过程中损耗的身心资源与能力的重新获得，更适用于日常生活情景；并且恢复性环境特指物质空间环境，更贴合本研究的范畴。建筑空间的恢复性设计本质上是识别能够产生积极影响的环境特征。从认知机能的理论原点剖析环境对个体产生的恢复效益可知：空间环境通过启动非定向注意力而使耗能的定向注意力得以恢复，从而增强个体对环境刺激的处理和适应能力，进而引发各项身心积极转变。恢复与心理健康具有密切关联，是心理健康的子项、分目标和实施路径，以此为媒介，可将建成环境心理健康作用的相关研究整合进入恢复性环境研究中，建立建成环境恢复性研究的基础。恢复性环境的循环特性与时序特性匹配建筑空间的网络体系与空间序列模式，恢复性环境的生理效益、心理效益和行为认知效益匹配建筑空间的健康促进功能、精神复兴功能与行为引导功能，因此恢复性环境能够适用并应用于建筑空间，建筑空间也是恢复性环境的适宜载体。

第 **3** 章

—— · ——

寒地建筑疗愈性设计的
理论框架

寒地建筑使用主体的健康诉求是疗愈性空间设计目标提出的依据，相关环境心理学理论为该目标应用于寒地建筑空间环境设计奠定了基础，神经认知学、心理学和医学层面的疗愈需求能够通过空间环境优化设计得以实现，在这一过程中，寒地建筑空间环境是平台和孵化器，对研究主体的解构和分析是建立恢复性设计理论的基础。

本章对寒地建筑环境的关键构成要素进行提取，通过剖析其恢复属性，探索疗愈性环境理论方法在寒地建筑空间设计中的应用路径，并立足寒地建筑空间固有属性，对技术路径进行调整与修正使其匹配寒地建筑空间设计的内在规律，最终提出寒地疗愈建筑的设计原则。

3.1 关键要素：寒地建筑环境恢复属性剖析

研究表明，环境对人机体的影响程度占19%以上，远高于食物和药物。从注意力恢复的原理入手，环境中的要素能够引发定向注意力和非定向注意力运作，当非定向注意力占主导时，注意力资源得以休憩和补充。根据这一特性，可将环境中的某一要素或某种特性归类为引发定向注意力的要素或特点和引发非定向注意力的要素或特点。将其应用于本研究主体，寒地建筑空间环境中的要素或要素特点可被理解为具备引发定向注意力的特性或引发非定向注意力的特性，当个体感知范围内定向性要素起主导作用时，当前环境以消耗定向注意力为主作用，阻碍恢复；当非定向性要素占主体时，当前环境能够有效引发非定向注意力运作，促进恢复。所以对寒地建筑空间环境的解析应借助于注意力恢复的环境心理学理论和现有研究成果，以分析各项要素的定向性或非定向性为主要方法。

建筑环境是多层面环境要素作用的复杂体，受到寒地气候要素、寒地自然景观要素和人工建构要素的影响。首先，从宏观视角入手，寒地气候是建筑空间环境形成和存在的基础，包含气温、湿度、风、日照、特殊天气共5项影响因子；其次，在气候环境的作用下，衍生寒地特有的自然风貌，包括植被种类、形态、水体等，这是景观环境的基本构成要素，在此基础上，人工建构对二者进行了调整和加工，共同形成了寒地建筑空间环境。

3.1.1 气候环境是恢复的强烈刺激

地理位置决定了气候特点，气候是地表形态、植被种类等自然环境演化形成的基础，寒地气候主导着寒地的自然环境和人工环境。在众多对于寒地城市的研究中，"寒地"的定义大多也是基于气候特点出发的。所以以寒地气候特点出发来探究寒地建筑空间的自然环境对使用者心理的影响是简明有效的手段。

寒地气候环境具有四季分明、冬季漫长而温度极低、绿化种类单一的基本特性。其中，漫长而严酷的冬季是寒地气候的代表性特征，加拿大学者诺曼·普林斯曼（Norman Princeman）提出了寒地冬季的气候特征：气温低于0℃、降雪、短日照，并且以上3个特征持续时间较长、季节的变换较明显[①]。另外，近年来因冬季采暖而出现的雾霾天气也成为寒地自然环境的又一代表性特点。这些气候特点催化出的环境应激源在生理、体验和行为活动等多方面影响着人们的心理健康。

1. 引发生理不适

（1）低温。寒地冬季的低温、短日照和降雪给个体造成了身体上和心理上的不利影响。就大多数气候类型而言，气候的低温与人体的温差要远远高于高温与人体温差的差值，所以寒冷比炎热对个体有更强烈的刺激作用[②]。在低温环境下，初始阶段的短暂时间内机体处于应激状态，寒冷空气刺激皮肤引起皮肤表面血管收缩，人体代谢频率提高以产生热量维持温度平衡，但持续的低温环境造成热量的入不敷出，此时身体各项机能下降，血流速度减慢，神经系统、运动系统以及感官系统等运行迟缓，从而造成个体认知能力的下降。

（2）短日照。寒地由于纬度高，太阳高度角低，日照时间短，以典型寒地城市哈尔滨为例，全年有近8个月日照时间低于200小时，自然光照成为冬季的稀缺资源（图3-1）。人对光具有生理和心理的双重需求：在生理层面，缺少自然光的照射，人的身体机能会下

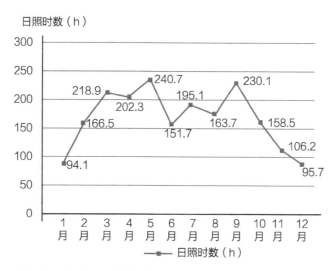

图3-1　哈尔滨全年日照时数（2013）（来源：金春花. 哈尔滨城市住区日照环境分析及优化策略研究[D]. 哈尔滨：哈尔滨工业大学，2010：80.）

---

① 徐苏宁. 创造符合寒地特征的城市公共空间——以哈尔滨为例[J]. 时代建筑，2007：27-29.

② Capbell N A. Biology[M]. London：Mendo Park Calif Ben Jamin Pub, 1987：429.

降，钙质流失；体内褪黑素水平升高，人感到疲惫和困倦，集中注意力能力下降①。在心理层面，日光不足的昏暗环境容易导致人的安全感缺失、犯罪率上升；在相同人流密度的空间中，明亮的光环境较之暗淡的光环境会减弱人们的拥挤感，从而避免因刺激过剩或行为限制而引发的个体习得性无能和不友好行为；无法接受定时充足的日照会导致心情郁闷、工作效率下降甚至严重的心理疾病；同时，光也是提升个体对环境的认知度和审美偏好的要素。

（3）风雪。风是体感寒冷的重要因素之一。以哈尔滨为例，对比哈尔滨全年温度变化曲线和全年风速变化曲线可知，1月、2月、3月、11月、12月这5个月内，温度较低而风速较高，冬季的强风进一步加剧了低温带来的寒冷感受；对比哈尔滨全年温度变化曲线和全年相对湿度变化曲线可知，冬季降雪使空气中湿度增大，在低温条件下，湿度的增加也让个体感到更加寒冷（图3-2）。所以，寒地冬季的风雪环境在很大程度上加重了个体的生理不舒适，同时寒风给个体带来的行动阻力以及降雪带来的路面不安全因素，更加减弱了个体在环境中的安全感和愉悦感。

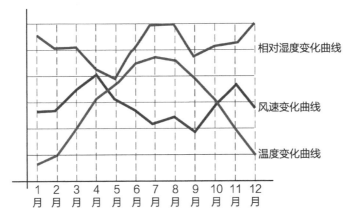

图3-2 哈尔滨全年温度、相对湿度及风速（2014）（来源：金春花.
哈尔滨城市住区日照环境分析及优化策略研究[D].哈尔滨：哈尔滨
工业大学，2010：80.）

2. 限制室外活动

（1）室外活动对恢复的积极作用。相比于室内活动，舒适环境条件下的室外活动具有更多引发恢复的契机，原因有二：第一，与室内空间相比，室外包含更多的自然要素，具有更明显的恢复性环境特质，因此室外活动能够更好地实现个体与自然景观的互动和与自然特点的联系，从而促进恢复。第二，室外流通的空气和开阔的场地有利于开展大规模社交活动和中等强度的体育运动，前者能够增强个体所获取的社会支持，为个体提供内涵丰

---

① 杨公侠. 视觉与视觉环境[M]. 上海：同济大学出版社，2002：12.

富的心理内容，促使其从当前困扰的事件中抽离，后者可以降低心理应激水平，减少心理压力，帮助排遣和消解不良情绪，强度适中的体力活动能降低人群抑郁症状的发生风险。另外，由于室外环境具有更强的恢复特质，所以即使从事相同的体育运动，在室外环境中的恢复效益大于室内环境。

（2）室外活动受限。寒地气候的低温、寒风和路面积雪，以及因御寒需求而导致衣物厚重，这些都给室外活动造成了不便，极大地减少了室外活动的频率和时长，室外活动包含必要性活动和非必要性活动。对必要性活动的限制，例如出行活动，这种阻碍会成为一种消耗注意力的压力源；对非必要性活动的限制，例如室外体育运动，会削弱个体从事恢复性活动的动力而不利于恢复。大多数种类户外活动对室外环境条件要求较高，例如户外球类运动的适宜温度为18℃～20℃，户外健身的适宜温度为17℃～23℃。而从哈尔滨全年平均气温可以看出，冬季的室外平均温度不超过-10℃，最冷月日均最高/最低温度为-13℃/-25℃，适宜室外活动的时间只有3个月左右（图3-3）。

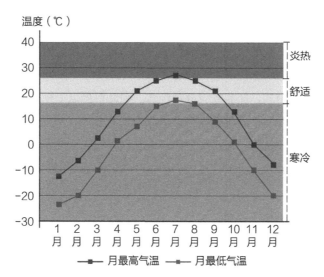

图3-3　哈尔滨全年平均温度（来源：张姝. 严寒地区空气源土壤蓄热式热泵系统及运行特性研究[D]. 哈尔滨：哈尔滨工业大学，2013：45.）

3. 提供唤醒动力

寒地气候提供了一种具有强烈刺激性的环境要素，它们会引发生理不适和心理压力，但实际上绝对的舒适和零压力的环境不利于注意力的恢复和认知活动的进行。开启恢复的首要机制是提供一种有别于当前状态的环境刺激，对于寒地建筑空间来说，冬季大多数认知活动发生在室内，环境温度较高，室内空气流通性差，物理环境相对恒定，此时间歇性地导入强度适中的寒冷要素能够提供一种引发分心机制的动力，有助于个体从当前事件中抽离出来，引发注意力恢复。

另外，从利于认知活动进行的角度分析，环境刺激给予大脑的作用效果可分为弱唤醒状态、最佳唤醒状态、强唤醒状态。唤醒程度过弱将导致个体精神萎靡、反应迟钝、倦怠，唤醒程度过强则导致个体精神紧张、错误率上升，两者均不利于认知活动的进行。只有在最佳唤醒状态下，个体能够保持清醒的头脑，交感神经与副交感神经协调运作，机体处于准备行动的适度应激状态。所以只注重抵御寒冷、提高室内温度的方法不利于以认知活动为主的寒地建筑空间，冬季室外的寒冷刺激应当成为一种天然的"唤醒药剂"，助力个体的认知活动。

3.1.2 景观环境是恢复的薄弱基础

在恢复性环境的研究中，相比于人工环境，自然环境具备更好的恢复性，所以自然景观应作为整体空间恢复性提升的基本资源。从广义上讲，自然环境指不存在人工建造或人为痕迹的环境，但环境对于个体的恢复作用主要通过视觉，所以在恢复性环境的相关研究中，自然环境的概念被进一步具化为自然场景（Nature Scenes），包含以下三项特征的自然场景具有情绪心理、生理和认知层面的积极恢复作用：首先，所呈现出的整体景观是以植被、水体或山脉为主体或主控要素；然后，人工特点缺失或被隐藏；最后，主体轮廓或运动趋势为曲线或不规则式，而非直线或规则式。因此根据以上标准，建筑空间环境中的自然场景不仅包含自然环境，还包括以自然组分为主的多种户外空间，例如公园、广场、行道树、庭院、绿地、树林等，而这些空间环境受到寒地气候的影响呈现出与其他地区不同的景观风貌特点，这些特点对于自然场景的整体恢复性都具有影响。

1. 生物群落单一

生物群落是自然场景存在和建构的基础，指相同时间聚集在同一区域或环境内各种生物种群的集合，由植物、动物和微生物等各种生物有机体构成。在对世界六大陆地生物群落的自然景观恢复性的比较分析中发现（图3-4）：个体对于复杂性稍高、开放性适中、水特征较明显的自然场景表现出更高的偏好程度。因此落叶林和草原的恢复性较强，其次是热带森林、针叶林，而苔原和沙漠的恢复性较弱。究其原因，首先复杂性较高意味着环境潜藏了丰富的机会和资源，同时又不会因未知要素所占比重过高而引起恐惧和担忧；其次，开放性适中表示环境具有开阔的视野，有利于观察和掌控环境，但同时又不会过于开阔而缺少躲避空间；最后，水特征明显意味着食物和资源的丰富。所以落叶林符合上述三项特点而具备较高的恢复性，而草原具有较高恢复性的原因除了基本满足上述三点之外，从进化论的角度分析，由于其作为人类最初进化发展的环境，所以具有人类的先天偏爱。

生物群落的划分主要以气候特征为依据，其中年平均温度和降水量是影响植被形态的主要因素，因此中国东北地区受到较低的年平均气温和降水量的影响，其生物群落呈现针

图3-4　世界六大陆地生物群落的自然景观（来源：（a）https://whvn.cc/2kl52y；（b）Mangone G, Dopko R L, Zelenski J M. Deciphering landscape pre-ferences: Investigating the roles of familiarity and biome types[J]. Landscape and Urban Planning, 2021, 214: 104189；（c）https://azconservation.org/project/grasslands/；（d）www.britannica.com；（e）郭陶然，山冰沁. 城市荒野景观营造：以上海乡土生态科普示范基地为例[J]. 景观设计学，2021，9(1)：120-131；（f）Arroyo-Rodríguez V, Fahrig L, Tabarelli M, et al. Designing optimal human-modified landscapes for forest biodiversity conservation[J]. Ecology letters, 2020, 23(9): 1404-1420.）

阔混交林特点，生物群落的构成相对简单，物种丰富度明显低于热带和亚热带地区，进而形成了相对单一的景观特点；并且在冬季，气候极大地限制植物和动物的生长和活动，除少数针叶类植物提供绿色视野之外，草本植物消迹，灌木和乔木仅保留枝干部分，大面积的冰雪景观占据主导，能够发挥视觉恢复功能的自然景观数量骤减；而水资源相对稀缺，且布局分散，受季节影响较大，其恢复性的发挥受到限制。上述因素都造成了寒地自然景观的先天恢复劣势。

2.绿色植被匮乏

在众多生物性自然组分中，绿色资源是发挥恢复功能的主要部分，也是可控性和利用率较高的一种自然资源，应成为建筑空间中恢复性环境建构的主体。恢复性环境从作用时间和作用强度两方面影响着恢复性体验的成果。同等接触时间下，环境具有的恢复性越高，则个体的恢复体验越强烈、心理恢复效果越高；在环境的恢复性不变的情况下，在一定时间内，个体与环境接触的时间越长，则个体的心理恢复效果越好（图3-5）。而寒地的绿色植被从作用强度和作用时间上都存在不足，导致最终的恢复效力难以满足需求。

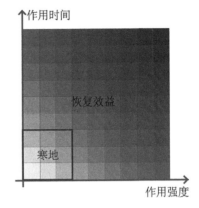

图3-5　恢复性体验影响机制

（1）植被总量少。在区域层级上，严寒地区受到恶劣的气候条件影响，绿色植被整体呈现总量较少、种类单一、分布碎片化的特点。在对市域建成区绿地率空间格局的研究中发现，市域建成区绿地率呈现"东部＞中部＞西部＞东北部"的空间差异特征[①]。且受到经济发展的制约，大部分寒地城市对城市绿色空间的建设和维护有所欠缺，这也大大降低了绿色资源的服务水平，上述因素都减少了人们接触自然、获得恢复性体验的机会。

（2）绿视周期短。寒地冬季漫长，除了针叶类植物外，大部分植物凋零枯萎、叶片脱落，草本植物低伏于地表，白雪覆盖下的环境景观中绿色比例大大减小。归一化植被指数NDVI能够反映绿色植被冠层的生长状态、植被覆盖度、相对丰度和活性，东北三省2013年全年归一化植被指数NDVI的逐月变化数据说明，从冬季伊始到次年春季，即11月到次年4月，约6个月的时间内植被指数较低，证明此期间植被大多不能提供足够的绿视率，植被的恢复性较低。

3.冰雪利用率低

（1）冰雪资源的恢复原理。在恢复性环境的研究中，环境心理学家和人类学家从不同角度对自然场景具有恢复性的原因做出了诠释，主要集中在两方面。

一是从进化学的角度看，相比于人工形态，人类与自然形态的作用更漫长和深刻，这使得自然形态成为人类无需付出努力就能处理和欣赏的信息，所以当人们面对自然环境的时候，更多地使用非定向注意力，因而使定向注意力得到休憩。

二是从形态学和认知学的角度看，通过眼球运动分析可知自然场景能够带给人们软性高水平的迷恋，这是一种轻松愉悦地欣赏事物的状态，触发这种软性迷恋的视觉特征是中

① 刘志强，周筱雅，王俊帝. 中国市域建成区绿地率的空间演变[J]. 城市问题，2019(9)：28-36.

等程度的视觉复杂性，相比之下，多数人工建造表现的高度复杂、产生强烈的吸引或缺乏视觉复杂性，难以引起注意。视觉复杂度不仅取决于元素的种类和数量，还取决于视觉信息在不同尺度上的结构化和有序程度，分形几何是视觉复杂性的客观度量工具，自然环境中图形信息的秩序和结构大多可以用分形原理来解释，即在多个尺度上重复相似构型的视觉信息，因而使自然场景在被放大和缩小时呈现出的元素和形式大致相同。人类对于环境的视觉感知发生在相对较低的比例尺度上，当距离观察事物过远时，无法对视觉感官形成清晰的刺激，所以个体对自然的各项积极反应都是由低比例尺上重复出现的视觉信息触发的，而这些信息只有在场景部分放大时才可见。在这一尺度上分别将人工场景与自然场景的图像部分放大到与原始图像相同的大小，可以看出自然场景的放大部分保持了比人工场景放大部分更高的感知复杂性，因而能够引发一系列恢复性反应（图3-6）。

图3-6　不同场景图像放大比例后感知复杂性对比

（2）冰雪资源的恢复质量。根据上述原理对冰雪的恢复性进行推演：首先，从人类进化过程中对环境的适应角度看，冰雪景观作为寒地主要的自然景观具有一定的恢复性，并且在栖息地偏好的影响下，以寒地为故乡的人群与冰雪景观存在更深刻的情感联系；其次，从适宜的视觉复杂性角度，宏观上冰雪大多依附于地表现有的地势或植被形态而成型，并伴随有自身独特的纹理，例如雾凇或河岸岩石上的积雪，所以整体呈现出的是自然的、不规则的轮廓或趋势。

当放大尺度后，冰晶和雪花单体也都具有标志性的分形构型，雪花由冰晶组成，属于六方晶体，单体形状受温度影响各有差异，单个雪花的大小通常在0.05～4.6毫米，这种形态存在于相对微观的尺度，超越了人眼在正常情况下的观察范围，只有当人们有意地拉近距离并付诸一定努力时才能观赏。所以当人们试图在近人尺度上观赏冰雪的形态时，部分定向注意力参与其中，这在一定程度上削弱了冰雪景观的恢复性。综上，在宏观和微观上，冰雪景观具有较高的恢复性，而在二者之间的过渡区，即人们感知环境最频繁的中观尺度上，冰雪景观的恢复性最低。

（3）冰雪资源的利用效率。首先，虽然寒地拥有漫长的冬季，但降雪量和降雪时间具有不确定性，且阳光充足的南向位置积雪容易融化而丧失美感，所以天然的冰雪是一种不稳定的恢复资源；其次，对冰雪景观的体验需要承受低温和寒风带来的生理不适，这不仅缩短了其与个体的作用时间，也使得个体与冰雪的作用大多停留在视觉层面，缺少更深刻的交流，较短的作用时间和较弱的作用深度使自然冰雪难以发挥其应有的恢复效力；最后，以冰雪为主的人工建造的景观，例如冰雕、雪雕等，需要大量的人力物力，具有场地限制，且存在的周期较短，无法长期地发挥恢复作用。

3.1.3　建筑环境是恢复的繁重负荷

从构成要素来看，建筑空间环境包含以绿色植物或水为主体的自然组分和以人造材料为主体的人工组分。但从整体角度出发，自然组分和人工组分都是根据人类意愿、经由人工手段建造或改造而成，并且在寒地，为了抵御寒冷气候的侵袭，人工比重得到加强，所以寒地建筑是以人工建构为主导的空间环境，而这种构成方式所组织起的众多空间要素自身就是一种干扰源，是定向注意力消耗的源头，成为恢复过程中必须承载的繁重负荷。首先，人工空间是认知活动进行的主要场所，进而引发了活动型负荷；其次，相比于自然形态，人工形态对于恢复相对消极，由此引发了形态型负荷；最后，人工空间中包含的刺激性物理环境要素，例如噪声或空气污染等，也损耗了部分的定向注意力，引发了物理型负荷。

1.高强度认知活动

认知指对环境信息的感知和处理，在日常生活中，个体只要是处于清醒状态就时刻进行着认知活动并消耗着注意力资源，注意力持久地消耗而得不到有效的恢复，会导致脑力疲劳（Mental Fatigue，MF），不同强度的认知活动给注意力系统带来不同质量的认知负荷，进而引发不同程度的脑力疲劳水平。

根据认知活动所需注意力的种类和数量不同将其分为低、中、高三种强度。低强度认知活动指仅需非定向注意力支持就能顺利进行的活动，一般是个体高度熟悉或先天存在的技能，或具有高度吸引力的事物，能够使个体愉悦地参与，此类活动是恢复性活动；中强度认知活动指启动定向注意力能够较轻易完成的任务，例如对日常生活中环境信息的感知和处理，所需定向注意力数量较少、持续时间较短；高强度认知活动指学习、记忆和解决问题，此类活动无法利用先验知识去应对和处理，需要大量密集地消耗定向注意力，一般0.5小时以上的连续认知作业就会引起操作水平的下降，证明此时定向注意力的储备不足而制约了个体的任务表现。

因此对于办公建筑、学校建筑和医疗建筑等以脑力劳动为主体功能的空间，对认知资源的消耗较大，更容易造成精神疲劳。此类活动的主要载体为人工属性强烈的室内空间，相比于自然场景，人工空间因承载了大量高强度的认知活动，而具有更繁重的认知负荷，但现有建筑空间环境的设计往往从功能和美学出发，忽视了恢复需求。

2. 消极化形态特征

相比于自然形态，人工形态对恢复来说是消极的，原因有三。

首先，人工形态会诱导大脑向机体传达消极信号，而自然形态会引发愉悦感受。在神经科学的研究中，通过功能性核磁共振成像发现自然的几何特点和所外显的视觉多样性能激活视觉皮层后部的阿片肽受体运动，进而产生愉悦感。当面对缺乏自然特点的环境时，例如现代建筑坚硬的非曲线边缘，大脑会向机体发送两种消极指令：一是与感官系统失灵和精神系统故障相似的病理信号，这意味着"大脑感觉身体生病了"，由此可能会引发与视觉和认知相关的临床病症，例如大脑色盲和视觉失认症等；二是"战斗或逃跑（Fight-or-Flight）"信号，这表示"大脑感觉遇到了危险"，从而对机体施加压力引起相关神经和腺体处于应激状态，以使躯体做好防御或逃跑的准备，由此可能会引发与压力有关的病症，例如心血管疾病等。由此可见未考虑恢复性设计的人工建筑空间环境自身会对认知资源造成不必要的损耗。

其次，人工建构所产生的形态往往是恒定不变的，而自然景观随四季和昼夜的更迭呈现出不同的形态，这对于恢复存在两方面的影响。其一，变化的环境特征有利于个体心理内容的更新，鼓励其从当前的压力事件中抽离，而恒定的生存环境不仅容易引发单调和枯燥感，并且难以向个体输入新鲜的环境信息，不利于恢复的进行。其二，个体习惯将自身偏爱的或具有某种特殊意义的环境评价为恢复性环境，例如大多数学生在校园中拥有一块属于自己的"秘密空间"，而变化性特征能够提升环境偏好，并有利于具备特有属性的空间的形成，进而从个体主观感知的角度提升环境的恢复性能。

最后，人工形态往往忽视近人尺度上个体的感知需求，造成细节的缺失，无法形成强烈的吸引力。注意力的恢复并不是完全屏蔽消耗注意力的环境信息，而是将环境信息调整到适宜的类型和数量，引发非定向注意力的运作，以使定向注意力得到恢复，而当个体处于一种感知信息不能被理解的环境中，会造成注意力系统的紊乱，这是对恢复的另一种干扰。因此人工形态在近人尺度上细节的缺失会造成个体感知到可被理解的信息减少，进而造成疑惑和紊乱。而自然形态通过分形的构型原则，在各个尺度上都能向个体提供丰富的细节，即向大脑输入数量充足的且易于理解的感知信息，在非定向注意力的支持下就能顺利完成对环境的准确感知和判断，诱导定向注意力的休憩。

3. 刺激性物理要素

因人为活动引发的某些刺激性物理要素，例如噪声、车流、雾霾天气、环境污染等，由于其具有鲜明的特征，能够不受到个体当前目标或任务的限制而自动获取并消耗注意力资源，这在心理学上被称为注意捕获。注意捕获是对认知资源分配的干扰和对注意力资源的一种浪费，对恢复造成阻碍，应予以削弱和限制。而注意捕获对个体注意力资源的影响程度与个体自身属性和引起注意捕获的刺激类型有关。

首先，人脑同样具有注意力控制机制，能够在一定程度上决定哪些刺激能够得到注意力，这种控制程度受到两方面因素的影响：第一是个体的动机意愿、自控能力等主观因素；第二是个体当前的注意力资源储备情况。如果个体自控能力强、从事目标任务的主观动机或意愿强烈，则能够提高对注意力的控制程度。例如大学生由于身心尚未完全成熟而普遍存在自制力差、易受干扰等现象，对于无关物理刺激的控制较弱，容易被其分散注意力。

其次，注意力资源通过影响知觉加工和认知控制两项进程左右个体对注意力捕获的控制程度。知觉加工指感官系统对环境刺激的感知，是认知的初级过程，较少受到主观意愿的控制。认知控制指大脑对注意力资源的分配，是认知的高级过程，受到主观意愿的影响较大。当注意力系统处于高认知负荷状态时，注意力资源所剩无几，几乎没有剩余的注意力能够被用于处理其他刺激，所以知觉加工减弱，感官系统对无关刺激的接收程度降低；但由于定向注意力资源的匮乏，认知系统对认知资源的控制能力减弱，这造成个体对无关刺激干扰的屏蔽能力变差，因此无关刺激更容易干扰正常的注意力资源的分配。总体来说，当注意力资源匮乏时，无关刺激进入注意力系统的数量减少，但单位影响力增强。当处于低认知负荷状态，有大量的注意力资源溢出，此时知觉加工和认知控制能力都相应提高，即无关刺激进入注意力系统的数量增多，但单位影响力减弱。低负荷状态本应是作为个体注意力资源的恢复阶段，却因注意捕获现状的存在，而丧失了恢复机会。

最后，环境刺激引发定向注意力的能力取决于突出性，突出性越强，对个体的干扰影响越显著。众多研究证明动态刺激的突出性大于静态刺激，在动态刺激中，突现型刺激大于消失型。例如穿流的车辆、瞬时的鸣笛声，城市中的机械噪声、空气污染等都属于突出性较高的环境刺激，对定向注意力的定向分配具有强烈的干扰能力。

3.2　技术路径：恢复原理之于寒地建筑

空间环境促进恢复的整体机制在于两方面：其一是对干扰源、无关刺激源进行屏蔽和消解，减缓对身心资源与能力的消耗；同时向个体提供一种能够轻松且愉悦处理的环境刺激，以使身心资源得以休憩。干扰源或无关刺激源随环境类型和使用主体的不同而有所差异，而触发身心资源恢复的环境要素也应"就地取材"，才能实现高效和可持续。对于寒地建筑空间环境来说，前文分析了寒地气候、自然景观和人工建造这三项环境的主要构成因子对于恢复的影响作用，这为实现恢复性空间的特性化提供了基础，本节通过对三项主体因子的剖析和分解，发扬其有利于恢复的优势，规避或转化不利于恢复的劣势，以推导寒地建筑空间环境对身心恢复的作用机制，提升总体空间环境的恢复效益。

3.2.1　对寒地气候的趋利避害

1．寒地气候的恢复利弊

寒地气候是一种脱离个体身心舒适区的环境特征，对于注意力来说是一种相对强烈而非平和的环境刺激，这意味着这种刺激具有较高的动力改变当前的状态，而这种改变对于恢复来说具有两面性。

首先，寒冷气候会引发个体的身心不适、造成活动阻碍等，这些作为一种与正常认知活动无关的刺激源，消耗着个体的定向注意力，同时冬季日照的缺少会催生消极情绪和抑郁心理，这是寒地气候表层的恢复弊端。为了抵御寒冷，传统寒地建筑采用集中的体量、厚重的外墙和尽量缩小的开窗面积以营造室内温暖的环境，在这种封闭孤立、与外界缺少联系的建筑空间中，相对恒定不变的环境条件对身处其中的个体重复进行着类同的刺激，个体难以从生活环境中接收到引发"远离感"的刺激，因而难以开启恢复的进程，这是寒地气候作用下的深层恢复弊端。

但从另一方面分析，恢复开启的首要条件是环境中存在与通常情况下截然不同的要素，能够充分吸引个体的注意力，将其从当前的任务事件中抽离出来，引发这一精神活动的要素需要相对激烈，对于不变的建筑内部空间来说，寒冷气候要素满足这一条件，具有潜在的恢复能力。例如，冷空气的流动能够产生环境条件的瞬变，对于沉浸在重复任务中个体的精神状态具有激活和唤醒的作用；另外风雪的运动是一种自然独有的间歇性变化景观，具有未知性和多变性，能够引发分心，使疲惫的定向注意力得以休憩。

2．针对寒地气候条件的趋利避害机制

根据压力恢复理论，恢复性环境本质上是一种能够提供适宜刺激水平的环境，这种刺激强度和作用频率适中，能够在一定程度上吸引和唤醒个体，使其处于清醒的认知状态，但又不会因过于强烈而持久地把持个体的定向注意力，使之难以抽离。而在刺激的种类上，来自自然的环境刺激相比于来自人工制造的刺激具有更高的不确定性和无规律性，这种具有变化性的未知刺激能带给个体持久的新鲜感，而规律的、可预料的刺激会因作用频率的增加而减弱其作用强度，甚至最终被个体习惯，丧失唤醒作用。例如，即使是个体喜爱的歌曲，单曲循环一定次数后，也会令个体产生单调或厌倦感，但悦耳的鸟鸣或婆娑的雨声对于人类来说总是具有新鲜感。

寒地气候所产生的环境刺激属于自然性的无规律变化刺激，同时又具有一定的强度、

携带动力，能够被改造成具有适宜水平的促进恢复的环境刺激源。而传统寒地建筑对于恶劣气候的一味阻挡和抵御，不仅将引起生理不适的消极要素分离，同时也隔绝了来自自然的积极刺激，放弃了恢复的机会。所以从注意力恢复的角度，对寒地气候的因势利导、趋利避害是更利于恢复并可持续的方法，建筑空间应抵御和过滤寒地气候的不利于恢复的一面，吸纳和贮存其有利于恢复的一面，以提升建筑空间整体的恢复性。首先对过于强烈的要素进行削减和弱化，将其调适成引发适宜压力水平的刺激源，引入建筑空间内部；并且通过因势利导充分发挥其动能，使其在特定的地点和时刻对个体进行无规律的感官刺激，引发恢复。

　　本书在深层解析寒地低温、短日照、风雪三项主要气候特征对注意力作用机制的基础上，结合促进注意力恢复的相关理论，推导出针对寒地恶劣气候特征的趋利避害的恢复机制（图3-7）。在规避不利影响方面，首先是对低温、寒风等过强刺激要素的抵御，以建筑空间作为屏障，在保障生理舒适和必要活动顺利进行的基础上，促发并维系恢复性活动；其次是对日照等过弱刺激要素的人工增补，以维系个体正常的生理节律，为恢复提供有力的支撑。在吸纳有利影响方面，充分发挥低温、风雪等要素的动能，将其作为恒定室内环境的调节剂，引发不同于当前状态的感官体验，创造多元动态的舒适空间，催化恢复进程的发生。

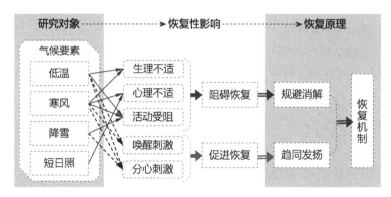

图3-7　对寒地气候的趋利避害机制

3.2.2　对自然景观的激发拓展

1. 寒地自然景观的恢复弱势

　　环境的注意力恢复功能起源于对自然环境的研究，自然环境对于认知功能的益处已得到多方验证，可见自然环境是原真、纯粹的恢复性环境。然而就恢复作用的发挥程度和恢复效益来说，寒地建筑环境中的自然环境存在两方面的弱势。

　　一是恢复性自然资源数量不足，例如绿色资源存在周期短暂、数量种类稀少、冬季冰雪资源的利用困难等。二是自然资源的恢复性开发强度和利用效率低下，具体体现在对恢复性自然资源的认知范围局限、已知自然资源的利用方式简单、挖掘程度浅显。首先在认知范围上，传统的寒地建筑环境对于自然资源的利用基本局限于室外景观空间的设计上，自然资源被狭隘地限定在绿色植物、动物、水体等方面，然而大至星空、海洋、地质、水文、气候，小到苔藓、地衣、土壤微生物等，这些都是自然的重要组成部分，蕴藏着恢复所需的积极力量。其次，在利用方式和挖掘程度上：纵向来说，传统的景观空间设计大多以使用功能和美学为标准，忽视了其对注意力恢复等认知机能的影响作用，事实上一定数量的绿色资源具有的恢复效益因其表现形态、构成模式、与人交互作用的方式等属性而具有差异，所以针对数量有限的绿色资源，存在一种能够使其发挥最大恢复效益的利用方式；横向来说，对于自然资源的恢复性利用目前仅停留在对真实自然事物的选择和布局上，这是一种直接而表层的利用方式。然而众多实验已证明人工制造的自然图片、自然声音或自然气味，甚至是抽象加工后的平面或立体形态等同样具有恢复效益，可见自然所蕴藏的恢复力量远非具象事物所展现出来的，而是一种促进恢复的原型和原理，可以被提取而应用于建筑环境的不同空间中，但目前寒地建筑设计中尚未考虑到自然潜在的间接恢复效益。

2. 针对寒地自然景观的激发拓展机制

针对寒地自然景观的恢复弱点，在有限的绿色资源条件下，寒地建筑空间环境的注意力恢复机制应建立以自然景观为核心，以激发自然恢复潜力、拓展可利用自然资源为目标的运行机制。拓展恢复性自然资源的认知范围和使用方式，更深入地对自然中隐形的恢复资源进行提炼和运用，加深其利用深度，多层级、多维度地开发自然资源的恢复潜力，实现综合系统的恢复性利用模式，以对寒地薄弱的自然资源进行拓展和激活（图3-8）。

首先，在表层维度上，对于能够直接使用的真实自然事物，应深入剖析其恢复原理，寻求最集约高效的景观设置和布局方式，提升单体面积绿色资源的恢复能力。另外，对于寒地冬季冰雪资源，为其营造一种适宜的中介体，这种中介体应在中观尺度上具有适宜的或偏低的视觉复杂性，作为冰雪的栖息和凝聚场所，以弥补冰雪景观的恢复缺陷。例如以

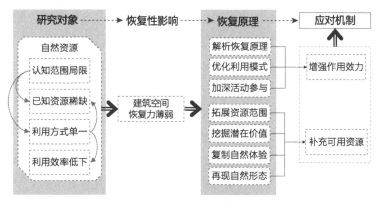

图3-8　对自然资源的激发拓展机制

树枝为中介的冰雪景观比以起伏的地势为中介的冰雪景观具有更好的视觉复杂性。

然后，在中层维度上，对自然给予个体的感官体验进行复制和模拟，这一维度上展现出的最终环境要素仍旧以自然为主要特征，但并不一定是真实的自然事物，例如人工播放的自然声音、自然壁画或仿生的建构形态等能够使人直接感受或联想到自然的环境设置。

最后，在深层维度上，深入探究自然引发恢复效应的原理和机制，分析人与自然相互作用的进化过程中自然所具备的某些利于人类生存发展的环境特质和模式，将其进行提取、转化并应用于人工空间中。在这种开发维度上产生的最终成果以人工特点为主，甚至难以觉察自然特点的存在，却因再现了自然促进恢复的环境特征而具有恢复作用。

后两种作用机制对于自然条件匮乏的气候恶劣区域具有高效的实用价值，是以恢复性的标准对自然要素进行了筛选，保留其具有恢复效力的感官特点和交互方式，去除其引起生理不适的天气要素，实现对真实自然恢复力量的增强和激活。并且因其受天气影响较小，更容易在较大的建筑环境范围内创造一种重复持久的环境体验，形成多点协同的空间恢复网络。

3.2.3　对人工属性的削弱顺应

1．人工建造属性的恢复阻碍

寒地建筑空间环境本身存在两方面的恢复阻碍：一是部分空间承载的活动是高耗能的认知活动，对身心资源与能力的需求较大；二是空间本身具有较弱的甚至负向的恢复性，对个体的恢复造成阻碍。

首先，以高强度认知活动为主体功能的空间应作为恢复性提升的重点对象，但普通的恢复机制，例如引入能够激活非定向注意力的环境要素或特征，以及对无关消耗源或压力事件进行消解，在这类空间中的应用存在局限性和矛盾性，因为如果非定向注意力占据主导地位，则会导致定向注意力难以启动，个体处于过于放松的状态，不利于目标活动的进行，与空间功能需求相违背；另外也不能对这类活动采取阻碍和屏蔽的手法以化解压力要素，所以此类建筑空间实际上是一种注意力消耗与恢复的矛盾体，其内部的活动是消耗注意力的强烈源头，同时这一活动的顺利进行又需要充沛的注意力资源予以支撑。

人工建构空间是承载建筑核心功能的主体，在冬季，人们将花费90%以上的时间在室内度过。而建筑空间相比于自然环境具有较低的恢复性，加之受寒冷气候影响，在形态上往往厚重单调，在构成要素上缺少对于自然的利用。

2．针对人工建造属性的削弱顺应机制

建筑空间由于主体功能不同而呈现出差异化的恢复属性，主要分为两类，一是以中、低强度认知活动为主要功能的空间；二是以高强度认知活动为主要功能的空间。前者对注意力的消耗较少，且消耗源头可以规避和消解；后者对注意力的消耗较大，且消耗源头不可去除。在前文的分析中可知，建筑空间的人工属性对于恢复形成了阻碍，因此建筑空间

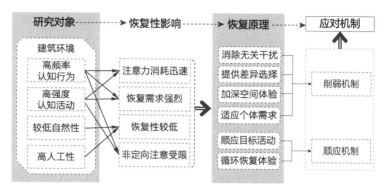

图3-9 对人工建造属性的削弱顺应机制

环境恢复性提升的机制应通过对人工属性的优化改进以削弱这种阻碍，并根据恢复属性不同的两类空间特性制定具有针对性的应对机制（图3-9）。

对于以中低强度认知活动为主的人工空间，其人工属性通过消极化形态和刺激性干扰源两方面对恢复形成了阻碍，因此应采取削弱机制，从注意力恢复的角度，提取阻碍注意力恢复的人工属性，并在不影响正常功能运作的条件下对此类属性进行削弱，在降低环境对注意力干扰的前提下提升环境对注意力恢复的积极促进功能。

对于以高强度认知活动为主的人工空间，为保障个体认知活动的顺利进行，不能一味地对消耗定向注意力的人工属性进行削弱，而应将其调适到能够引导注意力资源在利于个体自身发展的方面进行消耗的状态，使定向注意力有效地被分配到目标任务中，避免认知资源的不必要流失。顺应机制通过对目标认知活动的顺应和支援来实现。当人们面对喜爱的活动时，进行该活动的主观动机随之加强，进而调动更多的定向注意力投入到该项活动；当人们面对主观不想做却不得不完成的任务时，或当前的环境条件对活动的进行形成了阻碍时，需要启用定向注意力去克服因不愿意的主观想法而产生的分心，使精力能集中到当前的任务中。例如在一项定向注意力研究实验中，进食1小时后，身体处于舒适状态的个体进行注意力测试的结果，优于相同的实验标本在饥饿状态时进行同等强度和难度的定向注意力测试结果，饥饿状态下个体表现出更高的错误率。这是由于饥饿作为一种完成当前任务时需要克服的分心源头，截留了部分的定向注意力。

由此可知当人工属性能够为认知活动的进行提供良好的支持条件、排除不利的干扰因素，则会减少个体因抑制分心而消耗的定向注意力。同时也能相应提升个体从事该项活动的主观动力和热情，使机体自发将注意力资源集中到当前的目标事件中，增加了活动伊始时注意力的原本储备量。从恢复的角度分析，以认知活动为主体，以人工空间为客体，客体通过同化和顺应两种方式来适应主体。同化是指客体将来自主体的信息或刺激经过过滤和改造融入自身的范式中，顺应是指当主体的信息或刺激不能适应自身的模式时，客体调节自身原有的范式或规律以适应主体的过程。其中客体因范式的改变而发展出了新的功能，或在原有的基础上实现了运作效率的质的改变。将这种顺应机制引入人工空间中，人工空间应依据认知活动运行的规律而调整或更新自身的构成、设置和模式，实现与认知活动之间稳定的适应性平衡。

3.3 结构层级：寒地建筑恢复功能的先天差异

寒地建筑空间是一个包含多种空间类型的复杂系统，各个类型空间由于功能属性差异而表现出对恢复不同程度或趋向的作用，所以恢复性设计并不是将恢复性环境的设计方法简单地应用于所有空间，而应结合空间自身特性，从整体的角度出发，建立一种协同联动、有机运作的恢复体系。这包括三个步骤：

首先，确立建筑空间环境恢复体系的构成要素和所占比重。根据空间环境对身心资源的影响差异对建筑空间进行分析解构，划定恢复性分区。

然后，建构建筑空间环境恢复体系的层级。根据空间所需的恢复程度差异对不同区划的空间进行分级，明确其进行恢复性设计的顺序和强度。

最后，推导建筑空间环境恢复体系的运行机制。将恢复作用机制导入隶属于不同区层的建筑空间环境，确立专项细化的建筑空间环境恢复机制。

3.3.1　构成要素——空间环境恢复属性差异

首先从空间环境对注意力的影响趋向上将其分为消耗型和恢复型两种。只要人们身处在空间中，感官系统接收空间环境所包含或传达的信息，此时大脑就需要启动注意力处理接收到的信息，这种处理过程分为有意识和无意识两种，前者使用定向注意力，即空间消耗注意力；后者使用非定向注意力，即空间恢复注意力。同一时间，一种注意力被启动，而另一种注意力被暂停。所以即使某一研究主体空间中包含上述两种过程需要处理的信息类型，必然有一种信息占主导，即同一时段内，空间对注意力仅存在恢复和消耗两种作用，而不存在既不消耗又不恢复的类型。

针对消耗型空间，空间中消耗定向注意力的信息占主导，这类消耗型环境信息根据其与建筑核心运行功能的关系不同而分为两类：一种是有利于该目标的推进和实现的正面信息，例如与目标活动有关的环境刺激；另一种是阻碍该目标进行或与目标无关的负面信息，例如交通噪声。二者虽然都对定向注意力产生了一定程度的消耗，但前者是必要性消耗，是充沛注意力资源所要支持的对象，而后者是非必要性消耗，是注意力运行过程中需要屏蔽的干扰，其应对策略皆然不同。

针对恢复型空间，空间中消耗非定向注意力的信息占主导，根据注意力恢复原理，这类信息根据来源和构成要素不同分为两类：一类是由活动引发的，例如体育、文艺等具有娱乐性的活动；另一类是由审美体验或感受引发的，例如自然景观等。二者都能唤醒非定向注意力的运行，使定向注意力得到恢复。但引发恢复的要素和方式不同，应加以区分。所以根据上述分类原则，建筑空间可划分为必要性消耗空间、非必要性消耗空间、活动性恢复空间和审美性恢复空间。

必要性消耗空间：以有意义的认知活动为主体功能；自然元素所占比重较小且空间形态缺乏审美性。非必要性消耗空间：几乎不存在与目标相关的或有意义的认知活动；且不支持促进恢复的相关活动；空间中存在较强烈的无关干扰源；自然元素所占比重较小且空间形态缺乏审美性。活动性恢复空间：以休闲、文化、体育、日常交往、交流等恢复性活动为主要功能；且空间设置支持上述活动的顺利进行。审美性恢复空间：空间中自然要素所占比重较大，且能够被个体充分感知和体验；或空间具备精良的设计，能够引发明显的审美感受。

3.3.2　结构层级——空间环境恢复程度差异

系统是一种由多种要素组成并相互作用，具有特定功能的有机整体。建筑空间环境的恢复性系统是具有促进个体恢复功能的有机整体。而上述建筑空间环境所呈现出的恢复性差异导致了不同类型空间环境在恢复体系中所扮演的角色和发挥的作用不同，层级能够明确地反映出各类型空间之间的相互关系，所以建立建筑空间环境恢复性提升的层次结构，有助于推导出与自身属性匹配的恢复策略，以解决阻碍建筑空间环境恢复功能发挥的主要矛盾，实现有限资源的高效利用。

寒地建筑空间恢复体系的层级包含两方面：一是纵向层级，旨在揭示不同类型空间对整个体系恢复功能发挥的影响程度，即空间恢复性设计的重要程度，决定了在资源有限的条件下，进行恢复性设计的先后顺序；二是横向层级，旨在说明不同类型空间所需达到的恢复程度，即能够发挥恢复作用的环境占整体环境的比重，决定了恢复性设计的具体策略和方法。

1. 纵向层级

从对建筑整体恢复性和对个体恢复结果的影响程度看，消耗空间恢复的重要性和紧迫性强于恢复空间。而在消耗空间中，相比于非必要性消耗空间，必要性消耗空间承载了建筑的核心功能，是恢复的首要对象。在恢复空间中，与活动引发的快速而短暂的恢复感受相比，审美所引发的恢复感受相对深刻而持续时间长，并能引发对机体有益的反思性心理活动，促进个体对所经历事件的深层思考以获取经验，对个体具有更加长久和积极的身心效益，所以在恢复空间中，以审美体验诱发的恢复应占有较大比重。因此纵向层级顺序从上至下依次为必要性消耗空间、非必要性消耗空间、审美性恢复空间、活动性恢复空间。

另外，在上述分析的基础上，即使从属于同一恢复性分区的空间环境，其规模结构、所包含要素的性质和种类以及空间的可达性等都在一定程度上对恢复系统的层级确立产生一定的影响。例如，空间的规模较大或结构较复杂、包含的要素引力性较强或种类丰富、空间的可达性高，这些都会促使个体与空间发生更高频率和更长时间的作用，这类空间在层级中处于较高的位置，应首先对其进行恢复性设计，以使恢复性环境发挥最大的价值。

2. 横向层级

首先，恢复空间比消耗空间包含更多的恢复性环境特质，应作为建筑恢复性环境的主要组成部分，所以此类空间中恢复性设计的比重最大。其中，活动性恢复空间与空间功能相关性较大，审美性恢复空间与空间形态联系较紧密，而建筑空间的设计本身秉持的是以满足功能需求为基本原则，所以活动性恢复空间的设计可以支持相关恢复性活动为主体，而审美性恢复空间多数只能在保障自身功能顺利进行的前提下兼顾审美性的提升，所以前一类型空间中恢复性设计所占比重较大。

在消耗型空间中，必要性消耗空间作为建筑主体功能场所，与个体的作用时间较长，并且其承载的认知活动强度较高，从消耗时间和消耗强度来说都高于非必要性消耗空间，所以此类空间的整体恢复性应远高于非必要性消耗空间。但就某一类型空间中恢复性设计所占比重来说，必要性消耗空间中发生的大多数活动都是必要注意力消耗活动，注意力恢复发生的总时长和所对应的空间所占比重较小。而在非必要性消耗空间中，在理论层面应该完全屏蔽和削减对注意力消耗的环境，所以恢复性设计所占比重较大。因此横向层级顺序依次为活动性恢复空间、审美性恢复空间、非必要性消耗空间、必要性消耗空间（图3-10）。

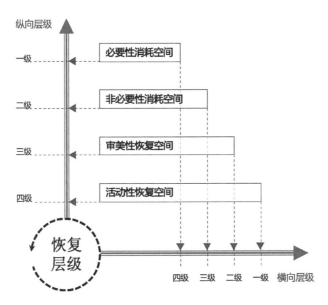

图3-10　寒地建筑空间的恢复系统层级

3.3.3　运行机理——空间环境恢复机制差异

将建筑空间环境从恢复的角度进行划分，并梳理不同空间之间的结构层级是为了建立更有针对性的建筑空间环境恢复机制，以运用到不同类型空间的恢复性设计中。

针对寒地气候对建筑空间环境恢复性的影响而推导出的趋利避害机制包含规避消解不利气候要素和趋同发扬有利的气候要素。在避害机制中，寒地气候作为一种与认知任务无关但又强烈的刺激，主要影响建筑外部空间，它是消耗空间中的主要压力源，同时也是恢复空间中的干扰要素。在趋利机制中，寒地气候具有诱发唤醒状态并创造视觉审美的潜能，但由于这一过程的实现需要一定的人工介入，将气候要素的刺激程度调节到适宜的状态，并且需要同时考虑对不利气候因素的规避，所以该机制主要针对室内的必要性消耗空间和审美性恢复空间。

针对寒地生态景观对建筑空间环境恢复性的影响而推导出的激发拓展机制包含增强生态景观的恢复效力和以人工建构的方式对具有自然景观特性的环境进行拓展两方面。二者都是通过利用优化、模拟转译自然生态景观来提高环境的恢复性，因此主要适用于审美性恢复空间和必要性消耗空间。其中激发机制是针对以真实的自然生态景观为主的空间环境，通过较小的人工干预设计使其最大限度地发挥自然的恢复功能，因此作用对象以室外空间环境为主，同时兼顾室内空间环境中局部微型的景观设计。而拓展机制是在真实自然景观要素缺乏的情况下，通过人工手段对自然的恢复特性进行模拟和再现，因此该机制适用于室内空间环境。

针对人工建造对建筑空间恢复性的影响而推导出的削弱顺应机制包含削弱人工属性和顺应认知活动，后者分为对认知活动的顺应支援和对恢复活动的激发鼓励。这一机制具体针对以认知活动或恢复性活动为主体功能的建筑的外部形态和室内空间。其中削弱人工属性是以优化人工建造中不利于恢复的形态特点为目标，以减少由人工形态引发的干扰性压力源。相比于噪声等强烈的压力源，人工建造形态是一种强度较弱甚至中性的环境要素，所以对于存在强烈干扰的空间，削弱人工属性并不是最直接有效的恢复手段，但对于不存在强烈干扰，且恢复需求大、使用频率高的核心功能空间，是恢复性提升的有效方法，所以该机制适用于认知任务繁重的必要性消耗空间和审美性恢复空间。另外顺应认知活动同样适用于室内或室外的必要性消耗空间，而支持恢复活动主要应用于活动性审美空间。

3.4 设计原则：趋利避害的积极响应

3.4.1 阻御利导寒地气候

寒地气候与个体具有直接的接触，能够引起强烈的生理不适，是寒地建筑空间环境中阻碍恢复的主要压力源，且难以被完全消解和避免，所以应作为趋利避害机制的重点应用对象，提取心理唤醒的调节因子、规避生理舒适的破坏因子，以实现从恢复的角度对寒地气候的扬长避短。短日照、低温和风雪三项气候特征是寒地冬季气候条件的代表，也分别对恢复产生了不同程度和性质的影响。

1．光照是恢复的调控因子

相比于其他两项因素，光照是与心理情绪关联最为紧密的要素：首先，自然光照是维系生物正常昼夜节律的基本要素，这是一切行为认知活动顺利进行的基础，节律的失衡会导致机体运行的紊乱，注意力资源无法与目标活动实现良好地匹配；同时光照也是保证愉悦心情和良好精神状态的条件，而寒地冬季的日照时间不足常常给人带来倦怠感和低能量感，可见光照能够有效激发注意力资源的恢复和运作；另外自然光照具有动态变化性，对于时间感的提示使个体与自然系统产生了互动，这同样属于对人工空间自然性的提升。所以在寒地建筑空间中，应对室内的自然光量进行增加、补充以及筛选，发挥自然光照对恢复的积极调控功能。

2．低温是恢复的引导因子

相比于光照和风雪，低温是对感官系统刺激最强的气候要素，对于恢复而言，这种强刺激对注意力恢复的方向具有正反两面的引导性。室外空间环境相比于室内具有更强的自然性，包含更多的恢复契机，而强烈刺激所引发的感官不适阻碍了个体冬季的室外活动，切断了个体与自然的联系，这是引导注意力朝着消极损耗方向进行的一面；但低温刺激蕴藏的能量如果经过削弱和缓冲，使刺激水平处于一种适宜的状态，就能够起到对清醒状态的调节作用，有利于去除困顿感和萎靡的精神状态，这是引导注意力朝着积极恢复方向发展的另一面。因此对于低温要素应采取阻御转换的策略，针对限制冬季室外活动的这一特点，空间应提供阻隔压力源的缓冲，使身体机能在发生不可逆破坏之前得以恢复，保持机体持久的弹性和适应性；针对激发最佳唤醒程度这一特点，建筑空间应结合认知活动的需求为低温气流设计固定的路径，保障其与所需激发的认知活动能够重合，并提供足够的缓冲空间，使刺激强度得以转化。

3．风雪是恢复的补给因子

风雪对于注意力恢复的动力补给主要体现在冰雪形态引发的恢复性景观和风雪运动引发的恢复性刺激两方面。首先，相比于光照和低温，冰雪是寒地气候最为具象的体现，是寒地独特自然景观的构成主体，对于冰雪景观的亲密体验能够培养个体对寒地地域生态环境的情感依恋，从而进一步提升寒地景观对个体心理的恢复作用；其次，由寒风运动引起的雪或其他事物的振动或形态改变会促成一种无规律且难以被预料的感官刺激，这种感官刺激代表了自然不断发展变化的动力和态势，是与人工建筑空间带给人们的体验截然不同的，个体对于这种刺激的接收使其对自然系统产生了意识和察觉，或使思维意识从当前的压力事件中抽离，这是一种可以引发恢复的环境刺激。所以建筑空间环境应保障个体与冰雪景观的视觉联系，同时促进对冰雪运动的参与，并为延长体验时间进行庇护性设计，将冰雪塑造为冬季主要的恢复性景观，作为整体环境恢复性的补给；最后，根据认知活动的发生和进行特点，在注意力资源消耗殆尽时，引入风雪的无规律运动以激发视觉、听觉或触觉刺激，使个体的定向注意力运作被动叫停，开启非定向注意力以达到恢复的目的。

3.4.2　增效利用自然景观

对于寒冷地区来说，需要更深入地对自然中隐形的恢复资源进行提炼和运用。亲生物设计理论起源于生物学，充分结合了人类进化中对自然的适应机制，具有严密的分析程序和系统的设计方法，能够提供一种以集约、高效、普适为前提的自然提取方法，适用于上述目标。所以寒地建筑空间环境设计可以借助亲生物设计理论，首先保证夏季绿色资源能够物尽其用，另外对自然中促进恢复的空间形态、作用机制或感官体验进行提取、转译并移植入人工空间中，唤醒寒地人群亲近自然的本能，提升寒地自然的恢复能力。亲生物设计理论并不是提倡树屋或穴居，它提供了一个基于自然的框架，可以激发人的复杂思维，并通过一些典型的特征和策略，在室内环境中激发与自然相关的积极反应，包括直接利用、形态转译和机制提取三方面的方法。

1. 直接利用

与自然的直接连接是人类认知、感知自然的基础，指对实际存在的自然要素的引入和利用，这里的自然要素不仅指绿色植物、水体，还指广义上的自然，涵盖了在人类生存进化过程中接触到的自然景观、天气要素、动植物、光、火等一切自然要素。对于寒地来说，与自然的直接连接应考虑到寒地冬季漫长的特点，在夏季应充分利用室外绿色水体景观，寻求将其协同起来、发挥群体优势的方法；冬季应以室内为建立联系的主要媒介，寻求引入自然要素并使其发挥作用的经济高效的方法。

2. 形态转译

自然能够提供无需定向注意力参与就能被人类大脑感知和欣赏的形态，且具有既不过剩又不单调的信息数量，随时间的推移体现出实时更新或季节性变化的景观风貌，这些特点共同造就了自然的恢复性，将这些特点所外显的形态进行提取并转译到建筑空间环境，将自然的优势凝练成创造性的设计语言能够有效地提升人工空间的自然性。

3．机制提取

在几千年的进化过程中，人类与自然环境之间形成了一系列固定的作用模式，尤其是生产力低下的原始时代，人类的生存在很大程度上依赖于环境的支持和保护，这种基于生存发展需求而衍生的人类对某种环境设置形成的偏好或恐慌在大脑的认知系统里已经根深蒂固，即使在现代社会中，人类依旧会在心理或行为层面对这些环境呈现出对应的反应。有利于生存进化的环境设置被大脑自动感知为喜爱和愉悦，这种环境能够引发非定向注意力的开启，促进情绪和注意力的恢复。寒地建筑空间应从人与自然作用关系入手，确立人在以生存为最终目的的与自然作用的过程中形成的必须遵守的生存法则，并在空间设计中进行体现，同时规避因违背生存法则而给个体造成不必要担忧的环境特点。

3.4.3　调适干预人工属性

人工属性是建筑空间的主要特质，其所能发挥的恢复作用低于自然属性，且在多方面与恢复相矛盾。由于气候条件、建造技术以及核心功能等因素的制约，人工属性对定向注意力的消耗不能被完全抵消，部分消耗是必要存在的，所以其恢复重点在于减少无关消耗，实现注意力资源正向高效分配。以注意力恢复理论为依据，结合寒地建筑空间特性，归纳出远离性、引力性和兼容性是恢复性建筑空间环境的必备属性。

1．远离性促进恢复的适时开启

为保持认知活动的顺利进行，避免对其产生干扰和阻碍，恢复性体验需要在适当的时机开启。在注意力恢复理论中，远离性是指环境能够向个体提供与日常生活或情景不同的心理内容，这一空间特性相当于为个体心理内容的重置和更新提供支持，使个体感受到远离了日常枯燥的生活，实现了物质空间或意识形态上与压力源的分离，标识了恢复性环境的开端，所以寒地建筑空间环境可通过对"远离性"的运用，控制恢复体验在恰当时机开启。

2．引力性保障恢复的持久作用

恢复效益的产生需要个体与恢复性环境进行足够时长和深度的作用，这取决于空间引力性的强弱，而这种引力来自于非定向注意力能够处理的环境信息，并且此类信息具有数量充足的可读内容或广阔的结构以长久占据个体的内心，此时个体被愉悦、轻松地吸引，非定向注意力被激活，定向注意力处于休憩状态，且这种状态能够维系一定的时长。所以寒地建筑应深入提取此类具有"引力性"的环境特征并将其应用到恢复性环境的设计中，通过对引力强弱的控制引导不同时长和作用强度的恢复体验。

3．兼容性赋予恢复以循环动力

恢复性环境不是一种一劳永逸的设置，个体在日复一日的认知活动中发生着注意力的消耗，相对应的恢复也应该是一个循环往复的过程，而这种周而复始的动力需要"兼容性"来供给。兼容性是指空间的功能或所支持的活动与个体的目标或喜好一致，这一特性使个体由简单的进入空间到进行空间活动。相对于空间来说，个体由参观欣赏者转变为参与者甚至是改造者，这种角色的变更建立了个体与空间环境之间更深入的联系，增强了个体再次访问该空间的欲望和动机，同时空间与目标活动的兼容削弱了个体进行该项活动的阻碍，减少了因无关干扰而消耗的注意力，是以必要认知活动为主体功能的空间环境恢复性提升的有效手段。

3.5　本章小结

　　恢复性环境与建筑空间的密切关联决定了建筑空间对个体身心资源与能力恢复的作用与影响，作为全书的承上启下部分，本章在关联建构的基础上，借助恢复性环境的基本原理对寒地建筑疗愈性设计方法进行推演。首先将寒地建筑空间环境进行解构，确立了寒地气候、寒地景观和人工建构是影响建筑空间恢复性的三大要素。然后根据要素的影响方式反推出对寒地气候的趋利避害、对自然景观的激发拓展和对人工属性的削弱顺应三种空间环境恢复机制。再后通过剖析寒地建筑各项空间环境在恢复属性和恢复程度上的差异对其进行分区和分级，再将整体恢复机制导入，建立寒地建筑空间环境恢复体系，得出专属化的建筑空间环境恢复性提升方法。最后依据上述分析，提出阻御利导、增效利用和调适干预的设计导向。

第**4**章

冬季气候的应对

冬季的寒冷通常被视为一种消极、强烈的刺激，造成了个体的生理不适、室外活动受限、自然体验骤减，因而既有的建筑设计研究采取防御与抵抗的策略加以应对。但纵观历史，人类能够在这种气候条件下发展进化、繁衍生息、创建文明，这证明了寒冷气候的优势所在。因此本章从心理恢复的机制出发对寒地气候进行剖析，厘清其对于恢复的正反两面性，识别各项组分所蕴含的恢复潜质，建构其激发心理恢复的作用路径，进而提出以促进心理恢复为目标的寒地气候应对策略（图4-1）。

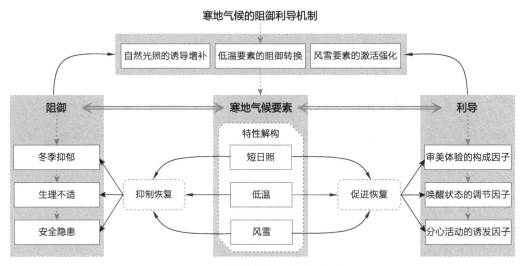

图4-1　寒地气候的阻御利导机制

在以往建筑空间的设计中，寒地气候一直被视为阻碍生理舒适的不利因素，总体上采取规避抵御的策略待之。但寒地作为人类生存进化中选取的栖息之地，其存在具有进化学上的意义和优势。人类在几千万年的进化中适应了自然，所以能从中汲取恢复的力量，从这个角度分析，以寒地为栖息地的人群，同样能从寒地自然条件中获得恢复。相比一味照搬温暖气候条件下自然景观的使用方法，寻求根植于寒地的自然运用之法、建立个体与寒地的生态情感联系是获取恢复能量的更加长久、有效且集约的手段。

首先，寒地冬季日照时间短，存在个体接收光线不足而导致心理问题的隐患，这是不利于恢复的一面，需要采取措施增强和补充自然光。入射角低在一定程度上加重了上述弊端，但同时有利于创造变化明显的光影效果，光影是静态建筑空间中的动态元素，能够诱发促进注意力恢复的审美体验。就这方面而言，应采取诱导策略使光线按照既定的方向射入，以塑造恢复性空间。

然后，低温对恢复最大的干扰体现在对冬季室外活动的限制，这一方面应得到阻止和抵御，但出于对低温的"恐惧"，多数寒地建筑冬季通过使用采暖设备形成了温暖的室内环境，并且为了避免热量浪费而较少进行室内外换气和通风，这导致使用者长期处于物理环境恒定的空间中，从而产生了一种不利于认知活动和积极情绪的疲惫、困乏的精神状态，此时应对低温气流施以转化和引导，适当打破室内环境的温度平衡，引发高唤醒状态，促进认知活动的高效进行。

最后，风雪引发的不适刺激和路面安全隐患是恢复的对立面，究其根源都是由于其与个体发生了肌肤的直接接触。若暂时将其忽略，分析风雪的运动规律和形态可以发现，风雪的运动属于没有特定规律的非节律性运动，这种存在于自然界中的运动方式能够引发大脑"分心"，使注意力从压力事件中抽离，因此冰雪的这一特性可用于恢复的开启；并且雪具有的分形形态是人类天生偏爱的自然构型方式，能够从视觉体验上给予个体恢复的能量。综上，风雪的动能和形态具有利于恢复的属性，应加以利用。

4.1 自然光照的诱导增补

对于自然光，人体不仅具有视觉感光系统，还有非视觉感光系统，二者共同作用显示出光对人类行为表现产生的广泛而复杂的影响。自然光线通过促进相关激素的分泌，进而影响个体的情绪与生理节律，产生视觉效应以外的生理和心理效应（图4-2）。自然光对人类行为表现的诸多影响可归因于其周期性变化的特性：从环境心理学层面，周期性变化

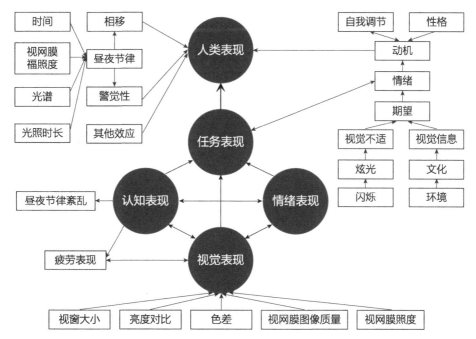

图4-2　自然光对人类行为表现的影响（来源：根据叶鸣. 动态光对人类警觉性和任务表现的影响[D]. 杭州：浙江大学，2017：31. 改绘）

的光线为个体提示了时间变化的心理感受，这增进了个体对于环境的了解和掌控，同时强化了个体与室外环境的联系；从生物学层面，自然光线对特定激素分泌的周期性调节维系了规律平衡的昼夜节律，而昼夜节律是认知资源按照社会运行规律正确分配的基础，决定了个体能够在白天具有充沛的可调动认知资源，以及在夜晚神经系统能够得到良好的休憩，昼夜节律的紊乱不仅会阻碍认知活动的正常进行，还将加重个体身心的疲劳程度，因而自然光线通过对昼夜节律的维系实现个体认知资源的高效分配和情绪调节能力的稳定发挥。而生物学方面的相关机能的有效运行又催生了积极的心理层面效益，例如积极的情绪、较少的心理疲劳和适当的警觉程度，同时自然光对于抑郁等情绪障碍的治疗作用也得到广泛的认可。

室内恒定不变的人工照明虽然能够模拟自然光的亮度和颜色，但不能够提供周期性刺激，因此远不足以实现自然光线对于身心的积极功效。并且对于寒地建筑来说，冬季，居民大部分时间被"困"在室内，自然光照自身不足，个体室外活动受限，居民所能感知的自然光照严重不足。加之部分建筑由于朝向或洞口范围设置不合理，造成自然光线不均匀或不合理地分布于室内，使用者为解决上述问题，往往在白天"开着灯、拉着窗帘"，这种做法不仅是能源的浪费，也形成了一种"密不透光"的、与外界隔绝的环境，建筑内部的人丧失了感知外界的媒介，这也在一定程度上成为倦怠状态、失眠和情绪问题的诱因。这种现象在学校建筑和办公建筑中尤为常见，而此类空间恰是承载高强度脑力劳动、充溢了竞争压力的场所，其使用者更频繁地经历精神疲劳和心理压力，具有更强烈的恢复需求。

因此通过上述分析，可将寒地城市居民所面临的由自然光线缺失而引发的心理恢复障碍分为三个层面：时间感受丧失、昼夜节律失衡和冬季抑郁情绪。三者呈现由浅到深的递进关系，同时也相互关联、彼此作用。本节以自然光线的周期变化性为基础，分别针对上述三项恢复困境探索相应策略。三者对于恢复的阻碍程度和对自身机体的影响程度依次递增，在人群中的普遍性依次递减，因此应在不同的空间设计层面上做出回应：首先，良好的时间感激励着个体对自身活动有规律的安排，是最为普遍和广泛的需求，针对其产生的设计优化应以"点"的形式分散布局，实现细腻、均匀且潜移默化的"提示"；而冬季的抑郁情绪症状暗示了机体功能已产生较为明显的改变，属于相对个性化的问题，因此应为其建立专项的空间单体，实现定向、强效的干预。相比而言，昼夜节律的失衡介于二者之间，既对机体功能的正常运作产生一定程度的干扰，又尚未达到机体自身不可修复的病变，因此应从相对适中的深度、适宜的尺度建立空间的应对策略。

4.1.1　强化光线提示时间感受

光不仅是时间的具象体现，是建筑空间表达时间的媒介；更是一种能够引发审美的元素，一个充满动态漫射光的环境同时兼备戏剧的冲突感和艺术作品的宁静感，好像在淡定地诉说着一段错综复杂的情节。自然光照的缺乏会导致时间感减弱甚至丧失，造成个体对环境的感知程度和控制感降低，引发情绪紊乱。试想在一个与室外没有联系的场所工作或居住，光照和气流恒定，如果不关注显示屏上的时间数字，人们甚至感受不到时光的流逝。所以建筑空间应借助光表达时间，强化个体的时间感。建筑空间环境对时间过程的标识和追踪，让个体体验时间的流逝，与自然系统、天气状况保持紧密的联系；通过强烈显著的光影将时间体验进一步放大和艺术化处理，能够增强建筑内部使用者的审美体验，打破冬季沉闷单调的环境氛围。

1. 感光洞口

区别于建筑中既有的传统天窗或侧窗以引入自然光线为目的，感光洞口的设计更注重对自然光线的强调，这体现在自然光线及其相应景观在整体视野中视觉显著性地增强，然而这并不能通过单纯增大尺度或视觉面积来实现，因为感光洞口对于多数功能空间应具有普遍性，过大的面积会造成对主体功能的干扰以及增加能耗与维护成本，应在保证人们体验空间主体功能的同时不经意间被其所吸引，以实现对时间感受的提示作用。相比于近人尺度上的侧向洞口，顶部洞口或较高的侧向洞口对自然光线的还原度更高，且对天空景观具有较好的呈现，对于提示时间具有更高效的作用。受到建筑整体布局的影响，顶部洞口的设置具有一定限制，并且为了强调自然光线特征，洞口需具有唯一性并突显于环境中，因此感光洞口多适用于毗邻外墙且规模较大的空间，洞口的尺度不宜过大且周边界面应较为封闭或厚重以突出其视觉显著性并保证个体对主体功能内容的感知不受到影响。

例如阿尔瓦·阿尔托设计的芬兰塞伊奈约基市图书馆在小型阅览室中体现了这一理念，具有雕塑感的顶部界面上的方形洞口将室外光线引入，深灰色斑驳的混凝土界面围合出洞口的外边缘，与蔚蓝的室外天空形成显著的视觉对比，塑造了明亮的视觉中心，同时为明黄色的光线提供了映射界面，最大限度地突显并强化了室外的自然光线，为这个封闭空间中的使用者传递着外界的时间信息；高于人眼观看视角的洞口为底部的读书活动预留了充足的空间，规避了直射光线对既有活动的干扰；同时小尺度且向内凹进的洞口也避免了热量的过度流失，良好地适应了冬季气候（图4-3）。

另外，芬兰Amos Rex艺术博物馆的展览空间也运用了相似的设计手法，主体空间位于地下，变异的圆筒状体量犹如触角伸出地面，通过透明界面与室外环境取得联系，为室内空间打造了一处优雅的感光洞口，天空、自然光线以及周边的城市景观透过洞口映入眼帘，与前一案例中感光洞口与外围界面形成的鲜明的深浅对比不同，Amos Rex艺术博物馆运用了简洁的白色界面作为感光洞口的"背景"，在保证洞口视觉显著性的同时，使洞口的景观更加融入整体环境，塑造了一种"融合"而非"碰撞"的空间氛围，使地下空间中的人们对外界的变化具有清晰的感知（图4-4）。同时在室外空间中，洞口向上涌动，伸出地面，成为外部广场中一处引人驻足的景观设施，催化着来自建筑外部的探索欲望。

图4-3　芬兰塞伊奈约基市图书馆阅览室（来源：https://jkmm.fi/）

图4-4　芬兰Amos Rex艺术博物馆主展厅（来源：https://jkmm.fi/）

通过对这两个典型案例的对比分析，可知感光洞口应在较小视野占比的情况下具备较为显著的视觉吸引力，同时根据空间功能的不同，其位置、尺度及形态应做出相应调整。

2．动态外观

在一天中，时间以24小时为周期不断向前推进，这种变化的过程体现在日光的强度、色温、光谱等方面的转变，二者是严密契合的。在自然环境中，植物在一天中表现出不同的形态来向动物们传达着时间的概念，例如含羞草的叶子在早上张开、夜晚闭合；木棉的花朵在早中晚呈现不同的颜色；郁金香随太阳转动朝向等，另外自然中的景观也同样追溯着时间，潮涨潮落的大海、变幻莫测的天空、四季更迭的山脉等。但生活在建筑空间中的现代人终日面对固定的环境设置，因而丢失了这种与时间的联系，在寒地冬季气候的影响下这种现象更为严重。如果建筑的外观能够像自然植物或自然景观一样响应时间、因时而动，则能够弥补因自然体验骤减而丢失的时间感。而自然光线在这一过程中充当必不可少的媒介作用，建筑的外观通过对日光的响应来维系自身与时间的有机关联，以向建筑的使用者传达时间的变化过程。

动态遮阳构件能够感知日光的变化，进行主动调节，进而表现出变化的表观形态，是实现上述目标的一项典型方法，同时其对日光的响应有助于调节室内光环境以更集约高效地支持室内的功能活动，符合寒地建筑的功能与能耗需求。南丹麦大学教学主楼的外立面具有由1600片三角形穿孔钢组成的动态遮阳系统，可根据日光状况和用户需求进行调节，随着一天中光线的改变，每一片多孔钢材发生不同程度的开启。在清晨和傍晚，阳光薄弱，入射角低，此时构件开启程度较大，建筑外立面上伸出三角形的片状单元创造了连续的韵律感；在正午阳光充足时，构件闭合，建筑整体又转变成了简洁的立方体形态。在外立面构件张合变化中记录了时间的变化过程，传递了时间感，同时实现了对室内光环境的调节（图4-5）。除此之外，一些其他形式的表皮构件也能实现对光线的追踪，例如由充气薄膜构成的带有气孔的双层表皮从生物皮肤上的毛孔汲取灵感，利用室内外温差的变化实现薄膜气孔的开合，随着气孔的收缩，界面变得通透（图4-6）。再如，城市艺术家将字母金属构件垂直镶嵌在建筑外界面上，随着光线的变化，文字在墙面上延展出不同方

图4-5　动态遮阳构件（来源：https://henninglarsen.com/）

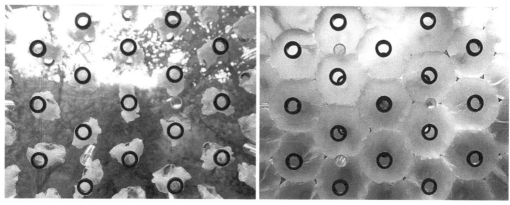

（a）气孔收缩时立面形态　　　　　　　　　　（b）气孔舒张时立面形态

图4-6　充气薄膜上的气孔构件（来源：www.archdaily.com）

向、不同长度的阴影，以此传达不断变化的生命自然现象（图4-7）。这些案例均以自然光为媒介，通过可响应光线变化的单元构件组成具有较大影响力的可变界面，以相对低技或具有较大附加价值的方式创造了随时间而改变的建筑形象。

3. 复杂构型

影是光与空间作用产生的可被个体轻易感知的产物，从对个体的心理作用角度分析，不仅能够有效地提示时间感，同时由于影的不确定性，能够为个体带来新鲜感知信息，从而引发好奇和愉悦感受以促进恢复。但寒地建筑出于保温节能的目的，形体大多方正，缺少体量的凹凸变

图4-7　建筑外立面上的文字构件（来源：www.archdaily.com）

化，难以形成显著的光影效果，所以只有通过局部界面上构件的复杂形态或组合方式创造光影变化。

芬兰赫尔辛基海边的公共桑拿房扮演着地域文化和城市名片的载体，匍匐低矮的体量使其充分融入了海岸景观，通体的木质表皮在寒冷的冬季渲染着温暖的氛围，当流连于建筑外部环境中，你甚至感受不到丝毫的装饰，它显得如此质朴和平凡，但当你进入建筑内部时，会赞叹其美妙的光影变化。有序排列的条形桦木板与点缀其中的支撑性黑钢框架共同创造了光影交错的灰空间，身处其中，你可以感受界面庇护下的温暖与安全，也可以透过缝隙观赏海岸的景色（图4-8）。作为开敞与私密的转换体，其外侧呼应海岸景观，内侧通过透明玻璃将变换的光影景观引入室内，即使你并没有深入这一空间中，也能感知到它所成就的光影魅力，它如同一种装饰性的体量，同时也是一种保温性的腔体，附着于主体空间之外，为极寒气候下的建筑内部空间提供审美性的体验。

荷兰拉德堡德大学的医学院教学楼，在主体量南侧附加了一块三层高的透明玻璃体量，塑造了一个充满阳光的前庭空间，"Y"形柱支撑起倾斜向光的玻璃顶界面，顶部的横纵分隔与支撑柱共同形成了内部复杂的光影效果，犹如森林中斑驳的树影（图4-9）。这不仅为庭院内部的人带来了美妙的光影体验，也使与前庭相接的主体建筑中的近地层空间吸纳了经由附加界面雕刻而成的自然光影，实现了建筑立面的重新演绎。充足的光线和变换的光影打破了混凝土建造的医疗教学空间的冰冷和沉寂，赋予了建筑内部使用者生机与恢复的契机。法国巴黎国立美术学院中容纳美术、设计和传播三个院系的两座教学大楼之间通过一个玻璃结构连接，结构的顶界面由钢构件以三角形为基型进行划分，并采用粉色和蓝色两种彩色玻璃拼贴而成，创造了一个具有丰富光影变化的室内广场。在冬季大地

图4-8　芬兰赫尔辛基公共桑拿房（来源：https://avan.to/）

图4-9　荷兰拉德堡德大学的医学院（来源：https://avan.to/）

图4-10　巴黎国立美术学院教学楼（来源：https://www.dietrich.untertrifaller.com/en/）

景观萧条的背景下，这块建筑中的彩色区域成为一处活跃的场所（图4-10）。

综上，通过结构构件的有序排列可塑造复杂变换的光影效果，将自然光线对建筑内部环境的影响放大，使人们更轻易地感知一天中自然光线的律动，提示时间感受。这种设计方法通常用于建筑的主入口大厅、边庭院等毗邻外部边界且利用率较高的空间中，以方便与自然光线建立直接联系，同时使光线的变化能尽可能辐射多数使用者的感知范围。

4.1.2　诱导光线维系昼夜节律

人体内存在的生物钟以24小时为周期对各项生理机能和行动反应进行调节，这被称之为昼夜节律[①]。昼夜节律是人体认知资源和活动资源在一天中不同时段得以准确分配和调动的保障，是注意力和体力等身心能量的控制器，它使人类的行为能力和注意力集中程度、警觉程度在白天升高，在夜晚降低，从而保障白天的正常工作和夜晚的充分休息。人类的机体已经适应昼夜节律和昼夜循环的日光模式长达一百万年之久，而在现代社会中，

---

① 江怡辰. 以人为本照明设计理念下的昼夜节律照明研究动态与思考[C]//中国照明学会. 2018年中国照明论坛——半导体照明创新应用暨智慧照明发展论坛论文集. 北京：中国照明学会，2018：12.

人们大部分时间在室内度过，但其基因编码仍然被定义为户外生活。这导致了昼夜节律的紊乱，随之产生生理机能、行为表现、免疫功能等方面的健康问题。

自然光的周期性运转是保障昼夜节律与自然同步的要素。但冬季日照薄弱的寒冷地区，建筑内部即使存在自然光照，也需要人工照明的辅助，尤其对于操作界面光强度要求较高的功能空间。这导致了个体接收到的光是包含自然光与人工光的混合光源，这与人体预期的理应从户外接受日光照射量存在差异，此时的光环境丧失了对昼夜节律的指导作用，引发了机体在生理和精神上与环境的不同步，现代人尤其是中青年人广泛存在的"起床困难""熬夜通宵"等不良现象部分诱因是由于身体机能、注意力机能与空间环境和社会环境的不匹配。

解决上述问题的关键是以自然光线为基准对建筑空间中的光环境进行修正，建立以昼夜节律支持度为评价标准的室内光环境设计体系，而不仅仅是达到传统照明标准中对照度、亮度和显色性等的规范要求。具体做法为：首先，要强化自然光线在室内环境中的比重和影响力；其次，根据空间功能不同，对自然光线进行调控使其适应不同的行为活动；最后，在自然光照不足的情况下，充分发挥人工照明的辅助和支持功能。

1．多维界面引入自然光线

建筑外界面是自然光线进入内部的窗口和通道，其位置、朝向和形态决定了自然光线的入射量和入射角度，因此引入自然光线应通过顶部界面和侧向界面共同协作，相互配合，以弥补自然光照稀缺的劣势。

（1）向光生长的顶部空间。寒地冬季光线入射角低，侧界面无法汲取充足的光照，此时应启动顶部界面采光。从光线流通方向可以分为水平向光和垂直向光两种模式（图4-11）。水平向光的作用范围是仅限于与其直接相连的空间，此时的向光策略是基于使同层的顶部空间获取最佳日照目标而制定的，顶界面与光线入射方向保持一定的倾斜角度，避免光线直接射

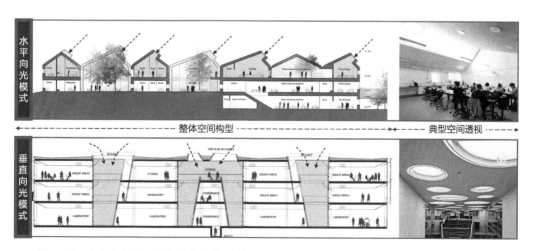

图4-11　向光生长的顶部空间（来源：根据http://www.cubo.dk/和http://www.cfmoller.com/改绘）

入工作平面内而干扰认知作业；同时预留一定的缓冲空间允许光线通过反射以调整到适宜内部活动的强度和角度。垂直向光是以顶部界面为接收器，以竖直方向的筒状空间为传播器，将二者视为一个光线流通的发光筒，关注其对垂直方向上四周空间的光照支持。这一类型的向光空间大多存在于中庭内部：首先，顶部界面采用水平形态，对日光进行广泛的吸纳；然后，构型上采用上大下小的变截面椎体，提高入射光线的反射次数、丰富其反射角度，扩大对周边区域的照射范围；最后，周边空间可通过挑出式平台主动争取光照。

加拿大温哥华的Presentation House展览馆的结构体系创造了无竖向结构遮挡的室内展陈空间，同时产生了灵动的"锯齿"形屋顶，不仅在建筑整体形象上增添了标志性，也为引入自然光线提供前提，展厅在白天完全接受到由北向漫射的自然光线，在节约照明能耗的同时，塑造了一处与室外环境匹配的内部空间，随着昼夜的更迭，室内呈现出不同的环境气氛，同时柔和的光线降低了对展品的侵害（图4-12）。

（2）因光而动的双层表皮。寒地建筑的立面造型受到围合结构保温性能要求的限制，设计师在形态审美上能够发挥的空间较小，使建筑立面普遍呈现呆板、封闭的视觉感受。双层表皮系统很好地解决了这一问题，目前北欧一些国家的公共建筑南向大量采用双层表皮结构，内层为允许阳光穿透的玻璃表皮，外层为具有筛选和调节光照作用的非透明界面，二者之间的中空层发挥保温和缓冲的作用。

外层界面包括静态恒定和动态可变两种：第一种为根据界面内空间所需光照情况而预先利用数字技术计算出的多孔表皮，第二种为由传感器、机械控制装置、单片组成的光控百叶，可根据一天中的日光变化进行动态调节（图4-13）。这种表皮实现了日光资源在立

图4-12　加拿大温哥华Presentation House展览馆（来源：www.patkau.ca.com）

（a）静态表皮　　　　　　　　　　　　　　（b）动态表皮

图4-13　双层表皮的多种形态（来源：(a) www.designboom.com; (b) http://www.cfmoller.com/ ）

面上的合理分配，使内部功能需求与不断变化的光照条件保持同步匹配，同时被强化的光影效果增大了视觉丰富性，提升了建筑的审美功能；另外双层表皮形成的腔体空间成为集热蓄热的存储器，对太阳辐射进行适应性的利用，补充了透明界面造成的热量散失。例如丹麦哥本哈根的马士基医疗大厦的立面上覆盖着众多垂直排列的铜百叶窗，它将根据室外的气温和光线强度自动调节开合角度，以辅助塑造室内舒适的温度环境，在提供了一层动态气候防护罩的同时，创造了立面上的形态韵律（图4-14）。

图4-14　丹麦哥本哈根马士基医疗大厦立面（来源：www.cfmoller.com）

综上，外部界面是寒地建筑阻挡冬季恶劣气候的主要屏障，但同时也是与外界环境交流的重要媒介，其设计策略体现了对气候的适应理念。而"适应"是在"顺从"与"改造"这两种对立状态中寻求平衡，这决定了寒地建筑外部界面需具备"接纳"与"阻御"的双重特性，而多维度、多层级的垂直界面系统为不同设计目标的兼容提供更适宜的载体。

2．集成部件调控自然光线

多维界面引入自然光线是对室内光环境的增补，实现了维系昼夜节律的第一步，但不同功能空间对于自然光的需求程度存在差异，同一功能空间在不同时段对于自然光的需求程度也不同，究其根源，空间内发生的行为活动与其所需光量是一一对应的。认知强度较高的活动对自然光照的需求量大，例如学习、办公活动＞文娱、体育或交往活动＞休憩活动，但这并不意味着对光照强度需求量小的空间无需引入自然光线，例如生活居住空间是个体昼夜机体状态转变的场所，其光环境对于良好昼夜节律的建立至关重要，对变化性自然光线的需求不可忽视。因此在多维界面引入自然光线的基础上，应利用可控构件实现对入射光线的调控以匹配不同的内部功能。

丹麦海宁职业学校则通过一系列的构件和家具的有机组合实现了对自然光的利用和调节（图4-15）。首先在整体布局上，教室等对阳光需求量大的空间位于南向，咖啡厅、会议室等对光照需求较小的空间布置于北向，二者之间为二层通高的中庭空间实现光线由南向北的传递。然后在南向外界面处，为了避免过度的太阳辐射，建立了多层屏障。首层为以绿叶植物为主的小型花园，不仅能起到隐蔽的作用，阳光穿过树木形成的斑驳落影显现在地面上或建筑立面上，给予了内部使用者审美体验，为其提供了恢复性景观；中间层是穿孔金属百叶窗，悬挂在距离主体外界面半米处，在调节光照的同时，也保持了内外的视觉联系；最内层是鱼鳍形的机械控制反射板，通过角度的调节阻隔直射进入的阳光，改变其路径将其反射向室内天棚，以天棚为界面完成向下的漫反射，创造了利于认知活动的柔和而明亮的光环境。除此之外，两个独立的空间之间的隔墙上部安装有照明灯带，创造了良好的侧界面采光模式，避免来自顶界面的直射光给心理造成的压迫感等不利影响。

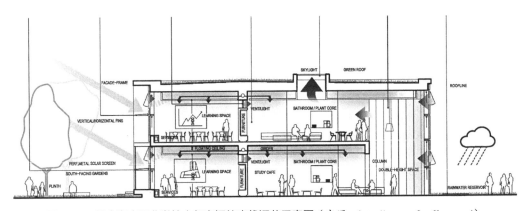

图4-15　丹麦海宁职业学校内部空间的光线调节示意图（来源：http://www.cfmoller.com/）

寒地冬季日照时间短、光线入射角低，因此建筑内部应高效地利用有限的自然光线。如果将建筑的每一片外墙视为独立的个体进行采光设计，可能造成内部空间光照条件均好性或适宜性较差。而由上述案例分析结果可知，将建筑的外墙与屋顶视为整体的建筑外表皮，根据内部功能需求差异，匹配个性化的采光洞口和调光构件，这种做法创造了协同集成的光线调节系统，更有利于光线的高效利用与按需分配。

3. 人工照明响应自然光线

人工照明是室内光环境另一重要组分，从维系昼夜节律的角度出发，室内的照明系统应摒弃程式化的标准参数，趋向于模拟自然的动态化，并匹配不同的认知行为，这包括照明标准的引入和照明系统的设计两方面的策略。

（1）制定非视觉效应衡量标准。由于光对人体非视觉感光系统与视觉感光系统的作用机制不同，虽然部分光感受器同时向视觉与非视觉系统发出信号，但光谱作用与光刺激机制存在差异。所以传统的照明定量评价标准中的照度、亮度和显色性等仅适用于光对视觉感光系统的影响分析，而无法准确评判光对非视觉感光系统的作用。而本研究的重点是通过探究光对非视觉的作用来提升光环境的恢复性，所以需要引入新的评价标准对其进行衡量。

昼夜节律指标是一种用于衡量照明在人类昼夜节律系统中所起作用的度量工具，可以对目标空间在一天中的特定时间提供照明设计性能标准，以此来帮助评估照明设计对人体生物钟系统中褪黑素的刺激与影响[1]。本书选用目前国际上认可的视黑素等效勒克斯（Equivalent Melanopic Lux，EML）作为昼夜节律指标及度量方法，这是基于光照与生物昼夜节律相位偏移（Circadian Phase Shifting）状态之间的关系而推演出的视黑素光谱效能函数[2]：

$$EML = L \times R$$

式中：EML为视黑素等效勒克斯，L为视觉勒克斯，R为光源的视黑素等效勒克斯与标准视觉勒克斯之间的比率，取决于光谱成分。

根据上述公式，可以将目前通用的建筑空间照明标准中的照度数值转化成能够衡量光对非视觉系统作用的视黑素等效勒克斯，以平衡人体生理节律（表4-1）。

衡量非视觉效应的照明标准[3]　　　　表4-1

空间类型	空间光环境垂直表面视黑素等效勒克斯
工作空间	大于等于250视黑素等效勒克斯（每天至少4小时）
起居空间	日间：大于等于250视黑素等效勒克斯 夜间：小于等于50视黑素等效勒克斯

① 江怡辰. 以人为本照明设计理念下的昼夜节律照明研究动态与思考[C]//中国照明学会. 2018年中国照明论坛——半导体照明创新应用暨智慧照明发展论坛论文集. 北京：中国照明学会，2018：36-47.
② Lockley S W, Arendt J, Skene D J. Visual impairment and circadian rhythm disorders[J]. Dialogues Clin Neurosci, 2013, 9 (3)：301-314.
③ 同①.

续表

空间类型	空间光环境垂直表面视黑素等效勒克斯
休闲空间	大于等于250视黑素等效勒克斯
学习空间	大于等于125视黑素等效勒克斯

（2）建立动态照明体系。研究表明：符合自然光周期变化的动态人工照明有助于营造更健康舒适的照明环境。相比于色温、照度保持不变的LED静态光，与自然拟合的动态光线对心理和生理的紧张状态具有缓解作用，并对睡眠延迟和焦虑抑郁评级有积极影响，并且能够提升个体的警觉程度，加强注意力资源的调动能力，使个体具有较高的能量处理环境刺激从而提升行为效率和对消极情绪的处理能力。

所以寒地建筑内部空间应建立随时间变化的动态照明体系，具体包括色温冷暖、光照强度和光谱的转变。色温较高，即显现冷色系时会使个体的警觉程度提高，与工作时的精神状态相吻合；色温较低，即偏暖色系的光令个体警觉程度降低，表现得更加放松，与休憩时的精神状态匹配。并且照度较高的光线相对于照度较低的光线对神经系统的刺激强度更深入，也能起到促进注意力集中的功能。其中，色温随时间增大而减小的LED动态光（变化区间为12000~6500K）能在不引起明显视觉差异（相比于同等光照强度的LED静态光）的基础上显著地提高警觉度。根据上述特性可针对不同空间类型进行分时段的照明设计（图4-16），例如对于办公空间，在清晨、上午和下午的工作时段应采用色温及照度较高的人工光照，在中午或傍晚的休息时段宜转变为色温及照度较低的人工光照。

另外，黎明的自然光和傍晚具有不同的光谱，这对昼夜节律的调节起到了关键作用，黎明的日光其光谱中的蓝光区优先到达，而傍晚的光蓝光区优先散开，橙色和红色优先到达，这种光谱的变化会调节身体的激素从而驱动各项行为活动，若违背这种光谱变化的规律，就会导致节律的失衡，所以室内的人工照明系统应在清晨和傍晚时段对光谱加以改

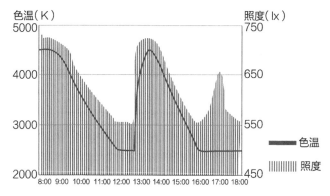

图4-16　动态照明光模式（来源：根据叶鸣. 动态光对人类警觉性和任务表现的影响[D]. 杭州：浙江大学，2017：31. 改绘）

变，以贴合自然规律。

（3）增强特定空间的光照强度。强光能够通过激活一种抗抑郁剂血清素和抑制褪黑激素来刺激个体的生理周期，维系高强度认知活动所需的较高水平的清醒状态和警觉程度，这对于办公或学校空间来说尤为重要。目前设计规范中房间内工作水平面上的典型人工照度水平约500lx，而能够有效激活清醒状态的照度在2000lx以上[1]，因此对于以脑力活动为主体功能的空间，应适当增强工作界面的光照强度以保证个体处于最佳的认知状态。但目前此类型的空间中的人工照明模式多采用顶部采光，从这种方向进入的光如果照度过高会产生电脑屏幕炫光，导致头痛[2]，所以应对顶部采光进行"柔化"处理，减少直射光线，同时以侧向采光作为辅助，提升室内光照强度。

例如，加拿大多伦多大学建筑系馆的学习空间在南向透明界面引入大量自然光线的基础上，利用顶界面的褶皱空间安插人工光源对室内亮度进行补充，条带状灯具隐藏在褶皱内，散发的光线经过对向斜墙的多次反射从侧向射入桌面，在增强工作界面光照强度的同时避免了顶部采光的消极影响（图4-17）。

综上，为加强建筑室内光环境的自然性，对使用者维系良好的生理节律和心理状态形成支持，人工照明设计应遵循自然光照规律，并在此基础上对自然光线薄弱区域进行补充，对重点功能区域进行针对性的调适。

（a）自然光线的引入　　　　　　　　　　　　　（b）人工照明的辅助

图4-17　加拿大多伦多大学建筑系馆的侧向采光（来源：http://www.nadaaa.com/）

4.1.3　集聚光线纾解冬季抑郁

情绪是身心健康的重要衡量标准，积极的情绪也是心理恢复与疗愈的目标之一，然而冬季环境中日照的缺少为情绪带来了不良影响，甚至引发抑郁症等心理疾病，所以应增补

① Hraska J. Chronobiological aspects of green buildings daylighting[J]. Renewable Energy, 2015, 73：109-114.
② Mccoll L S, Veitch A J. Full-spectrum fluorescent lighting：a review of its effects on physiology and health[J]. Psychological Medicine, 2001, 31(6)：949-964.

光疗空间以舒缓冬季抑郁，对部分个体进行重点恢复。冬季抑郁症又称为季节性情绪障碍（Seasonal Affective Disorder，SAD），属于情感障碍的一个亚型，具有季节性发作的特性，通常发生在较寒冷的月份，例如秋末和冬季，在第二年的春季和夏季会自发缓解。SAD患者主要包括以下3组症状：核心情绪症状（情绪低落、忧郁沉闷）；其他精神心理症状（注意力不集中、思维迟缓、工作效率下降、焦虑紧张、易激惹、回避社交）；躯体伴发症状（食欲改变、睡眠障碍、精力减退、性欲减退、体质量变化、躯体疼痛）。症状明显者会影响正常的工作和生活，甚至有些严重的患者会产生自杀的想法或行为[1]。并且情绪和身体不适应的症状会在一年中40%的时间持续存在，对个人的心理社会功能造成严重持久的影响，且被诊断为SAD的患者在第二年的复发率高达70%[2]。

多种因素会导致SAD的产生和发展，其中环境因素占70%以上。研究表明光照不足是SAD的主要诱因。SAD患者也常见于气候寒冷、昼短夜长、冬季持续时间长、四季变化明显的高纬度地区，当患者移居低纬度地区时，随着接受日照时间的增长，响应抑郁症状会得到缓解[3]。另外室内工作者，尤其是极少参加体育运动的脑力劳动者更容易患有季节性情感障碍，加之近年来北方地区秋末冬初因供暖和燃烧秸秆而导致的雾霾天气，使有限的日照时间内光条件变差，更增加了SAD的患病率。因此寒地城市居民是SAD的易感人群[4]，应作为重点恢复对象。

1. 冬季抑郁的环境干预机制

目前SAD症状在北欧和北美地区得到了普遍的关注，据统计这些地区的SAD患病率较高[5]，因此在社会政策、医疗保健和环境设计方面均建立了应对体系。但由于经济发展水平限制和公众健康意识的薄弱，在我国北方地区人们尚未意识到SAD症状的存在和危害，环境设计和医疗健康领域都缺乏对SAD病症的关注和治疗方法，任由其恶化成严重的心理疾病。

通过特定环境的干预能够对季节性情感障碍进行纾解和疗愈，相比于药物作用和医疗手段，环境的影响能够形成更稳定和长久的疗愈效果，同时也能够防患于未然，对潜在的患病个体进行广泛的预防，以降低冬季抑郁的发病率。以环境干预为主的非药物疗法有两种：认知行为疗法（Cognitive-Behavioral Therapy，CBT）和光照疗法（Bright Light Therapy，BLT），前者是在环境中植入能够激活愉悦行为和引发愉悦认知的空间要素或内

① Kurlansik S L, Ibay A D, 周淑新，et al. 季节性情感障碍[J]. 中国全科医学，2013，16(18)：1571-1573.
② Yildiz M, Batmaz S, Songur E, Oral E T. State of the art psychopharma cological treatment options in seasonal affective disorder[J]. Psychiatria Danubina, 2016, 28(1)：13-22.
③ 李佩佩，谈博，黄晓楠，等. 季节性情感障碍的研究进展[J]. 中华中医药杂志，2019，34(7)：3135-3137.
④ 翟淑华. 慎防"冬季抑郁症"[J]. 中国健康月刊，2007，26(10)：27.
⑤ Lynna L T. American Psychiatric Association Diagnostic and Statistical Manual of Mental Disorders[M]. Springer US, 2011：11-50.

容，旨在抵消自身的不良情绪或体验，重组对季节的负面认知①。后者是通过视网膜暴露在不同的光照强度、亮度下而修正神经系统中光调节机制②。根据上述两种治疗方法，可归纳出两项环境干预机制，包括：

（1）行为激活机制。行为激活的主要原理是促进个体进行令其愉悦的活动，情绪与活动水平之间存在相互影响的循环关系（图4–18）：正在经历SAD症状困扰的个体或存在类似心理隐患的个体往往对冬季环境持消极的态度，处于一种失落的低能量状态，不具备充足的主观动机进行活动，导致活动水平持续偏低，活动量的减少又加重消极心理，这是一个恶性循环的过程。所以促进个体进行令其愉悦的活动能够提升对环境的预期，减弱对冬季的负面认知③。研究表明，积极的社会交互、从事自身经验或能力足以胜任的工作以及进行体育锻炼是与情绪紧密相关的积极活动。所以冬季抑郁的改善应通过对这些活动的激发和促进而实现，更为重要的一点是在支持这些活动的空间引入充足的光照，以活动和光照二者结合的方式，使个体获得最佳的恢复效果。这一机制几乎不依靠医疗设备，无需个体的有意访问或配合，能够广泛匹配多数公共空间，对具有不同抑郁程度的群体进行长效作用。

（2）光照治疗机制。研究表明，抑郁症的产生和5-羟色胺（5-HT）功能低下有关，5-羟色胺（5-HT）是哺乳类动物体内重要的神经递质，其在中枢神经系统等发挥重要的生

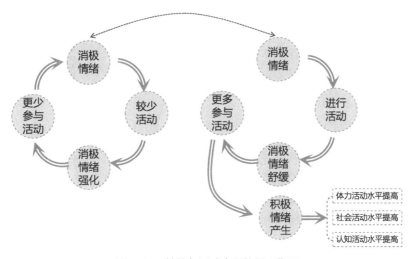

图4-18　情绪与活动水平的循环作用

① Zajonc R B. Feeling and thinking：Preferences need no inferences[J]. American Psychologist, 1980, 35(2)：151-157.
② Maruani J, Anderson G, Etain B, et al. The neurobiology of adaptation to seasons：relevance and correlations in bipolar disorders[J]. Chronobiology International, 2018, 35(10)：1335-1353.
③ Rohan K J. Coping with the Seasons：Workbook：A Cognitive-Behavioral Approach to Seasonal Affective Disorder[J]. Affect Disorder Their Guide, 2009, 134(8)：325-331.

物学效应。光疗能够通过适中的相位推进，提高5-HT转运体的效能和含量，从而发挥抗抑郁的作用。相比于行为激活机制，光疗方法的治疗效能更强，但依赖于专业的医疗设备，需要个体具有主观治疗欲望并积极参与配合，因此应具有专门的空间及设施支持少数个体的治疗需求。

2. 基于行为激活的阳光活动空间

经历冬季抑郁情绪的个体往往对当前所从事的必要性活动或重复的日常生活体验存在消极情绪或低效感，此类活动发生的主要场所中具有潜在的消极因素而不利于引发恢复性体验，因此区别于建筑主体功能的非必要活动空间通常具备更多激发愉悦行为的潜力。

（1）南向感光露台。寒地冬季上午11时到下午2时之间，在天气状况良好的条件下，南向无遮挡的空间能够获得充足的光照，应充分把握这一优势，根据建筑使用者在该时间段内的活动规律，在相应位置布置阳光充足又支持积极活动的光疗空间。目前很多欧美冬季城市的公共建筑都具备设计精良的南向屋顶露台。露台的基本构型一般采用沿建筑立面横向延展的平面形态代替出挑巨大的方形形态，这样的设计能够增大与阳光的接触面积和与建筑界面相交的边缘长度，便于主体建筑空间为其提供顶部的气候庇护，同时有效缓解了寒风的侵袭强度。并且屋顶露台常被赋予聚会、休憩甚至种植或绘画等多项社交活动，在冬季的午后成为建筑中人流汇集和交流的中心，是社交行为的催化器。

例如丹麦Amaryllis公寓综合体建筑屋顶露台上设有木质长桌和镂空的铁架，阳光明媚的午后，人们可以带着一杯咖啡在这里安静地感受阳光，陷入自我深思或憧憬着不期而遇的邂逅；亦可将自己精心养护的植物摆放在木桌上或悬挂在铁架上，装饰着空间的同时等待着志同道合的朋友（图4-19）。又如哥本哈根的小型癌症康复中心，它利用错落的体量和温暖的木质表面，为每一个经受病痛的患者提供了一处阳光露台，在这里，患者们可以自由地休憩，也可参与到与公众的互动中去（图4-20）。赫尔辛基城市环境大楼通过体量的错落形成南向露台，露台的西北侧因具有建筑体量的庇护而形成良好的风环境，同时露台上还搭建了绿色透明的围合及休憩设施（图4-21）。

图4-19　丹麦Amaryllis公寓屋顶露台（来源：www.archdaily.com）

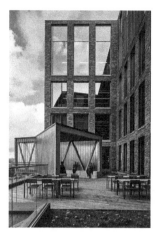

图4-20　哥本哈根癌症康复中心室外庭院（来源：http://www.nordarchit-ects.dk）

图4-21　赫尔辛基城市环境大楼屋顶露台（来源：http://www.arklm.fi）

图4-22　赫尔辛基海员中心（来源：http://www.ark-house.com/）

（2）室内聚光单元。户外空间与自然具有紧密的接触，能够支持种植、交流等多种活动，但使用周期有限，因此应建立室内的聚光单元加以辅助并实现长效作用。室内聚光单元一般是利用较大的顶部采光或人工照明，光源应具有较高的光照强度以提供足够的照度，其位置处于整体环境的中心以保障一定的内聚性和向心力。当个体从事凭借自身经验或天赋能力就能轻易完成的工作时，能够较容易地收获自我认同感和成就感，通过展示自身擅长的一面，取得社会的认可，抵消对环境的消极感受，进一步促进其参与到更加广泛和全面的活动中。因此此类空间也将适当容纳手工制作、种植或绘画等文娱功能。

赫尔辛基海员中心（图4-22）是一座为过往的海员提供休憩和疗愈的场所，考虑到长时期的海上生活，海员往往具有较高的身心恢复需求，因此建筑内部设置了多处承载社交或娱乐活动的光疗空间，以硕大的圆形顶灯模拟天空并提供充足的光照强度，同时形成室内空间的向心性，与所承载的社交活动相吻合。英国伯恩茅斯艺术大学校园的教学中心区建有一座集绘画、雕塑、模型制作等教学功能和展览功能为一体的小型艺术交流中心，隶属于不同院系的学生对其都具有良好的可达性，奇特的外形和展示功能吸引着众多学生的访问。在面积为140平方米的主体画室空间的顶界面上有一个面积约为30平方米的椭圆形向光窗口，作为画室内部采光的主要来源，也是学生与天空对话的媒介（图4-23）。在这座建筑中，画室的主要功能被弱化，它更像校园中人人可以触及的时光隧道入口，走进它，虽然身处室内，却能清晰地感受到时间的起始和行进，在清晨明亮的光线和傍晚柔和的夕阳下，保持与自然和时间的紧密联系。

综上，通过行为激活而改善冬季抑郁情绪的空间载体在功能上应具有"非正式化""个性化""休闲娱乐"等属性，独立于建筑主体功能之外，促进个体跳脱出当前使其感到困扰或低效的环境刺激；在形态上，宜享有良好的自然光照条件或吸纳自然光线的潜力，呈

（a）建筑外观　　　　　　　　　　　　　　　（b）室内空间

图4-23　英国伯恩茅斯艺术大学画室（来源：http://crabstudio.co.uk/）

现出一定的向心性和凝聚性，支持潜在社交行为的发生。

3. 基于光照治疗的专项疗愈空间

光疗方法对冬季抑郁具有50%的缓解和减轻作用，以光照疗法为主的光疗空间的设计重点在于在适当的时间接受适宜强度和时长的光照，环境需要为其提供辅助。光疗使用过程中，光照亮度、光照时间长短、光谱等因子均影响着光疗的质量和效果。在光照强度（简称"照度"）方面，当照度低于1000lx时，光强的增加能够显著增效治疗效果，当照度高于1000lx时，光强的改变对抑郁症状的缓解程度影响不显著。一日内不同照射时间对抑郁症的改善作用存在不同程度的影响，一日仅一次治疗时，清晨治疗比傍晚治疗更显著改善抑郁症状，而一日内分别接受清晨和傍晚治疗可以更显著地改善抑郁症状。在清晨和傍晚的照明实验中，2小时的治疗时长对抑郁症的缓解效果最显著。目前主要采用灯箱对个体进行直接照射，其中5000～5500K、覆盖从红外线到近紫外线（UV）光的均匀分布的电磁波谱最为有效，灯箱的位置应该离脸部40～60厘米，患者应该睁开眼睛，但不要直视光线[1]。

从治疗对象的需求层面分析光照疗法的作用模式应分为两种：第一种是针对病症较严重或具有强烈治疗意愿的个体所采用的重点专项模式，主要存在于医疗空间或具有特殊需求的公共建筑中，受众群体较小，空间规模较小但设置更加专业；第二种是针对病症较轻或尚未意识到自身病症或惧怕羞于治疗的个体所采用的广泛复合模式，可作为空间单元以"点"式分布于恢复需求较大的公共建筑中，例如办公建筑或学校建筑。前者应采取高强

---

① 翟倩，丰雷，张国富，等. 季节性情感障碍与光照疗法研究进展[J]. 中国全科医学，2020，23(26)：3363-3368.

度的光照模式，设立专属治疗空间，在短时间内达到高成效的结果，后者应采取低强度的光照模式，将治疗设备附加在原有功能空间中，实现长久的潜移默化的改善效果。

（1）重点专项模式。这一模式应以提高治疗效能为目标，尽量缩短治疗时间，因此应采用照度大于1000lx的强光治疗（Bright Light Therapy）模式，在清晨或傍晚集中治疗2小时。在空间设计上，专项光疗空间的位置设置应充分考虑潜在的受众群体，保证其对治疗空间的可达性和高效利用率，同时在空间内部应通过软性隔断划分出配备独立灯箱设备的单元空间，以提高空间的私密性和安全感。

（2）广泛复合模式。这一模式注重在潜移默化中给予个体情绪干预，但与行为激活为原理的"阳光空间"不同，该模式是通过增强光照的手段达到纾解抑郁的目的，同样广泛适用于多种类型建筑空间中，承载此模式的空间往往是建筑中的主体功能空间，能够与个体发生长效规律的作用。例如对于办公建筑来说，"阳光空间"应具备有别于办公活动的其他娱乐休闲功能，而广泛复合模式下的光疗设置可存在于主体办公空间中，在不干扰主体功能正常运行的情况下，给予个体情绪和心理的积极干预。因此其光照强度不宜过高，否则会干扰正常认知活动的光环境，宜采用照度低于300lx的弱光治疗（Dim Light Therapy）。可通过长时间的作用弥补低强度的劣势，实现对更广泛群体的光照治疗，时长应控制在3小时以内，避免时间过长对人体造成负面损害。在光疗光谱的选择上可采用具有冷色温的白光，营造适宜认知活动的光氛围。在光照时间的选择上，上午9点至11点半是较好的光照时间，此时个体可以有效吸收光线，达到对昼夜睡眠节律的调节效果。

4.2　低温要素的消解转换

首先，冬季室外的低温条件造成了极大的生理不适，是阻碍室内外交互的根源，而有效的室内外交互是个体获取恢复性体验的重要前提条件，这体现在两方面：其一对于大多数时间处于室内的人们来说，对于室外空间的视觉或非视觉感知与体验均能为其提供有别于日常生活的感知信息，这是引发"远离感"，进而开启恢复的前提；其次，对于室外空间的访问和体验往往伴随着体力活动水平的增加，这将促进生理和心理的积极转变。因此，从促进心理恢复的角度出发，对于寒地低温气候条件的应对策略应以促进室内外交互为首要内容。

为抵御室外的恶劣天气，寒地建筑利用厚重的表皮营造了相对温暖而恒定的室内环境，这在一定程度上实现了个体的生理舒适，但从恢复性环境的角度分析，这种室内热环境也造成了一定的恢复隐患和干扰。结合进化论的观点与环境心理学的基本理论可以推论，人类习惯于付诸努力以使自身适应环境的改变，因此人类偏好在自身可接受范围内产生变化的环境，感知以及努力适应环境的过程将带给个体愉悦感、成就感，增强对所处环境的控制感与归属感。而寒地建筑内部固化恒定的热环境阻碍了人类的这一天性，尤其在公共建筑内，与环境的疏离感使人们并不试图改造、适应或参与进入环境。因此，赋予室内热环境一定的变化性以使人们重拾适应环境的欲望和能力，是从较为深入的层面复兴人类与生俱来的天性以达到身心恢复的最终目标。

"恢复"是指生理和心理资源与能力的重新获得，以使个体更高效地处理环境心理，进行认知活动。这既描述了一种过程，又描述了一种结果，"过程"是资源的重新获得，而"结果"是资源的高效利用。因此，当我们谈及"空间的恢复功能"时，所指的是两种截然不同，甚至有时是相互对立的内涵，一种是空间是否能实现"资源重新获得"这一过程，另一种是空间是否能实现"资源高效利用"这一过程。举两个较为极端的案例：病房与教室。病房的恢复功能强调的是身心资源的恢复，而教室的恢复功能强调的是心理资源在被消耗后能够不断地得以恢复，进而供给持续的认知活动，因此受到空间自身功能属性与存在意义的影响，空间的恢复功能具有不同的侧重点。

因此对"可变性热环境"这一目标的实施路径应充分考虑空间的恢复性功能差异，当以"恢复过程"为主体时，这种变化应相对柔和，在人体舒适范围内进行较小的浮动，使个体能够较为轻松地进行适应环境的行为。但当强调"恢复结果"时，即空间承载了高强度的脑力劳动，恢复的过程最终为高效的认知活动服务，则个体需要维系在较高强度的唤醒水平上，才能对当前有意义的信息进行处理，而此时恒定不变的环境信息易使个体处于困倦或呆滞的状态，而低温气流是环境中相对异质的要素，具有改变热环境的能力，能够作为调节认知状态的唤醒源，提供一种相对激烈的刺激，如果能定期并精准地将寒冷气流引入内部空间，将有助于维系个体的最佳认知状态。

综上，本节从促进室内外交互、满足适应需求和调节唤醒状态三方面论述低温气候条件的应对方法。

4.2.1 庇护体促进冬季室内外交互

相比于室内环境，室外环境的自然属性更显著，与室外环境接触的频率和深度决定了个体对自然资源的可达程度，即使从事相同的娱乐性活动，在更自然的空间中会获得更高的恢复体验，因此与室外环境的交互对于身心恢复是必不可少的。然而对于寒地城市来说，冬季室外活动是一项艰难且倍感压力的事情，传统的寒地建筑通常采用集中式布局，试图将全部功能包裹在同一体量之下，为使用者创造了一种无须外出就能满足日常需求的生活环境。这样的做法看似周全，实则形成了较大的健康隐患：在抵御寒冷侵袭的同时也阻隔了个体与室外环境的交互，进而造成体力活动缺失、身心资源损耗。因此为解决寒地建筑所造成的恢复隐患，需建立一种能够有效运作的"桥梁"，在保障生理舒适的前提下，重新启动寒地建筑的室内外空间交互。

1．附属腔体建立视觉交互

视觉联系是室内外交互的基础，与自然景观直接的视觉联系不仅能产生直接即时的恢复效益，同时也能催生个体进一步探访室外空间的欲望，发挥潜在的恢复效力。纯粹的透明界面不适宜寒地建筑，而双层表皮结构所形成的腔体空间创造了室外到室内的缓冲，在以空间恢复性提升为目的的设计中，腔体空间包裹并依附于主体结构之上，在发挥保温作用的同时，充当了个体走出建筑、走向室外的导引。

例如多伦多健康中心的附属腔体结构，外层由能够自由调节、以反射光线的不锈钢板和玻璃幕墙构成，内层由结构墙体和气密性较好的可开启窗扇组成，两层表皮相互独立，中间形成了可供通行的边庭空间，为这处承载教学与科研等高强度脑力活动的场所提供了一处恢复空间（图4-24）。位于加拿大埃德蒙顿的Edge办公楼建于一块面宽为15米的狭长地段中，北侧毗邻城市主干路，内部空间整体上是开放式办公空间，为创造建筑内部与外部的视觉联系，建筑北侧结合交通空间设置了两层通高的边庭，与主体办公空间相对分离，创造了一处视野开阔的社交空间（图4-25）。"西蒙之家"是魁北克市一家大型服装零售商店，建筑总面积为53420平方米，建筑的绝大部分面积为仓储式购物区域，其他承载办公、餐饮、娱乐等功能的小体量"附着"在整体体量的南侧，其中餐厅空间采用通透的玻璃界面与外界取得直接的视觉联系，使建筑外部的景观设计贯穿进入内部，以一种透明性的腔体建立建筑与自然的直接关系（图4-26）。

综上，透明腔体充当了建筑内部与外部环境两种空间网络联系的"交会点"，在组建内部功能的同时，为使用者提供观赏外界的窗口。此类空间在功能上应相对独立，形态上可相对自由，成为分离于主体空间之外的"跳跃"元素；需位于建筑主要交通流线上，以

图4-24　多伦多健康中心的腔体空间（来源：www.kongatsarchitects.com）　　图4-25　加拿大埃德蒙顿Edge办公楼的边庭院空间（来源：www.archdaily.com）

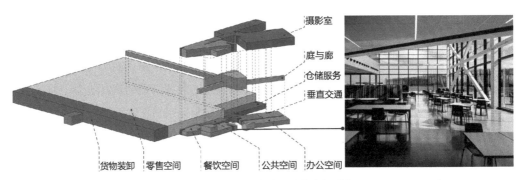

图4-26　魁北克市"西蒙之家"零售商店的腔体空间（来源：http://gkc.ca/）

形成广泛的辐射范围；且具有充足的外部延展界面以及优美的室外景观。

2. 外部连接体建立出行交互

出行活动是普遍且必要的，对这项基本需求的满足有利于良好的访问体验。对于工作压力巨大、忙碌的现代人，出行活动往往伴随着休憩和社交行为的发生，并具有提高体力活动水平的潜力，即使是在建筑单体内部的短距离出行，也被视为一种能够暂时远离工作或生活压力的节点，与室外联系紧密的出行活动将催生更大的恢复效益。因此应在不同功能区或不同建筑单体之间，以联系紧密的路径为基础建造具有良好窗外景观的连接体，支持冬季个体出行。根据连接体与主体功能之间关系的差异可将其分为三种：独立式、附属式和复合式。

（1）独立式出行庇护体。设立于建筑组群中，承担联系紧密的建筑单体之间的交通功能，需要在整体规划层面斟酌其功能定位和位置布局。首先，应布置在交通流汇集的中心以服务更多的人群、发挥更广泛的作用；其次，应以公共服务功能为主，使交通中心与活动中心重合，同时考虑对周围业态的补充和丰富；最后，庇护体应注重实用性和高效连通性，地面、地下和空中多层面连接，实现立体网络。地下和空中庇护体的设计宜短不宜长，宜交错不宜平行，过长的地下空间不仅会大大增加建设的成本，更容易引发单调的行走体验，交错的空间可创造活动复合的节点，聚集道路活力。

庇护空间的界面形态（图4-27）：首先，临近室外环境的侧界面要注意对交通或噪声干扰的隔绝和对绿色景观的引入，夏季利用树木或景观性植被墙吸收噪声，阻挡视线。通过颜色、材质的变化及界面的凹凸增加界面细节，为个体创造与日常生活截然不同的趣味性环境，启发恢复性活动。然后，临界建筑的侧界面，应利用树木的疏密变化或虚实相间的人工围墙筛选个体能够观赏到的环境，规避容易产生压力的环境要素，选择容易产生乐趣的休闲娱乐环境。相比于人工景观，具有自然风景图案的隔断、投影更有利于个体产生恢复性感受，在寒地冬季白雪皑皑的室外环境下，庇护体侧界面也可通过赋予自然风景图案而提高个体的恢复性感受。最后，顶界面应对冬季降雪和夏季降雨进行防护，并通过界面的倾斜起到排雪功能，减轻界面荷载。

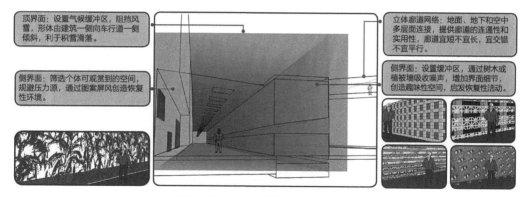

图4-27　独立式庇护体的构成原型

（2）附属式出行庇护体。附属式出行庇护空间是依赖于已存在或计划建设的线性体量而设计的，相当于某些符合条件的单体建筑扩展出庇护出行的功能，具体有两种做法。

第一种是在规划布局的初期，以连通功能空间作为设计标准，将建筑内部的交通组织置于建筑组群的交通网络中，在功能允许的条件下，使建筑内部交通空间的走势与外部空间中使用者的行走路线叠合，以此实现对冬季出行活动的庇护。例如史蒂芬·霍尔事务所设计的美国明尼苏达大学建筑与景观设计学院由两条交叉的线性体量构成，体量的终端分别向外开口，使得这一教学空间同时成为联系校园的交通枢纽，一定程度上庇护了冬季学生往来于各个功能空间中的必要出行。同时加大了内部交通流线的长度，被动地增强了冬季学生体力活动强度。另外线性空间与旧建筑围合出了两个避风的室外庭院，促进了冬季室外活动（图4-28）。

第二种是在两座联系紧密的建筑之间建造长廊，长廊宜采用通透界面，与户外保持视

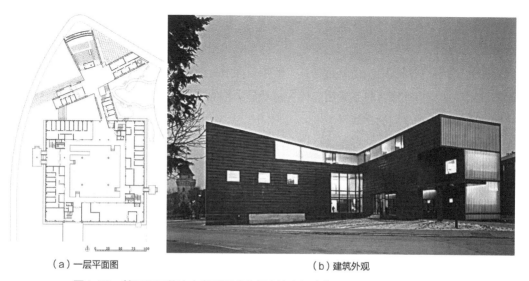

（a）一层平面图　　　　　　　　　　　（b）建筑外观

图4-28　美国明尼苏达大学附属式出行庇护空间（来源：www.archdaily.com）

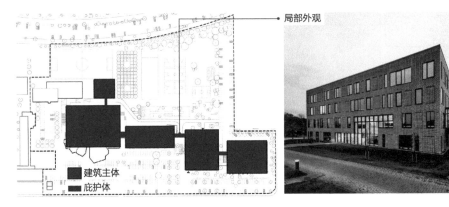

局部外观

建筑主体
庇护体

图4-29　丹麦奥尔堡大学附属式出行庇护空间（来源：根据www.archdaily.cn改绘）

觉联系，同时设置座椅等停留空间，赋予长廊以交往或学习等功能。例如在丹麦奥尔堡校园教学区中，不同院系的建筑通过连接体相连，创造了通达的立体交通网络，塑造了一个三维的教学综合体。冬季学生在穿越连接体访问目标地点时会被动地经过不同学科的空间环境，实现精神和思维上的交流（图4-29）。

（3）复合式出行庇护体。单纯以交通为功能的线性空间具有使用周期性，存在夏季荒废的隐患，这是一种空间资源的浪费，因此应被赋予多重功能，在保障冬季出行的基础上分担其他空间的功能荷载。在丹麦法斯特岛的霍伯莱乌废弃学校改造项目中，通过圆环体量将原本荒废的三栋建筑进行连通和激活，既有建筑的界面进行适度地"打开"，以寻求与中心区域及其他建筑更紧密的联系，环状空间不仅充当"桥梁"作用，同时具有休闲、餐饮等综合功能，并围合出内部的露天花园（图4-30）。外部连接体的介入使社区内的信息传递更加通畅，空间内所承载的主题和活动变得广泛和深入。

3. 独立胞体建立活动交互

体育活动是促进注意力恢复的娱乐性活动，对体育活动的支持将拓宽寒地城市居民纾解压力的途径。在室外体育活动过程中，个体与自然景观保持紧密的联系并对天气进行直观感知，这些因素都将单纯体育运动具有的恢复性进行增强，从恢复的角度分析，具有一定自然属性或与室外环境联系紧密的体育运动是最佳的选择，所以支持户外体育活动的本质即增强体育活动空间的户外性。

针对寒地建筑的室外运动场地，以较小的体量和简便的建造形式设置点状庇护空间，提升大型室外场地的冬季利用效率（图4-31）。首先应在场地的西北向增设挡风装置，削弱冬季主要来风的流速，优化场地内部的风环境。其构造方式应可灵活拆卸，便于冬夏转换。装置高度应涵盖上身和头部这些人体温度敏感和易散热部位，装置的下半部即对应人体下半身的高度可保留支撑结构而去除围护结构，以减少材料用量，并减弱风对装置施加的水平推力。另外考虑到部分体育活动的间歇性，应为冬季户外运动的个体提供温暖的休憩小屋，作为身体热量恢复的场所，有效延长个体在户外的整体运动时间，小屋应根据运

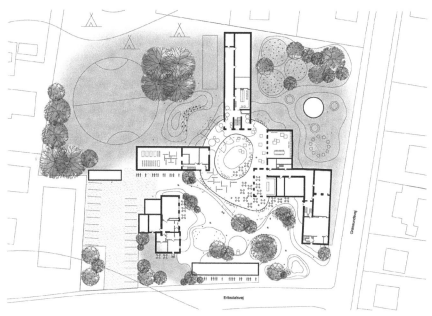

（a）一层平面图

（b）中心连接体透视图

图4-30　丹麦法斯特岛霍伯莱乌学校建筑改造（来源：http://www.werkarkitekter.dk）

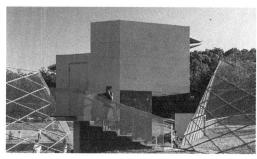

（a）封闭式

（b）开放式

图4-31　室外空间中的庇护单元（来源：www.designbuildlab.org）

动场地的规模和运动特点而定，并具有一定的公共性，创造意外交往的契机。也可以利用场地内现有的座椅、凉亭等休息设施，通过可拆卸界面的安装，将其改造为全封闭的庇护空间。

　　另外，冬季是流行病毒的活跃期，受到气候条件、居住环境的多因素影响，此时人体的免疫力较低、心理状态相对低迷，更易受到疾病的侵害，鉴于近年来频发的传染性流行疾病对冬季城市公共空间使用的干扰，室外的独立单体在抵御不利气候的基础上，也应考虑对流行疾病的防疫需求的响应，建立保持社交距离的活动单体，使人们在流行疾病肆虐期间，在感知户外空间、进行体育活动的同时，避免过度的接触。例如多伦多城市广场上的穹顶瑜伽房，为城市居民打造了单体面积为10平方米的室外活动空间，轻质的充气结构大大提升了单体的灵活性，透明的界面在抵御天气或病毒传播等不利要素的同时，保证了内外的视觉联系，内部的人在欣赏户外风景的同时，自身也成为城市风景的一部分，实现了内外双重的恢复（图4-32）。

图4-32　多伦多广场穹顶瑜伽房（来源：www.archdaily.com）

　　近年来在加拿大、美国或北欧等发达的冬季城市中，逐渐重视对冬季自然景观的亲近与体验，为此而设计建造的小型建筑犹如细胞单体一样散落在各类风景美丽的自然环境中，充当着人与自然交互的媒介，同时给予个体生理庇护。例如加拿大蒙特利尔市皇家公园中的"冰雪小屋"以倾斜的姿态塑造动感，暗示风的移动方向，银色的镜面表皮使其更加呼应周围的冰雪环境，内部的木质表面营造了温暖的氛围，小巧、轻盈而富于动感的整体形态让它看起来好像从这片土地中生长出来一样（图4-33）。这些小屋为冬季来此滑雪和游玩的人提供了休憩和娱乐的场所。

（a）室内环境 （b）建筑外观

图4-33 加拿大蒙特利尔市皇家公园"冰雪小屋"（来源：www.archiscene.net）

4.2.2 动态室内温度满足适应需求

寒地冬季恒定的室内条件在一定程度上满足了个体的热舒适需求，但实际上是与人类生存规律相违背的，由于自然环境中的热条件是不断变化和更新的，人类在长期的生存过程中进化出了通过自我调节去适应环境的能力，当某项要素发生改变产生不舒适感时，人们会采取相应措施恢复舒适，当环境条件在小范围内波动时，这种应对的调控行为是轻松的，会提升个体对环境的控制感，加深与环境的作用深度，在一定程度上弥补热环境的客观缺陷。而如今建筑内部空间几乎完全压制了个体对热环境的调控行为，这也是病态建筑综合征（SBS）的诱因之一。

对热环境的适应和改造行为并不是身心的额外消耗，而是对个体需求差异的回应。通过一项针对办公空间内个体主观舒适感与气温之间关系的研究可以看出（图4-34）：热舒适感随个体差异变化显著，大多数人的舒适温度集中在20℃～30℃，跨度高达10℃左右，并且在20℃以下和30℃以上的区域仍旧是少数人的舒适区。相比于恒定不变的室内控温，随室外温度变化的内部温度不会引起不舒适的感受，反而会带来能源使用上的节约[1]。

所以从个体精神力量和社会物质资源的双重可持续角度考虑，寒地建筑内部空间应通过空调系统的辅助建立一种动态变化的热环境，这种动态变化包括两方面的内涵：一是遵循外界气温变化规律，增强个体与室外环境的联系；二是支持个体对于环境的调控行为，增强个体对空间的控制感。

1. 响应室外变化的自适应温控系统

响应室外变化包括对室外季节性变化和昼夜变化的响应，响应方式可通过增强自然通

---

① McCartney K J, Nicol J F. Developing an adaptive control algorithm for Europe：results of the SCATS project[J]. Energy and Buildings, 2002, 34(6)：623-635.

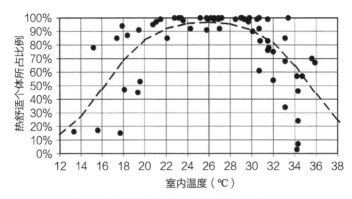

图4-34　热舒适度与室内温度关系的个体差异（来源：根据Nicol J F, Humphreys M A. Adaptive Thermal Comfort and Sustainable Thermal Standards for Buildings[J]. Energy and Buildings, 2002, 34(6): 563-572. 改绘）

风或运用空调系统，但对于前者的调控较难，尤其冬季过度的自然通风会造成室内环境的寒冷，所以应以建立动态调节的采暖或空调系统为主要方式。基于1998年ASHRAE数据库的分析结果，室内舒适温度T_C取决于室外温度T_O，$T_\mathrm{C}=13.5+0.54T_\mathrm{O}$，其中$T_\mathrm{O}$为室外月平均气温。在不增减衣物的条件下，舒适的温度区域能上下浮动2℃[1]。所以寒地建筑内部的空调控制应以室外温度为基准，在一年中不同的月份对空调系统的设定温度给予调整以适应季节变化。

在响应昼夜变化方面，空调系统可根据昼夜温度变化特征，对上述研究中得出的月舒适温度进行微调，从清晨到正午再到夜晚的不同时段内，实现温度由低到高再下降的变化，为冬季终日处于室内的个体提供一种舒适范围内变化的热环境，配合室内光照强度的变化，模拟室外环境特征。同时变化的温度也能够更好地适应个体对于热环境的需求差异，需要注意的是这种变化应是缓慢持续渐变，而非强烈的瞬变，以给予个体充分的调整时间。

2. 响应个体需求的自调节温控系统

个体对环境控制感的增强，意味着个体有更多的机会和更强的能力控制所处环境，这会使其对环境的态度发生正向转变，从而更容易忽视环境中现有的缺陷。因此增强个体对热环境的控制能够缓解热环境缺陷造成的不舒适感受。适应行为包括两种行为模式，改变外界条件以达到主观舒适和改变令自身感到舒适的温度以适应普遍存在的状况。在集中空调系统控制的建筑空间中，变化通常被认为是一件坏事，因为使用者要适应特定的温度，这属于第二种适应行为；但在由使用者控制的建筑中，变化是根据自身需求调整设备而引起的，此时的变化被认为是适应自身的行为，自身的预期舒适标准得到了满足，自然通风

① Nicol J F, Humphreys M A. Adaptive Thermal Comfort and Sustainable Thermal Standards for Buildings[J]. Energy and Buildings, 2002, 34(6)：563-572.

的建筑给予居住者一定程度的环境控制。如果将这种控制权交给建筑的管理者，可接受条件的范围更小。

实现自主调控的方法是创造更多的适应机会，适应机会指打开窗户、拉动窗帘、使用风扇等温控设备以及改变衣物、活动类型、姿势等自身属性的能力，适应机会不会对热舒适条件产生直接的影响，但允许使用者根据自身需求进行改变和调整。在现实中，很难根据建筑内部温度控制装置的可用性来量化适应性机会，控件的存在并不一定代表被使用，所以增加控件的数量并不一定会提升适应机会。只有该控件在特定情况下被使用了，才算为个体提供了适应机会，并且特定控件的能用性会随外界条件的变化而变化。所以在增加自主调控机会的设计过程中，不应拘泥于控温构件的数量，应根据其使用频率和使用时间、空间功能和使用人群等个性要素制定专属的设计方案。

4.2.3　循环寒冷气流调节唤醒状态

唤醒是机体为了避免危险和适应环境的骤然变化而呈现的应激过程，指自主神经系统的唤醒，随之产生两个层面的唤醒结果：生理唤醒和心理唤醒。其中生理唤醒指物质代谢水平的波动、机体应激状态的调整，仅有强度变化；而心理唤醒指情绪的调动、注意力和心理能量的汇聚，不仅有强度之分，还有正反两方向的差别，如焦虑、急躁为反向；自信、愉悦为正向[①]。

适宜的唤醒水平是注意力运行的基础，根据倒"U"形曲线理论，唤醒水平与认知任务表现之间存在倒"U"形关系，过高或过低的唤醒水平都不利于认知活动的进行[②]。低唤醒水平使机体过于放松，缺乏足够的内驱力调动注意力资源的运作；高唤醒水平使机体过于紧张，需要消耗部分注意力用于识别与目标任务相关的活动，剥离无关事件，造成注意力资源的浪费。注意力恢复的目标并非让个体无限制地放松，而是通过注意力资源的合理分配，调整机体达到最佳的认知状态，而最佳唤醒水平的建立正契合上述恢复目标。

1. 低温气流激活唤醒原理

人体的舒适温度处于25℃～27℃，而最佳唤醒温度介于19℃～20℃，因此当人们感到"凉爽"或者"有点冷"时，是最适宜认知活动进行的。具体原理如下：首先外界温度刺激作用于感觉器官，产生反馈信号；然后传递至中央神经系统，大脑对当前机体的热感觉和舒适度进行评价；最后评价结果传导至自主神经系统，自主神经系统根据当前评价发出调节命令，督促运动器官进行改变。当位于温暖环境中的个体受到寒冷刺激入侵时，中央神经系统判断当前环境为寒冷，自主神经系统发出一系列指令调动机体产生让自己变得

① 漆昌柱，梁承谋. 论心理唤醒概念的强度——方向模型[J]. 体育科学研究，2001(2)：19-22.
② 吴志平，许淑莲. 唤醒水平与成年人记忆年龄差异关系的初步研究[J]. 心理学报，1994(2)：195-198.

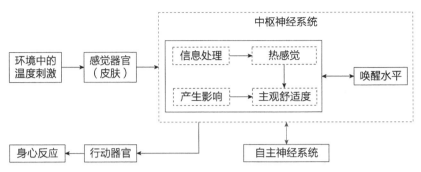

图4-35　温度刺激对身心反应的影响机制（来源：根据Gwak J, Shino M, Ueda K, et al. An Investigation of the Effects of Changes in the Indoor Ambient Temperature on Arousal Level, Thermal Comfort, and Physiological Indices[J]. Applied Sciences, 2019, 9(5): 22-32. 改绘）

温暖的行动，包括心理紧张兴奋、肌肉收缩为进一步运动做准备，这些都会将定向注意力调动到一个活跃的水平（图4-35），所以寒冷刺激是有利于机体进行认知活动的。如果长期处于温暖环境中，机体会感到安逸和放松，生存渴望得到满足，相应地各项系统处于休憩的状态，不利于认知活动的进行。

寒冷刺激不仅能够提高唤醒水平，且这种高唤醒水平能够抵消温度降低带来的不舒适感，甚至舒适感会在一定程度上有所提升。当温度刺激消失后，室温回归初始状态，个体仍然能够保持10分钟左右的高唤醒状态[①]。目前寒地建筑室内空间受热工设计规范的要求，室内设计温度高于最佳唤醒温度，且持续处于相对恒定的状态；并且为了避免热量的流失，冬季开窗次数减少。环境难以辅助个体调试到最佳唤醒水平，加之冬季恶劣的气候导致个体出行频率降低，个体持续地处于物理环境几乎毫无变化的空间中，较少地经受能够引起感官变化的环境刺激，呈现出倦怠、无聊和困顿的精神状态[②]。

所以，寒地建筑室内空间中亟需一种活跃的要素提供适宜的寒冷刺激使个体以良好的唤醒状态从事学习活动。冬季的寒风为这一目标的实现提供了途径，寒风能够提供调节室内热环境的冷源，并且具有一定的动能，无需额外的能源供给就能进行主动循环和流动。建筑空间设计应根据空间功能的具体要求对传统意义上热舒适的内涵进行修正和补充，适当地引入寒冷刺激，在不打破舒适的基础上，提升个体的唤醒水平；同时满足寒地建筑冬季换气的需求，解决室内空气污染的问题；并通过适度降低室内温度，减少供暖系统的负荷，达到节能的环境可持续目标。

① Lohr V I, Pearson-Mims C H. Responses to Scenes with Spreading, Rounded, and Conical Tree Forms[J]. Environment and Behavior, 2006, 38(5)：667-688.

② Heerwagen J. Investing in People：The Social Benefits of Sustainable Design[J]. Rethinking Sustainable Construction, 2006, 9：9-22.

2．建立空间唤醒功能影响模型

鉴于空间唤醒功能的首创性，缺少前人的研究作为研究基础和参考依据，本研究试图通过分析唤醒机制的作用过程，提出定性的空间唤醒机制模型（图4-36）。具体分析如下：

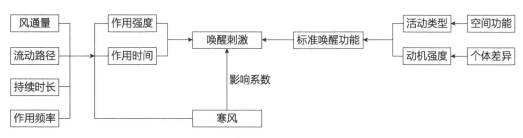

图4-36　空间唤醒机制影响模型

首先，建立与空间功能和使用主体对应的唤醒标准。唤醒标准受到空间功能和个体差异的影响。一方面，空间所承载的活动不同，各项活动对认知资源的需求不同，所以与空间相匹配的活动所需唤醒程度有所差异。例如大学的教室、自习室和实验室，这三类都是承载学习和科研活动的空间，但对注意力集中程度、创造性思维启发等方面的要求是逐渐加强的，是逐步深入和上升的认知行为，所以对最佳唤醒水平的确立和维系具有不同的需求。

其次，空间的使用者由于自身意志和愿望的介入，发生行为活动时的动机强度存在变化性，例如大学中高年级的同学相对于低年级的同学面对更现实和紧迫的就业生存压力，其从事学习活动时的动机较强烈，即使在环境不支持的条件下，也能动用自身力量调动和集中认知资源，这样的个体对环境在唤醒方面的要求较低。所以空间提供的唤醒功能应有所差异，受到活动类型和使用人群的影响，本研究将其定义为空间的标准唤醒功能。标准唤醒功能的大小是提供唤醒刺激的依据，决定了唤醒刺激的作用强度和作用时间。

在确定唤醒标准后，开始寻求能够提供唤醒刺激的环境要素，在本研究中选取寒冷气流作为唤醒刺激，相比于视觉刺激，寒冷气流带来的触觉刺激具有更高的唤醒效能，在冷气流的引入过程中应对其强度和作用时间进行调节，使刺激程度处于适当的范围内，避免强度过高引发生理不适或强度过低而被个体忽略。个体最终获取的刺激强度大部分取决于寒风本身的性质，由风的通量、风的流动路径、刺激发生的时间和作用频率四项主要因素决定。

3．低温激活唤醒的空间策略

利用低温气流激活唤醒的首要步骤是通过界面洞口将其引入室内空间，但如果洞口的开启面积过大，则邻近洞口的区域会瞬时遭受到寒风的剧烈侵袭，引起个体强烈的生理不适。所以冷气流的引入应经过转化环节，即将"寒风"转化成"清凉的微风"，以实现体感温度的小幅度下降或营造"轻拂面庞"的感官刺激。

　　通过上述分析得出两项策略：第一，可适当增大进风口面积，以获得较大的动能，但洞口的垂直位置应高于人体尺度，寒风的水平运动路线应躲避人流，避免寒风在转化前期与人体发生直接接触；入风洞口宜布置在建筑的顶部空间，充分发挥顶部洞口对于室内空气的拔取作用；另外提供一定容量的缓冲空间或一定距离的缓冲路径，保证与室内原有热空气具有足够的接触和作用时间。第二，采用小尺度洞口进行排列组合，在提供足量冷空气的同时，降低其移动速度，从而削弱对生理的不利影响，同时通过营造明显的室内温差创造热压，为冷空气的运行提供驱动力。

　　加拿大多伦多大学的建筑系馆通过大尺度锯齿形态的屋顶创造了更多接收太阳光照的平台，同时形成了相对独立的三棱腔体空间，腔体中的空气经过太阳辐射的加热，与底部空气产生温差，此时垂直界面上小型洞口开启，冷空气经由洞口处的屏障作用由垂直于界面的方向转变为平行界面的方向，完成了第一阶段的"减速"，随后到达室内空间，在热压的作用下，向上移动；通过出口位置的设计，使其移动路径恰好流经人体的上身及头部，为学生提供持久而舒缓的唤醒刺激（图4-37）。

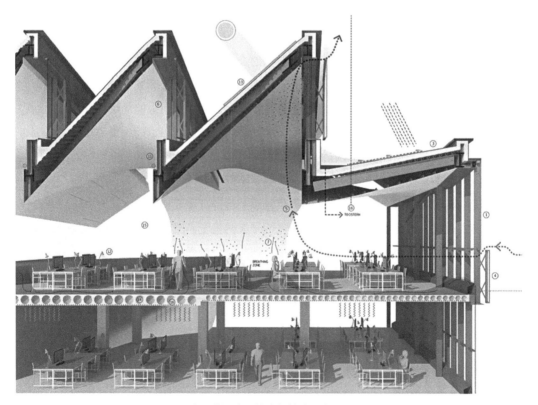

图4-37　寒风激活唤醒的空间策略（来源：www.nadaaa.com）

4.3 冰雪景观的激活强化

寒地的冬季漫长而严酷，凋零的绿色植物和冰冻的河流湖泊营造着萧条的场景，这形成了一种自然景观的匮乏假象。冰雪景观在一年中存在的时间较长，是寒冷地区景观构成中不可忽视的部分，从自然元素具有审美特质的根源入手分析，寒地冬季的冰雪景观与绿树、花朵一样，均具备规律的变化性、形态丰富性等能够引发审美和恢复体验的形态特质，但恶劣的室外温度造成了体验冰雪景观时所不得不承受的生理不适，这对冰雪景观恢复效能的发挥产生了致命的阻碍。因此寒冷地区恢复性景观的建构不应仅停留在对绿色资源高效利用的探讨上，也应高度关注冰雪景观恢复性与审美性的提升，而实现这一目标的关键是保障个体能够舒适地体验冰雪景观，这包括两方面的策略，一是增强建筑内部的个体与建筑外部冰雪景观的视觉联系，在充分利用建筑内部舒适的物理环境的同时，尽量创造个体对冰雪景观的视觉体验；二是鼓励个体走出既定的生活空间，深入地探访冰雪景观，为抵御由此引发的生理不适，应设立专门的支持冰雪体验的建筑。前者是依附于既定使用空间，以视觉联系为主，对周围环境内存在的冰雪景观恢复性的提升，后者是通过新建支持性建筑，以身临其境的深入体验为主，对全新的冰雪环境恢复性的开启，加深个体与自然的作用，激发个体对于所处区域环境的归属感和依恋感。另外区别于绿色景观，雪受到风能的作用，其景观形态呈现周期变化的特性，这种来自自然的非节律性变化的感官刺激能够愉悦地吸引个体，使其从当前的压力事件中抽离，获得短暂的放松，这是寒地冰雪景观特有的恢复潜能，应使其得以利用和发挥。因此本节将从增强视觉联系、营造体验互动、提供"分心"刺激三方面阐述冰雪景观的激活与强化策略。

4.3.1 视觉联系引发审美体验

雪景是具有恢复性的自然景观，然而室外的低温环境限制了个体与雪的互动，所以应通过建筑内部空间与室外雪景的视觉联系发挥雪景的恢复作用，丰富寒地冬季的恢复性资源。首先，建筑外部空间是冰雪的容器和载体，对建筑内部的使用者来说是可达性最高的景观资源，毗邻建筑布置适宜形态和尺度的室外空间是与冰雪景观建立视觉联系的基础。然后，交通体系在很大程度上决定了个体的观景路线，在景观视野良好的区域设置主要交通空间，并穿插停留空间，能够增加个体与冰雪的视觉接触频率。最后，建筑界面是个体与雪景之间视觉联系的媒介，界面中通透部分所处的位置和大小影响了观赏视角和视野范围。

1. 平面布局创造观赏空间

在建筑群体的规划布局中，应有意识地增加室外的景观院落空间，为冰雪景观提供存在的场所，与以往寒地建筑在南向布置院落以获得良好的光热环境不同，以容纳冰雪景观为目的的室外院落可布置在建筑的西北向，降低冬季日照对冰雪景观的破坏，并可通过微地形或景观设施的植入，为冰雪提供附着的基础。根据室外空间与建筑自身的关系不同，可从外显型和内聚型两类进行阐述：

（1）外显型。在建筑组群或单体建筑各个功能部分进行组构时，以集中式体块为主要构型单元，通过短边与长边的相切、相交等方式连接，呈现出多转角的整体布局形态，这种布局形态既保障了每个单元具有较小的体型系数，又预留出大量具有一定围合感、同时能够联系基地周边环境的室外空间。

例如丹麦海宁职业学校教学楼通过多角的平面布局将3幢楼统一在一个坡屋顶下，从南端的三层楼降至北端的两层，与周边建筑在高度上保持连续的态势。角状的平面形态与相邻的建筑边缘呈现分离又咬合的趋势，由此塑造了3个与周边环境交融的室外院落，包括反思树林、学习花园和共享广场。反思树林位于基地的西南角、建筑主体的后背部，稀少的交通流量和北部建筑的围合使这里成为支持安静学习、深入沉思以及独处冥想的空间；学习花园位于光照条件优越的南向，沿建筑主立面长向展开，为更多的内部空间创造户外景观，并与一层的教室确立直接的交通联系，悬挑的屋顶为其提供遮蔽，让具有恢复性的景观环境提供户外教学，进一步增进其与学生的作用，强化其恢复效应；东侧的共享广场由连续的折线划分出充满动感的行走路径，横向贯穿3座独立的建筑，在现浇混凝土地面的裂缝中种植了绿色植物，提升了广场界面的吸引力。这三种室外空间都与室内保持着视觉和功能上的联系，具有吸引人群到访的基础，在冬季成为降雪的栖息地后，仍旧能凭借其优美的景色和丰富的活动促成较高的使用率，发挥恢复功能（图4-38）。

（2）内聚型。该类型的室外空间通常由建筑单体围合而成或通过单体体量的切削或内挖形成，具有一定的封闭性，在冬季能够营造良好的风环境，同时强烈的内聚性使该类型的室外空间更适用于具有一定私密性或专属性的建筑组团。例如斯德哥尔摩精神病诊所

图4-38　丹麦海宁职业学校的外显型室外空间（来源：根据www.cfmoller.com改绘）

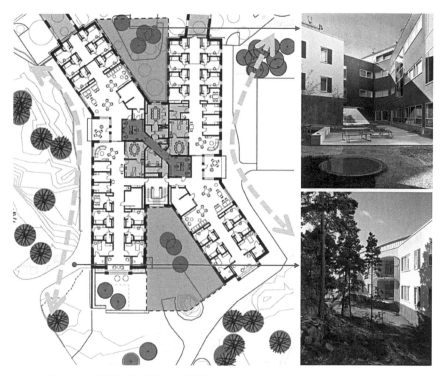

图4-39　斯德哥尔摩精神病诊所室外空间（来源：根据www.bsk.se改绘）

利用"风车"式的平面布局形成了南北两处三面围合的室外庭院，同时为更多的病房空间创造了与室外交互的界面，室外庭院的空间设计中也充分关注了对患者身心疗愈的功能，自然材料在这里得到淋漓尽致的利用，包括橡木贴面的门、座椅以及地面，具有浮雕图案的混凝土墙面也增添了环境的丰富性和质感（图4-39）。再如巴黎萨克来大学的生活区在规整的矩形地块上，通过加强基地边缘的建筑密度，营造了一个完整且相对封闭的中央公园，冬季公园成为接纳和展示雪景的平台，耐寒的桦树装点着白雪皑皑的地面。周围建筑具有大量的朝向公园的视野。内部的建筑采用圆柱体量，在同等体积下获得最长的外立面，交通核位于中心，居住房间环绕四周，保证每个房间都能观赏到公园中的景色。并且在近地空间中建有宽阔的门廊和半开放的室外空间，以支持冬季的室外活动，加强室内与中央公园的联系（图4-40）。

2. 交通组织设定观赏流线

为了使室外冰雪景观的恢复效益最大化，建筑空间需要为个体创造与冰雪"相遇"的机会，观赏点与交通流线的拟合能够增进个体与冰雪之间的被动交流，使个体在不经意间瞥见窗外的雪景，获得意外的惊喜。对于寒地建筑，一般南向界面较北向通透，对户外景观的观赏范围更广阔，所以毗邻南向界面的景观性交通空间在路径设计上应对室外景观给予呼应，从创造良好的冰雪景观视角出发，将建筑内部必要和主要的交通流线与冰雪景观体验的视觉路径进行拟合，为使用者提供频繁的体验机会。例如挪威弗莱克菲尤尔艺术文

（a）庭院景观

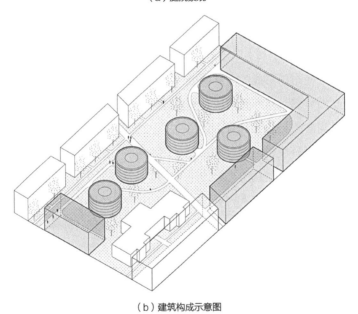

（b）建筑构成示意图

图4-40　巴黎萨克来大学的室外庭院（来源：www.archdaily.com）

化中心是一座包含剧场、图书馆、健身中心等多项文化娱乐功能的综合体，它利用入口处的交通组织串联起室内与室外以及室内各项功能之间的有机联系。贯穿内外的巨型阶梯一方面向外延伸，经过街角的城市广场，指向远处的水岸景观，另一方面建筑内部发展，将入口的人流导引入不同的楼层，在透明界面的辅助下，实现了室内与室外从视觉层面到亲身体验的连续性（图4-41）。

（a）入口处交通流线组织　　　　　　　　　　（b）室内与外界视线联系

图4-41　挪威弗莱克菲尤尔艺术文化中心（来源：www.archdaily.com; www.helenhard.no/projects）

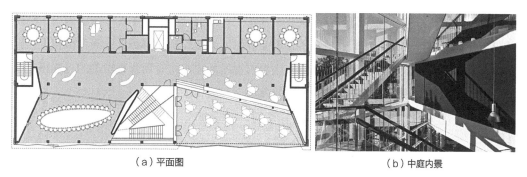

（a）平面图　　　　　　　　　　　　　　　（b）中庭内景

图4-42　哥本哈根商业学校教学楼（来源：https://henninglarsen.com/）

另外，在哥本哈根商业学校新教学楼设计中（图4-42），建筑内部中庭空间保留了基地内原有的原料储藏罐，承担整体建筑主要交通职能的景观楼梯围绕其向上盘旋，且楼梯的大部分梯段沿着南向通透界面展开，并设有众多点状的停留空间，温暖的阳光、随意休憩的停靠家具以及窗外的自然景色吸引着来往的人流，创造着与冰雪美丽的邂逅。又例如，加拿大西方大学主校区护理学

图4-43　加拿大西方大学教学楼（来源：https://www.atrr.ca/）

院和信息媒体学院的共同教学楼建筑（图4-43），由4个独立的条形体量交汇而成，交叉部分为核心的中庭空间，通过位于中庭空间内的楼梯建立4个体量之间的交通联系，中庭空间的主入口朝向宽阔的户外活动场地，远处是泰晤士河壮阔的自然景观，4个楼梯并没

有以直线的方式进行简单的衔接，而是在入口方向进行转折，并且转折部分用能够停留的平台代替了普通的梯段，在打造独特空间特征的同时，创造了学生停下来欣赏室外景观的契机，实现不同人群之间、人与环境之间的视野交互。

3. 透明界面提供观赏媒介

透明界面是室内与室外发生联系的基础，从其形态和规模可将其分为点、线、面三类，首先点状的透明界面适用于规模较小的空间或在大规模空间中广泛存在，以引入室外景观为目的的点状透明界面不同于以采光为目的的洞口，前者更类似于一种取景框，所以小型且形态奇异的界面应用范围更加广泛，例如向内凹陷的深邃洞口或形状奇特的点式小窗，对整体表皮的保温性能影响较小，且能够对室外冰雪景观的形态进行二次塑造，更有利于创造不同于日常的审美体验（图4-44）。例如奥斯陆的塔桥住宅拥有风景优美的南向视野，同时极寒的天气条件限制了建筑在朝南方向上大面积的开窗，因此设计师采用面积较小的圆形或方形洞口将户外景观引入，创造了充满诗意的内部景观（图4-45）。与点状透明界面类似，线性的洞口能够限定观赏高度或视野范围，对室外景观的获取做出更精确的限定，同时较小的开窗面积也提升了外界面的保温性能。例如挪威森林桑拿房在近人尺度的条状开窗，充分考虑了正在沐浴的使用者的视线高度，将对面森林湖泊的自然风光引入室内，同时向内凹进的洞口体量为冬季的寒冷空气提供了缓冲空间（图4-46）。

面状透明界面能够大范围地引入室外景观，但会造成较高的能耗，因此适合布置在

图4-44　点状透明洞口的典型（来源：http://www.futudesign.com/web/）

图4-45　奥斯陆的塔桥住宅（来源：http://reselln-icca.no/）

图4-46　挪威森林桑拿房（来源：www.hoem-fol.no/）

重要建筑的主要公共空间或交通节点等人流汇集的区域，以期为公众提供广泛的审美效益，且界面可通过与实体墙面之间的转折对冰雪景观所在方向产生一定的引导作用。丹麦海宁职业学校的教学楼利用面向建筑内部凹进的透明窗口与室外建立联系，体量凹进产生垂直界面方向的实体墙面对冬季的冷风起到阻挡作用，同时也为活动式纤维水泥板和镀铜穿孔铝百叶的安放提供空间，前者是对窗口保温性能的调节，后者是对窗口遮阳情况的调节，所以建筑在与室外保持持久视觉联系的同时，实现了表皮随季节和昼夜的形态变化（图4-47）。再如挪威奥斯陆大学建筑的近地层设计中，从功能出发设定了主要功能空间

图4-47　丹麦海宁职业学校教学楼外部透明界面（来源：http://www.cfmoller.com/）

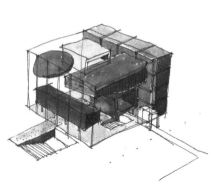
（a）透明界面与功能实体的组构关系

（b）功能实体

（c）室内外的视觉联系

图4-48　挪威奥斯陆大学教学楼透明界面的设计（来源：http://www.reiulframstadarchitects.com/）

之间的连接方式，然后用通透的玻璃外壳将其笼罩，这样在保障冬季能耗要求的前提下，使更多的功能空间与室外建立视觉联系（图4-48）。

4.3.2　冰雪活动建立情感联结

人类是作为地域性的生物进化而来的，这种特性促进了对所属地域内资源的专门控制，有效避免了外来群落的入侵和掠夺，从而建立了生存的安全保障。在现代社会中，人们对熟悉的地方（如家乡）的热爱体现了这种生物本质上的地域倾向，人类与所处环境的地域联系可以使自身获得更高的安全感和愉悦感，这对于恢复具有积极的意义[1][2]。并且这种强烈的地域联系能够激励个体对空间环境现状的维系和保护，从而形成人与环境作用的良性循环。冰雪景观作为寒地特有的景观风貌，能够有力地唤起个体的地域感，而冰雪活动是对冰雪景观更深入地体验，促进城市居民对冬季室外冰雪活动的参与能够培养其对寒地景观的场所依恋，进而提升寒地景观在个体内心所能发挥的恢复效益，同时因室外活动带来的身体运动量和社交机会的增加均有利于心理层面的恢复。从建筑设计方面促进个体亲身感知和体验冰雪景观包含三方面的策略：首先是在城市或区域层面，整合城市自然环境中冰雪景观优美的区域，在其中设立专项空间，支持个体对自然进行深入的探访和体验；然后是在单体层面，对建筑周边既有的室外冰雪活动场地进行改造，增设针对冬季寒

① Scannell L, Gifford R. Defining place attachment：A tripartite organizing framework[J]. Environmental Psychology, 2010, 30(1)：1-10.

② 刘群阅，吴瑜，肖以恒，等. 城市公园恢复性评价心理模型研究——基于环境偏好及场所依恋理论视角[J]. 中国园林，2019，35(6)：39-44.

冷气候的庇护设施，延长并优化个体对周边冰雪活动的参与；最后是在政策管理方面，培养城市的主动恢复意识和探索自然的欲望，鼓励其参与到广泛的冰雪体验中。

1. 专项空间增进冰雪体验

随着亲近自然理念的兴起，北欧、俄罗斯以及美国北部等发达地区和城市对冬季的自然体验展现出较大的关注，支持冬季户外体验的专项建筑空间得以设计和建造。例如俄罗斯圣彼得堡的Sevkabel港口依附海岸和既有的建筑建造了一座海边溜冰场，力图在冬季塑造一处充满活力的城市公共空间，木构的围栏界定了溜冰场的边界、划分了其内部区域，在冰场的出口处，木质的建构如同一座"桥"一样，连接了冰场与毗邻的既有建筑，将建筑的一层空间改造成供滑冰者休憩和换装的场所，同时这座桥也为城市居民远眺海景提供了平台（图4-49）。

另外，加拿大温哥华的高山滑雪区内建造了一种装配式的滑雪小屋，旨在为来此进行滑雪冒险的体验者提供休憩和补给的场所，木屋的设计充分考虑到基地内常年积雪的特殊条件，建筑由四角的结构支撑抬离地面，竖向的结构穿过高达1.5米的积雪表面与下层土壤建立牢固的连接，建筑的材料均选用周围的冷杉木，便于就地取材，且能使建筑形象更好地融入环境（图4-50）。预制化的建筑材料与快速装配的建构方式使小木屋具有较高的经济性和适用性，有利于在该区域内进行广泛地建造，为自然环境中的极限冒险运动者提供必要的保障。

图4-49　俄罗斯圣彼得堡海边溜冰场（来源：www.arc-hdaily.com）

图4-50　加拿大温哥华高山滑雪屋（来源：http://www.sc-ottandscott.ca/）

加拿大渥太华北部的森林公园中专门为冬季露营活动建造了功能性建筑，可为2~4人提供休憩或住宿空间，建筑的主体是一个三角体量，倾斜而下的顶界面减少了积雪荷载，并适应了寒冷肆虐的环境条件，底层是带有厨房和休憩功能的共享空间，上层摆放了一张双人床，与主体量对立而置的是摆放长桌的灰空间（图4-51）。这座建筑不仅为冬季进行户外活动的人们提供休憩场所，也催化了不经意间的相遇与交流。

又如冰岛徒步旅行路线上的休憩小屋（图4-52），以明亮的蓝色调突显于环境中，三

图4-51　加拿大渥太华公园的露营建筑（来源：http://labri.ca/）

图4-52　冰岛旅途沿线的休憩小屋（来源：www.arc-hdaily.com）

角体的原型取自于冰岛的传统建筑形式，基座与上层结构之间的柔性连接使其能够根据地形而灵活调整自身的布局和形态，并能够广泛应用于不同的基地内。双层壳体的表皮使其拥有较好的保温性能和温馨的内环境氛围，其他建筑构件均采用预制的方式并由直升机直接运输到现场，进行组装，耗时2～3天左右。建筑能够支持餐厨、休憩和睡眠等多项功能，同时透明界面也使得建筑内部的人们与外界的自然景观保持紧密联系。

通过上述案例的分析可知，存在于自然环境中，以庇护或激活冬季自然体验为目标的专项建筑空间具有三大主要特点：一是具有较小的规模和简约的形态，注重与基地关系的探讨；二是以装配和预制的方法实现快速建造；三是在功能设置方面，在有限面积的前提下，仍重视社交空间的营造。上述三大特点保证了新建建筑能够在自然环境中和谐、可持续地存在并被复制和推广，同时通过对社交活动的催化使建筑在庇护和激发自然活动的同时，恢复性效益得以加成。

2. 附属设施优化冰雪活动

不同于城市郊区或自然风景区，城市中心的建筑环境中可观赏的冰雪景观相对匮乏，但作为居民日常接触频繁、可达性较高的空间，也应对冰雪体验具备一定的支持和激活功能，这主要依赖于人工设施的建造。室外恢复性冰雪活动应满足以下3项原则：首先活动场地应位于可达性较强的中心位置，一般为城市的主要广场或景观空间，保障其对周边的辐射范围，采用简便、可拆卸的建造方式，利于冬夏两季的场地转换；然后，活动场地应选择南向避风处，并考虑对风雪和寒冷气流的抵御；最后应选择大众化而非专业化的活动类型，参与和体验的方式简单易操作，但种类多样，尽量吸引不同背景或性格的人群，提升该活动区域的社会差异性，为参与活动的个体提供较强的社会支持。

基于上述原则，支持冰雪活动的空间设施主要由活动设施和气候庇护设施构成。活动设施根据活动类型的不同可分为冰雪运动设施和冰雪展览设施等，其中冰雪运动设施包括小型的溜冰场、冰滑梯和冰滑道等，冰雪展览设施包括冰灯、冰雪雕塑和冰雪建构等。例如加拿大温尼伯城市公园内的冰雪活动设施为城市居民提供了有趣而低成本的冬季体验，

图4-53　加拿大温尼伯城市公园的雪橇滑梯（来源：Public City Architecture）

人们通过坡道向上行走，从不同高度的视角观看公园的自然景观，当到达滑梯顶端时，可乘坐雪橇顺势而下，体验由冒险带来的愉悦感受（图4-53）。建筑除了主体功能之外还具有一个温暖的休息屋、观景平台、野餐区域等，复合的功能和充满现代感的体量使其具有广泛的受众群体，无论男女老少都被这里吸引，并且能够在其中寻求到一份乐趣。

气候庇护设施根据开敞程度不同可分为开敞庇护、半开敞庇护和封闭庇护三类，开敞庇护设施如同单一界面，位于整体活动场地的侧向或顶向，对某一方向的不利气候要素进行阻挡；半开敞庇护设施具有双侧或三侧界面，可应用于活动场地的局部，对气候具有较大的屏蔽作用，但又与外界环境变化保持联系，适用于短时的庇护需求；封闭庇护设施由于可变性较小、维护成本较高，可适当减小规模，适用于长时间、高标准的庇护需求。例如加拿大温尼伯具有长达6个月的漫长冬季，冰雪运动成为当地人"利用"冬天的主要方式，城市中心的河岸成了滑雪与溜冰的主要场所，为了抵御冬季凛冽的寒风，设计师建造了一种三面紧密围合的庇护单体，每一个单体由轻盈的胶合板卷曲而成，它们彼此错落、相互遮蔽，犹如集聚在一起、躲避风雪的羊群，在这个四面开敞的环境中，为滑雪者提供短暂的庇护，这种对寒风的阻挡能够在很大程度上提升人体的体感温度，对于寒地冬季室外活动具有显著意义（图4-54）。

3．政策管理培养自主意识

冰雪活动的建立本质上是一种城市层面上新功能的引入，其推进应从城市治理的角度出发，虽然近年来一些寒地城市以"冰雪运动"或"冰雪体验"为途径打造城市名片，但相关设计较为粗犷且大众参与度较低，使用周期短。并且我国的环境设计体系中尚不存在恢复性环境设计人才的培养与认证机制，这导致多数活动场所的建设和冰雪活动的组织缺

图4-54　加拿大温尼伯溜冰者之屋（来源：https://patkau.ca/）

乏从促进城市居民身心恢复的角度出发的考量。另外恢复理念尚未在公民群体中形成广泛的认知，城市居民普遍对自身恢复缺乏正确的理解、自主恢复意识弱。因此应从城市治理的层面出发，制定全面推进城市冰雪活动的系列措施，力图通过城市或社区层面冰雪活动圈的构建，培养寒地城市居民的社区归属感，激发社区活力。

首先在政策管理层面，将恢复性环境的建设纳入城市综合发展目标和计划中，通过财政补贴和宣传引导等途径支持恢复性基础设施的建设、恢复性活动的开展以及恢复理念的培育；然后在基础设施层面，应建立以压力纾解、积极情绪培育为目标的冬季活动设施，对城市居民的心理资源消耗问题给予回应；最后应加强对恢复理念的宣传和普及教育，提升城市居民的自主恢复意识和能力，增强其主动进行恢复的主观意愿，同时可培养其对自身环境进行简易的改造，例如在桌面上摆放盆栽或与自然有关的艺术品，或在墙上悬挂自然主题的风景画、主动前往自然环境中进行恢复性活动等。

另外可组织城市型或社区型的冰雪活动，繁星闪烁的星空、成群结队迁徙的候鸟、苍茫沙漠中奔腾的狂沙、浩渺无边的大海上层层追逐的巨浪，这些都是自然给予人类敬畏的体验，体验敬畏具有两个特征：广阔和适应。当个体感受到比"自我"或"自我"的普通参照物大得多的事物，并试图去接受和融入这些浩瀚的内容，将其与自身现有的认知结合起来，这一过程带来了对心理结构的冲击和调整，从而引发了思维的转变和新思想的萌生，这对于思维创新和认知恢复具有积极意义。

寒地应充分利用这些自然奇观作为恢复资源，组织城市或社区活动，鼓励居民对所在区域内存在的自然奇观进行体验，以促进其与当地的自然状况建立联系。例如，定期组织露营活动，并为参与者免费提供必需品和技术指导；进行所在区域的星空观测并记录数据。美国俄勒冈州波特兰大学，春季成群的沃斯雨燕在学校的烟囱里栖息，吸引了大量的学生观看这一壮丽的景象，这一场所也成了学生们一年一度的集会之地。这些令人敬畏的机会出现在那些允许观赏大型动物的地方，比如逆戟鲸、海豚或其他鲸鱼、游隼或蝙蝠的

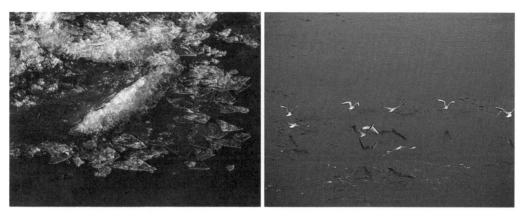

图4-55 寒地城市的自然奇观（来源：https://china.huanqiu.com/gallery/9CaKrnQhJRz）

夜间出现；同时显微镜下呈现的昆虫的形态同样会引起一种奇妙的感觉。在寒地同样具备这种观赏大型动物出没的契机，例如哈尔滨市松花江春季的"开江"现象，平静的江面被江水和流冰一分为二，半江春水，半江寒冰，江面上的飞鸟点点，脚踏漂浮的冰片，景色如画（图4-55）。

4.3.3 动态景观提供分心刺激

分心是指个体从当前的压力事件中抽离出来的过程，是注意力恢复的前提，分心可以有效地叫停定向注意力的运作，从而使其得以休憩和恢复。过于频繁和密集的分心会导致注意力难以集中，阻碍认知任务的进行；而分心刺激的缺失会导致注意力资源持续运作而产生疲劳。所以，适当间隔地激发个体的分心有利于注意力的恢复。分心由非节律性感官刺激（Non-rhythmic Sensory Stimuli）引发，非节律性感官刺激普遍存在于潜意识层面，通过瞬间地暴露于非目的性寻求的或不可预期的环境要素中而实现。一个拥有良好的非节律感官刺激的空间，会让人感觉好像暂时享受到了一些特别的、新鲜的、有趣的、刺激的和充满活力的东西，这是一种短暂但受人欢迎的消遣和放松，是一种能够引发注意力恢复的间歇性休憩。

1. 风雪诱导分心的原理

非节律性感官刺激是由对周围环境中运动物体的视觉反射这一观察行为引起的，当人眼观看到非节律性运动的物体，即不规律、难以预测的运动状态时，晶状体会由放松转向收缩、交感神经系统活跃、注意力被调动、准备启动探索行为，进而注意力的关注焦点发生转变。这种由非节律运动要素引发的刺激与人工机械运动引发的环境刺激不同，大脑对前者的认知体验是积极的，而对后者大多是中性或消极的，所以适宜强度和发生时机的非节律刺激能够引起个体愉悦地分心，而规避了人工分心刺激引起的焦躁、无聊或混乱感[1]。例如钟摆的重复运动只能暂时引起人们的注意，随着时间的推移，不断重复的滴答声会被忽略，并引起烦躁；永远存在的气味可能会因为长时间的暴露而失去神秘感，但蝴蝶的随机运动每次都能吸引人们的注意力，可见自然运动能将个体愉悦地吸引，这是支持恢复的重要前提。

人类对自然中物体的这种随机性运动的反应对生理恢复和认知恢复具有一定的支持促进作用。在生理恢复方面能够促进感知器官的休憩，缓解持续工作的疲劳。例如当坐着盯着电脑屏幕或做任何有短时间视觉聚焦要求的任务时，眼球晶状体会持续收缩，当持续时间超过20分钟时，就会出现疲劳，表现为眼疲劳、头痛和身体不适。但短暂的视觉或听觉干扰引发的持续20秒以上的抬头行为或距离6米以上的远眺行为都会允许眼部晶状体的短暂性休息。

在认知恢复方面能够在低消耗的前提下完成对个体注意力的吸引，允许个体的定向注意力从精神疲劳和生理压力中得到恢复。通常可以通过将个体瞬间暴露在随机或不可预测的运动事物中来实现，特别是对周边视觉或气味或声音的周期性体验，例如自然中的鸟儿啁啾，树叶沙沙作响，空气中桉树的清香。

但多数寒地建筑环境已经演变成一个故意设计的可预测的领域，即使是人工环境中存在的自然要素也被精心的人工设计掩盖了非节律属性。并且寒地冬季降雪周期长，降雪量大，积雪长存于整个冬季，绿色植物枯萎，昆虫、飞鸟等动物缺失，这些因素都减少了建筑空间环境中的非节律运动要素，因此寒地城市冬季室外环境给人一种缺少生机、单调枯燥的感受。在自然恢复力薄弱的条件下应寻求具有非节律运动特性的要素，雪作为一种自然景观，随风的运动而产生不可预测的多变形态，是一种天然的非节律性视觉刺激，具有引发分心的巨大潜力。另外由于冬季寒风运动的轨迹和强度波动的不规律性，同样蕴藏了一种引发非节律刺激的动能。所以风雪是寒地冬季宝贵的恢复资源。

2. 风雪诱导分心的空间策略

（1）非节律性感官刺激的特性。首先，大量实验表明：非节律的感官体验应该大约每20分钟发生一次，持续约20秒。对于视觉刺激，应该距离个体6米以上距离。发生频率过高、持续时间过长或发生距离过近，会对个体注意力造成较大的吸引，使注意力持续停留在分心事件中，难以转回到当前任务，成为一种阻碍当前认知任务的无关干扰；反之则不具有足够的强度引发分心。另外，人类在周边视野中感知到物体运动的速度比在正前方视野中快得多，也就是说，同等速度运动的物体，出现在人眼正前方比出现在周边视野中显得更慢，所以当视觉刺激的设计位置在人眼两侧，应适当降低刺激运动的速度，为个体保留足够的感知时间。

---

[1] Beauchamp M S, Lee K E, Haxby J V, et al. FMRI responses to video and Point-Light displays of moving humans and manipulable objects[J]. Cognitive Neuroscience, 2003, 15(7)：991-1001.

（2）"容器"原理提出。冰雪具有一定的可塑性，经过设计的特定容器能够使其形态特征按照人为设定的方向发展，同时由于气象状况的不确定性又会展现不可预设的形态，这种景观是在人工框架下植入了自然的加工，具有可控的恢复性。来自自然的非节律性刺激具有其天然的恢复优势，但也有其不利的一面。对于雪来说，不可控因素较多，例如积雪的位置和质量、流动方向以及被观赏的方式。寒地冬季恢复资源的利用与非寒地绿色资源的利用最大的不同在于此，由于人与绿色植物对环境的适宜性要求相同，所以二者可以共处同一空间中，绿色资源可以直接简单地作用于个体。而在寒地，冰雪同样是具备恢复潜力的自然产物，但其存在于寒冷的气候条件下，在这种条件下，人类无法舒适地感知事物，所以自然恢复资源无法直接作用于个体。此时，需要将空间的功能发挥到极致，空间作为一种承装恢复资源的容器，起到隔绝寒冷刺激，但不隔绝恢复刺激的作用。

"冰雪"容器是一种能够收集雪资源并使其流动的、附属于建筑空间的人工装置，是获取寒地中自然存在的非节律性刺激，并使其按照人类的需求进行转化的工具。可增设融雪装置，与建筑中的水回收系统接通，实现资源的高效利用。还可结合建筑外围的线性景观设施，例如螺旋楼梯、观光电梯等，提升该景观空间的恢复性。

（3）"容器"原理导入。对于风雪容器的建筑空间形式的探讨，应考虑对风能和雪资源的收集转化方式和个体的观赏视野两方面的影响。在风雪的汲取方面，可将垂直容器与屋顶相连，获取堆积在建筑顶部的积雪，利用雪的重力使其自由降落。此时冰雪容器具有两个部分：储雪部分和落雪部分。前者位于容器上部，储存雪的势能，后者位于容器的中下部，起始于人眼视野范围内垂直方向的最上端，向下连接融雪装置以及建筑内部水回收系统，二者通过可控隔片分离，在设定的非节律刺激时间点上，隔片开启，积雪降落，创造视觉刺激。这种类型的雪容器无需风力的参与，但所能够应用的位置局限于建筑外窗附近，影响的范围较小。

另一种方式是借助风能收集地面的积雪，此时的容器形态可水平盘踞在近地层面人眼可见范围内。为了使容器穿越尽可能多个体的视野范围，使个体在不改变当前活动姿势的前提下，不经意间瞥见风雪容器，容器的走势还可与联系各个功能单体的交通空间或核心公共空间结合，保证最大的边界效应，采用透明界面，维系视觉联系。延长容器在建筑内部流动路径的同时，应尽量缩小截面，减少与内部空间的接触表面积，降低热量损失；保证容器到每个单元的视觉焦点的距离大于6米；容器的入口应起始于室外，朝向寒地冬季的主导风向西北向，以此接受最大的风能，使容器内的积雪流动起来；末端应向上扬起，发挥端口对风的拔取功能，增强积雪流动的动力。这种类型的雪容器因为有了风的助力使雪能够跨越较长的距离流动，涵盖更广阔的影响范围，能够同时服务于多个空间单元，根据容器与功能空间单元的布局不同可产生中央式、串联式和环绕式三种类型的雪容器（图4-56），中央式冰雪容器适用于内聚布置的小型单元空间，在容器规模一定的条件下服务的单元体数量最多；串联式冰雪容器适用于线性排列的单元空间，均好性较高；环绕

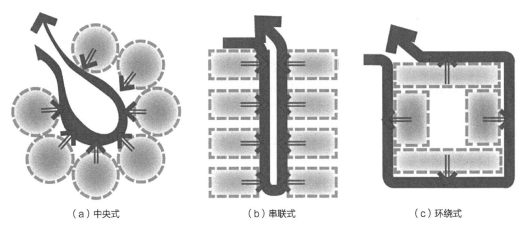

| （a）中央式 | （b）串联式 | （c）环绕式 |

图4-56　冰雪容器与单元空间的布局关系

式冰雪容器适用于围合封闭的院落式单元空间，能够保证每个单体空间与冰雪具有较长的接触面，但服务的单元数量较少。

4.4 本章小结

　　传统寒地建筑设计中对于寒地气候要素一味地采取阻挡和规避的策略，但其作为自然的重要组成部分，寒地气候对于人类的生存发展和身心健康具有其积极的一面。本章从寒地气候环境的主要构成要素光照、低温、风雪三者的基本特点出发，分别对其阻碍恢复和促进恢复的两面性进行剖析，扬长避短、趋利避害，在以往"适寒"研究的基础上，着重关注了自然光照在个体的生物节律、冬季情绪和时间感受等方面的影响；低温气流对认知唤醒状态的调控作用；以及冰雪带来的审美体验、分心作用和场所依恋，进而提出"自然光照的诱导增补""低温要素的消解转换"和"冰雪景观的激活强化"的寒地建筑空间环境恢复策略。从而在抵消寒地气候造成生理不适的基础上，发挥气候要素对于心理情绪和认知机能的积极调节作用，以建筑空间环境为中介将不利的气候条件转化为有利的恢复条件。

第 **5** 章

—·—

自然特征的复兴

自20世纪90年代以来，自然在人类身心健康、认知发展方面的积极作用得到了广泛的验证，人们不仅需要向自然索取物质资源，更要汲取精神养料。尽管对于寒地来说，在特殊气候条件的作用下形成了自然资源匮乏的表象，但如果将视角扩大到广义的自然，而不仅仅局限于绿色植被和水体，会发现大至星空、海洋、地质、水文、气候，小到冰晶、积雪、苔藓、地衣、土壤微生物等，都是自然的组成部分，寒地实际上蕴藏了独特的自然宝藏。所以，寒地存在先天恢复缺陷的病因并不仅是自然资源的缺乏，还在于寒冷气候引发的生理不适阻碍了人们与自然的接触。此时建筑空间应充分发挥作用，即在保障生理舒适的同时建立起人与自然之间积极交互的关系，将自然在生理、心理和认知方面的积极功效转化并移植到自身。

然而考虑到冬季自然体验与生理舒适之间难以调和的矛盾，以自然为根基的人工空间恢复性设计无法通过对自然资源的直接引入和利用而实现。亲生物设计为这一问题提供了解决思路：分析和提取人与自然相互作用的进化过程中，自然所具备的某些利于人类生存发展的环境特质和模式应用于建筑空间环境。这是一种从本源出发，更加接近事物真相和原理的分析方法。寒地气候导致了无法在环境中种植一棵树，那么可以在建筑空间中引入树给予人的庇护和审美的感受与体验，这就需要从自然引起积极体验的内涵机制入手，将这种机制引入建筑空间环境，这样既规避了寒冷气候带来的生理不适，又保留了寒地自然引发的恢复效益。在人类漫长的发展过程中人与自然之间相互作用促进了自身的繁衍和进化，每一项自然组分都与人保持着密切的关系，不同地区由于气候环境、地理条件的不同造成了人类的生存进化的自然环境有所差异，所以寒冷地区的自然环境与生活在此的人具有一套有别于其他气候区域独特的交互机制，因此亲生物设计方法在寒地建成环境中的应用应充分考虑地域性和适寒性。

基于亲生物设计理论，将人工空间赋予自然属性的途径有：直接性自然的利用、间接性自然的转译、寒地生存机制的提取三方面。对于寒地建筑来说，自然资源的直接性利用主要以绿色资源为主，充分考虑其适寒设计，以使有限数量资源的效益最大化；间接性自然的转译是将自然的景观风貌、生物形态和变化更迭等特性转化为建筑语汇，展现在建筑空间环境中，作为人工环境恢复性提升的主要动力；寒地生存机制的提取是通过对三种人类先天偏好的环境设置模式的空间再现，创造令人舒适愉悦的空间（图5-1）。

5.1 寒地绿色资源的优化配适

对寒地绿色资源的优化配适首先要考虑季节性特征：夏季绿色植物生长茂盛，此时室外空间是最佳的恢复场所，但由于寒地绿色资源相对于其他地域显现种类单一、数量不足

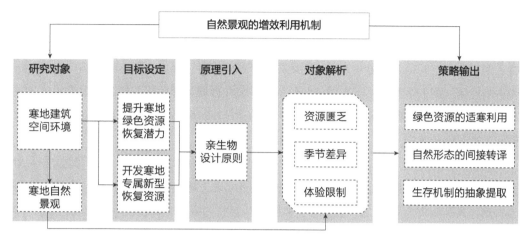

图5-1 自然景观的增效利用机制

的特点，应考虑通过优化设计使有限资源的恢复力量最大化。冬季室外绿色植物大多凋零枯萎，难以发挥恢复作用，且室外环境条件恶劣，无法承载个体长时间的活动，所以室内空间成为容纳绿色植物的主要场所，但室内场地尺寸对植物栽种的数量和单个体积都具有限制，因此应通过小型点状绿色空间或设施的集成复合来提升整体空间环境的恢复力，并辅助以虚拟性的绿色自然设置，丰富绿色空间的类型并减少建设成本。另外，对于环境刺激强烈、认知压力繁重的空间，应存在四季通用的恢复场所，作为重点恢复单元。

5.1.1 夏季室外绿色资源的效力提升

相比于其他地区，寒地城市环境中的绿色资源匮乏，且主要存在于夏季。为了增进夏季居民与有限绿色资源的作用，需要对绿色资源的景观形态和体验方式进行优化，提高单位面积绿色资源的恢复效率，增强个体的绿色体验质量，充分发挥夏季绿色资源的恢复功效。

1. 扩大绿色影响的景观体系

（1）增强绿色资源的流通能力。绿色景观是固定而不可变的，但人类是在时刻活动并变化着，这决定了人与绿色空间的积极互动并非仅依赖于数量丰裕的绿色资源，人的主观意愿、行动能力与体验方式等均影响了所获得的感知效益。因此面对城市中有限数量的绿色资源，通过利用和体验方式的优化实现绿色资源最优的布局与设计，从而在最大限度上建立人类与绿色景观的联系，这正是亲生物设计理念所强调的关键内容。"流通能力"是指绿色空间所具备的积极感知效益的传播扩散能力，是以绿色空间为本体，对人类能够感知和体验绿色空间的频率与程度的描述。流通能力越强，则能够对更广泛的群体产生更深入的健康影响。受到亲生物城市设计方法的启发，提升绿色空间健康效益的影响力和传播力的方法主要包括三方面：通达的步行网络、具有吸引力的景观节点和广泛的视觉联系。

　　首先，步行能够延长个体与环境的感知时间、增加感知深度，催化着不经意间的惊喜，是对绿色空间最佳的感知方式，因此在城市或建筑组团层面，紧凑的建筑布局可以缩短各功能区之间的距离，便于有限的绿色资源在公共区域集聚后还能剩余可观数量向四周蔓延；全面提升建筑空间环境的可步行性，以通达的步行网络与绿色资源建立连接，实现便捷亲近的绿色体验。

　　然后，积极情绪、认知恢复和其他的生理心理上的积极作用会在与自然接触的5～20分钟内发生，按照人平均步行速度为每分钟60～100米，推断能够与自然保持视觉联系的步行路径最短距离为300米，所以在步行网络中应最长间隔300米设置小型的景观节点，作为大型绿色空间的前奏或延续，实现步行网络系统整体恢复性的提升。

　　最后，通过实体路径对自然环境进行连通是费时费力的，增强个体主观出行的意愿能够弥补道路连通性上的欠缺，而鲜明强烈的视觉吸引是促使个体移动的内在动力，即使个体目前没有处于一个恢复性环境中，也会由于远处的自然景观的吸引而克服距离障碍主动到达自然环境。因此建筑进行整体布局时应注重与基地周围自然资源的视觉联系，可利用围合式的布局或垂直方向上的高差为建筑内部创造更多的自然视野，以使城市内绿色资源的恢复效益得到良好的扩展。所以寒地城市的建筑组团应建构以连通绿色空间为目的的步行系统作为恢复效力流通的渠道，并以景观小品为引力节点、以视觉联系为吸引个体到访的内在动力（图5-2）。

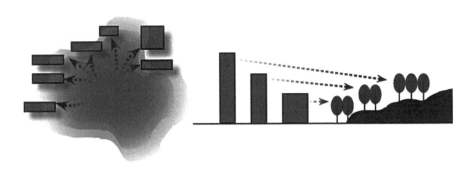

图5-2　建筑与基地外部自然资源的视觉联系

　　美国东北部马萨诸塞州的阿默斯特学院是美国著名的私立文科学院，校园选址的南向具有植被丰富的山脉景观，为了扩大校园内部对远处山脉的景观视角，在规划布局层面建立了贯穿南北、直通南向山脉的景观主轴，建筑分置两侧并在东西方向上逐渐疏离，使更多的建筑界面获得南向充足的阳光和风景（图5-3）。

　　（2）扩充绿色资源的认知范围。在传统的景观设计中，绿色资源仅局限在植被、森林、水体等常见元素，这些是恢复效力强且容易接触的自然资源，但在寒地自然资源缺乏

图5-3 美国马萨诸塞州阿默斯特学院对外部自然资源的利用

的背景下，应拓宽对自然资源的认知范围，深入挖掘具有恢复潜能的其他类型自然资源。大至星空、海洋、地质、水文、气候，小到苔藓、地衣、土壤微生物等，这些都是自然的重要组成部分，蕴藏着人类所需的积极力量，而目前人工环境尚未对这些因素加以利用，这无疑是巨大的损失。

气候条件和地理特征在更大的尺度上左右了城市环境的内容，河流、山脉和峡谷为城市生活提供了更广阔的背景，在大多数时候，广义的自然事物往往是某一城市或区域所特有的，能够建立深刻的地域联系，唤起广泛而长久的归属感，这为自然恢复性潜力的挖掘提供了更大的"舞台"。同时微观层面的生物具有非凡的外观和行为方式，对这些微小生命体的关注往往能够带来清晰而美妙的乐趣，而这些自然资源普遍存在于我们的生存环境中，但往往被我们所忽视。所以城市环境应考虑对自然各个层面的利用，容纳更多的自然事物，并通过独立的空间、装置或设施等为个体与这些自然事物的接触提供支持媒介。例如建造能够仰望星空的空间设置，并结合天文知识对仰望的时间、位置和视角进行设计，再如通过一些能够亲近土地的座椅等休憩设施拉近个体与土壤之间的距离，借助放大镜等装置实现个体对土壤中微生物的观察。

2. 增强辐射能力的单体形态

（1）平面形态。绿色资源的平面形态决定了其在水平方向上的辐射范围，绿色空间的边界是与个体接触的第一屏障，对于多数非目的性的访问，个体只停留在对边界的接触，并且人类偏爱边界空间，因为那里暗示进入两种不同空间的选择和自由，以及更多的交往机会。所以相比于内部核心位置，边界具有更多的机会与个体发生偶然的或计划的相互作用，即具有更大的恢复潜能。

所以在绿色资源有限的条件下，绿色空间应选取在面积一定的情况下具有最大边界长度的平面构型。扩散漏斗形具有众多分支，不断向四周方向延伸，与圆形、多边形等相比，在总面积相同的情况下具有最大长度的延展面，能够实现最强的边界效益，并且形态随机的凹凸边缘比坚硬笔直的人工边缘更加令人愉悦，所以寒地建成环境中对于绿地空间、水体空间的平面选型上应选用扩散漏斗形，以增加个体接触恢复性环境的概率（表5-1）。

不同平面形态的边界效应对比分析　　　　　　　　表5-1

形状	◯	▭	✺	🌳	✦
优势	内部利用率高 核心区域较大	无	边界效应强	边界效应强	边界效应强
劣势	与周围联系较弱	内聚性差	空间利用率低	内聚性差	无

（2）立体形态。立体形态决定了绿色空间在垂直方向上的辐射强度，这一方向的作用往往被人们忽视，造成绿色资源利用上的浪费，尤其是对以高大乔木为主的绿色空间。针对具有一定空间高度的绿色资源，应通过人工建构支持个体对其进行全方位的立体体验。具体方法为在绿色空间外围或内部建构立体廊道，创造更多观赏和体验绿色景观的视角。

德国卢森堡的一处景观平台通过钢构件搭建的立体网络实现了对绿色树林的全方位利用（图5-4）。公共观景台位于区域内人流密集的核心区域，距离地面12米，充分保留了地面的绿色活动空间，在观景台的内部具有不同围合程度的停留节点，配备座椅等家具，便于个体休憩以延长体验时间。观景台的金属框架由尺度为3.6米×3.6米×3米的钢构模块搭建而成，因此这种设计能够在园区中的其他角落进行复制，且在冬季绿色植物萧条的情况下，能够轻易拆除，实现季节性利用。

3．添补恢复效益的要素配置

（1）丰富生物种类。绿色资源的恢复性心理效益与所含植物物种丰富度和密度呈正相关，与整体面积的关联性较小，所以增加生物多样性，相比创造更大规模的绿色区域，更有助于恢复[1]。所以寒地建筑室外的绿色空间应在经济条件允许的情况下，进行多种生境

---

[1] Fuller R A, Irvine K N, Devine-Wright P, et al. Psychological benefits of greenspace increase with biodiversity[J]. Biology Letters, 2007, 3(4)：390-394.

（a）景观台外观　　　　　　　　　　　　　　　（b）绿色休憩空间

图5-4　德国卢森堡休憩景观台（来源：www.inessahansch.com）

类型的有机配比，为多样性物种提供基床，包括种植田、修剪草地、未修剪草地、灌丛、林木和水体，并且同一生境体系中，以本地物种为主，点缀以外来植物，形成鲜明的视觉对比并保持较清晰的空间秩序。

（2）完善内部设施。在小于20分钟的时间内，个体所达到的恢复程度与在绿色空间中停留的时长成正比，而完善空间内部的休息设施、活动设施能够提供更多的活动选择以延长停留时间。并且在相同时间对同一绿色空间的体验中，在一定活动强度范围内，个体所从事的活动越剧烈，所获取的恢复性越高。所以应选择支持中等强度运动的活动设施，例如慢跑、小型球类运动等，且此类活动设施数量应多于休息设施，鼓励个体增大活动强度，以提升绿色空间的恢复性影响。除此之外，人可以通过与动物的互动行为，例如喂养、抚摸皮毛等获取情感的回馈，这同样是一种恢复性活动，人类与其他物种分享自然，而不是孤独地占有自然，所以绿色空间应增添一些支持动物生存的人工设施，例如流浪猫狗避风的木屋、鸟类栖息停留的树架等。

（3）提高边缘质量。对于以大型乔木为主的绿色空间的设计应充分考虑树木对人心理的作用特点，由于其高大的体量产生的对视野的遮挡，所以树林内部的视野狭隘，会触发个体的危险意识和警觉状态，这将削弱树木本身具有的恢复力，而树林的边缘实现了对外界的良好视野，同时具有自然资源，这一区域的树木的恢复性得以保证，并且观察点可见的树木或灌木数量越多，连续性越强，则获得相应恢复感受越强（图5-5）。所以在此类景观空间的设计中应将绿色资源集中在空间的边缘，由外向内逐渐减少，在经济限制的情况下，应优先增强绿地边缘的植被质量。并且通过剖面设计，创造微地形，使边缘高于内部，以创造更多的观赏视点并增大视野范围内的植被数量，扩大景观的辐射范围。

4. 适应气候变化的冬夏转化

（1）水体的冬夏转换。冰与水可以自发进行季节转化，这是寒地的特殊景观类型，这

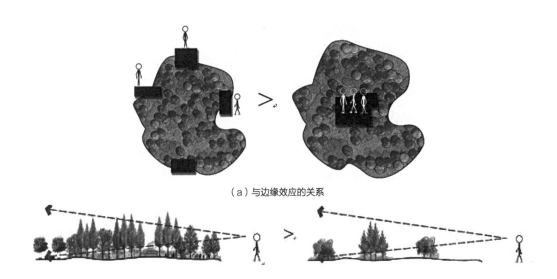

（a）与边缘效应的关系

（b）与观察点可见植被数量的关系

图5-5　绿色景观恢复性与边缘空间设计的关系

种转换能够改变景观风貌、创造新鲜感，同时也弥补了冬季自然景观薄弱的劣势。一座形态奇异的冰雕或一处肌理丰富的冰瀑布比一片被积雪覆盖的冰湖更具有可观性，并且对水量需求较少，在寒地大片的水体无疑是华而不实的，需要高昂的维护费用且使用周期短暂。所以，寒地建筑中的水体景观在设计之初就应重点考虑其冬季形态，可从所需冰景的形态反推夏季水体的形态，实现水资源的冬夏两用。具体做法为：首先，寒地建筑中以水为表现主题的景观空间应减小规模面积而增强变化度和异质性，避免使用大体量人工湖等平静的死水，而应推行蜿蜒细小的流动水，通过微地形或场地高差制造落水景观；然后，可在水体中增设形态奇异的山石或人工雕塑以改造水流的形态，并为冬季水转化成冰提供附着表面。

　　（2）树木的冬夏转换。高大乔木树冠下的空间一直被评价为高质量的恢复性环境，原因有二：其一是由于树木枝干分化方式以及叶面的构成形态是典型的自然分形形态，能够引发人类先天的审美体验；其二是由于茂密的枝叶掩蔽下的空间具有适宜的围合度，能够给人安全感并且不遮挡视野。在冬季树上的叶片凋零，余下的树干难以维系能够提供安全感的围合，但仍保留了自然的形态和纹理。研究表明树皮的纹理能够引发个体宁静的思考和对生命的感悟；雾凇也是让人心旷神怡的自然景观。

　　所以即使在寒冷的冬季，仍不能忽视树木的恢复作用，应充分利用树木的自然形态作为基底和框架，在其中增添人工设置，弥补其因季节变化而丢失的围合元素，结合休息和活动设施吸引个体到访和停留，以此在人工空间中注入自然特性，在自然景观中发挥人为作用。具体做法可在树枝上悬挂彩灯，优化夜晚的环境氛围（图5-6）；或添加仿制树叶创造冬季的模拟性自然景观；也可通过树屋或垂直平台增进与树的互动体验。

5.1.2　冬季室内绿色资源的集成整合

在我国北方严寒地区一年中几乎半数以上的时间气温介于零度以下，因此个体冬季95%以上的时间都处于室内，所以寒地建筑内部的自然景观塑造与室外自然同等重要，鉴于室内空间有限，室内自然应以小型恢复点为基础，通过均衡布局形成多点辐射的自然网络。其中小型恢复点可通过真实的绿植或水景、自然材料、虚拟自然设计和自然主题家具等方式建构。

1．自然元素

（1）绿色植物。绿色植物是高效的恢复资源，在室内空间中得到广泛的运用，主要存在方式为盆栽植物、绿植墙体或其他绿色设施等。首先盆栽植物具有布置灵

图5-6　灯光设计增添冬季树木的恢复性

活、维护成本低等特点，实用性较高，但以行列式摆放的小型盆栽植物仅能在较小的范围内产生感官辐射，且个体对其体验方式只停留在视觉层面，因此恢复效率较低。而存在于公共区域的大型盆栽植物具有较强的可见性，并能与家具设置结合，与个体发生更深入的作用。例如图5-7a中位于建筑中庭的树木，对围绕中庭展开的各个空间均具有较强的视觉可见性，树的周围被座椅环绕，创造了树下的停留空间，传达了树的庇护感受。同时在植物种类的选择上，应尽量选择维护成本低，具有轻微芬芳的植物，以通过嗅觉感知加深恢复影响。另外室内的植物数量与认知任务表现呈反线性关系，即并不是植物数量越多，对认知效率的促进作用越大，过多的自然植物会降低工作效率。因此在感知到的整体环境中，单纯而简约背景下的绿色焦点能够在提供绿色体验的前提下，不过多地干预个体注意力的正常运行，是较为适宜的绿植设施方法。并且红色植物有利于短期注意力集中，但长期接触会使个体疲劳，不应用于以休憩为主要活动的空间[①]。

相比于盆栽植物，绿植墙体代表了一种更广泛而深刻的绿色体验，因此周围的空间设置应支持长久的停留活动，以促使个体与绿色设施发生有效的交互作用。例如赫尔辛基K总部大楼将唯一一面绿植墙体位于中庭阶梯一侧，这里不仅拥有较大的人流量，并且绿植墙体附近的阶梯状座椅使人们在视觉接触的基础上，能够坐下来安静地感受绿色

① Qin J, Sun C, Zhou X. The effect of indoor plants on human comfort[J]. Indoor Built Environment, 2014, 23：709-723.

（a）盆栽植物　　　　　　　（b）观赏型绿植墙体　　　　　　（c）空气调节型绿植墙体

图5-7　室内绿色植物的运用（来源：www.archdaily.com）

（图5-7b）。另外考虑到绿植墙体对室内微气候的调节作用，也可从整体环境空气循环的角度考虑其布局，例如位于建筑玻璃幕墙内层，与其形成空气夹层的绿植墙体提供了一个实现空气置换的功能腔体，在绿墙附近的空气由于植物作用温度会降低、湿度增加，空气密度增大，向下流动，带动热空气向上流动，形成空气循环，维系室内碳氧平衡（图5-7c）。

（2）水体。水体作为一项重要的恢复资源，除了具备其他恢复环境的积极功效外，还能够为个体提供一种独特的宁静感，引发沉思、自我反思、同情心等更深层次的思维活动。但寒地冬季户外环境无法支持水体的存在，所以室内空间是水体发挥恢复性的主要场所。研究表明不包含水体的自然环境与包含水体的人工环境具有等同的恢复效益，因此水体应作为提升室内恢复性的重点。

设计原则有三：第一，水体应被感知为整洁干净的；第二，应优先发展水体的多感官体验，水不仅仅是被看到的，还需要被听到和被触摸，可利用小型自来水器具产生缓速的流水声，并设置在人能够轻易触及的地点；第三，自然流动的水比静态的或可预测动态的水具有更高的恢复性，在水资源紧缺的条件下，应尽量采用深度较小、表面积较大的水池，以增大水的作用面积，可通过高反射率表面减少水的蒸发。例如美国一座艺术博物馆室内空间中对水的运用，平缓倾斜的地面上有裂缝，水从裂缝中流出，经过有纹理的石头地面，然后消弭在较低一层的裂缝中，形成了薄薄的水层，波光粼粼且反射上方的景物，吸引路过的人俯下身触摸水，这种设计方法不仅建构了室内的流水景观，还充分调动了人体对水的多感官体验（图5-8）。

2. 自然材料

一个与自然在材料上建立联系的空间会给人以丰富、温暖和真实的感受，并能够引

发人们触摸材料的愿望。在室内空间
中，真实的自然植物大多以点的形式存
在，恢复的范围较小，而自然材料例如
木材、石材、竹、皮革等具有引起恢复
的形态，同时能够大量应用于建筑空间
中，产生连续的恢复体验。

首先，在材料种类的选择上真实材
料比合成材料更受个体偏爱，因为人类
感受器可以分辨出真实材料和合成材料
之间的区别，所以来自最低限度加工的
自然材料是首选。其次，应尽量丰富空
间中材料的多样性，并根据功能要求发
挥自然材料的各自属性，任何一种材料
的大量运用，应考虑对其应用方式进行

图5-8 室内空间水的运用（来源：Browning W, Ryan
C, Clancy J. 14 patterns of biophilic design[M]. Terrapin
Bright Green, 2014: 143.）

一定的变异，以避免单调。例如以木质材料为基础，通过单体构型的变化创造了截然不同
的整体形态，相同的细部纹理使空间的体验连续而同一，差异性的整体感观又创造了丰富
变化的体验（图5-9）。最后，为了避免某些自然材料结构性能较差带来的建造困难，可
将自然材料与人工材料结合，在人工构型的大框架下发挥自然材料的恢复特性。例如以坚
实的黑色钢构架为骨骼，以橡木作为饰面材料。在近人尺度以橡木为主，使人能够亲近自
然纹理；在整体尺度上，以人工的钢材和混凝土为主，橡木作为点缀，塑造整体简洁而细

（a）类型一 （b）类型二 （c）类型三

图5-9 同一材料的变异（来源：www.pascalgontier.com）

部丰富的空间感受（图5-10）。

3.虚拟自然

研究表明观看自然照片或视频影像同样获取恢复体验，另外接触绿色图案能够提升认知活动的表现，这证明具有自然特征的图形具有恢复效力[①]。神经科学的研究更佐证了这一实证推论，人类的"眼—脑"系统通过感知图形的细节、反差、装饰、层次、颜色对环境中的事物进行识别，以视觉为接收器所产生的自然恢复体验依赖于对图形的认知，与是否是"有生命的"没有相关关系。因此对于寒地来说，自然资源匮乏且维护成本高昂，而虚

图5-10　自然材料与人工结构的组合（来源：www.fcbstudios.com）

拟性自然具有经济、适用、不受季节限制等优势，应得以推广。

虚拟自然中最重要的方面是对自然视觉体验的模拟，主要体现在建筑的空间界面上，通过对自然颜色、绿色植物的具象或抽象的模拟，以壁画、纹理或电子屏幕为载体进行展现。其中以绿色植物为主题的界面最为常见，例如以放大的叶片肌理或花卉的形态为主题的室内界面（图5-11a）。为避免过于形式化的表达和对建筑主体性格的干扰，这种以较为具象的自然图形为主题的界面应以较小的尺度，作为局部细节点缀到整体空间中。相比来说，绿色或抽象图形能够实现大面积的使用，例如以混凝土为材料雕刻的自然植物图案和仿照树皮的斑驳纹理（图5-11b），以及建筑中庭内螺旋上升的绿色纤维水泥材质的主楼梯等（图5-11c）。

4.多感官体验

自然的体验是多感官的，除了视觉之外，其他感官体验同样能够引发恢复。大量研究已证实小型、短暂的非视觉刺激能使人产生有关自然的积极联想，引发个体收缩压和应激激素的降低，从而缓解身心压力。例如流水声或鸟鸣声能够使个体压力恢复的速度提高37%；术后接受芳香疗法的患者吗啡用量减少了45%，镇痛药用量减少了56%；植物化合物，例如树木精油，在体内外对人体免疫功能具有积极的影响等。

另外，非视觉刺激对视觉刺激有加强或减弱的调控作用。当人们同时接受视觉刺激和非视觉刺激时，二者的共同作用会改变大脑中对其中任意一种的解释，较强势一方会影响较弱势一方在大脑中形成的情感趋向。如果这两种刺激都是与自然有关的，那么会引起更

---

① Lichtenfeld S, Elliot A J, Maier M A, et al. Fertile Green：Green Facilitates Creative Performance[J]. Personality and Social Psychology Bulletin, 2012, 38(6)：784-797.

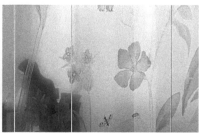

（a）具象的自然图案

（b）抽象的自然纹理　　　　　　　　　　　（c）自然色彩

图5-11　视觉性虚拟自然的运用（来源：www.archdaily.com）

广范围的幸福感，这种综合的生理和心理反应比单独一种层面的视觉刺激具有更大的影响力。如果一种刺激是与自然相关的，而另一种不是，则二者共同作用的综合效应也会呈现类似于自然的反应机制。环境心理学家的研究发现当人们听到鸟鸣时，会对所观看的城市环境图片进行正面的评价，当增加鸟类的种类时，产生正面评价的概率更高，这就证明自然的鸟鸣声优化了人们对城市环境的恢复体验。

这对于寒地环境的恢复性提升具有重要的实践意义。由于寒地冬季气候环境恶劣、自然植被缺少，冬季建立个体与自然的视觉联系困难重重，而与自然的非视觉联系涵盖范围广泛、便于模拟，不一定要有真实自然植物的存在，所以与自然的非视觉联系是至关重要的，尤其在寒地自然性视觉刺激不足的情况下，应启动非视觉刺激的补益增效作用；或通过非视觉刺激与虚拟性自然景观的联合，使个体获得更加真实、立体的自然体验。

其中听觉刺激的引入可使用电子设备播放鸟鸣声、流水声等具有恢复性的音频；嗅觉联系的建立可通过栽种芬芳植物、摆放草药或喷洒植物精油；触觉刺激的启动可借助宠物疗法，以抚摸和感受宠物的皮毛为主要方式。另外多种感官刺激应有机组合，以获得最大的集成效应，例如美国中西部一所大学的教学楼内部设有专门促进注意力恢复和休憩的室内自然模拟空间，空间内部墙壁上具有不同风格的自然壁画和休息座椅，并播放由风声、

图5-12　多感官体验集成的模拟自然空间（来源：Felsten G. Where to take a study break on the college campus: An attention restoration theory perspective[J]. Environmental Psychology, 2009, 29(1):160-167.）

鸟鸣声、流水声和树叶振动等复合的自然声音（图5-12）。

　　在西班牙格拉纳达阿尔汉布拉宫的设计中，建筑主体的外部是充满自然植物的长廊，身处建筑内部，你能够被外面的鸟鸣所吸引，走向门外，扑面而来的是花卉的芬芳，沿着长廊缓缓走过，喷泉的流水声应和着你的脚步，如果光脚踩在光滑的鹅卵石上，清爽的触感为夏季增添了一丝凉意（图5-13）。这种多感官体验自然的园林设计手法对于寒地建成环境中夏季景观空间的设计具有借鉴意义。

5.1.3　全年性绿色资源的重点培育

　　寒地冬季室外缺少绿色景观，这是造成了冬季恢复性体验缺失的主要原因，虽然室内的绿色植物和建筑环境的亲生物设计能够弥补这一缺陷，但冬季基于自然的绿色体验依旧是不可替代的，因此对于存在较强环境刺激或认知负荷的空间，应建立全年性的自然绿色空间，以对重点人群进行针对性的疗愈干预。

图5-13　阿尔汉布拉宫的多感官设计（来源：Browning W D, Ryan C O, Clancy J O.14 Patterns of biophilic design[M]. New York: Terrapin Bright Green, LLC, 14: 3-4.）

1. 疗愈性绿色花园

　　疗愈花园是存在于康复环境中，以心理治疗为主要功能的，包含大量真实自然内容的空间，普遍存在于医疗空间中。疗愈花园的恢复原理是以体验自然为基础，通过提供一定的控制感和私密感帮助个体暂时逃离充溢压力的环境，并通过对人际交往和社会活动的支持辅助个体获得社会支持。在美国的一项研究中，个体被要求标识他们在抑郁或高压力时期主动寻求的环境类型，约75%的人选择了户外自然环境，如树木繁茂的城市公园、水景附近的地方等[①]。这证明疗愈花园不再是医院的专利和特权，在广义的城市空间中也有巨大的需求。

寒地气候条件决定了它无法容纳宽阔而富饶的绿色开放空间，疗愈花园是基于促进恢复的目标对绿色空间进行的优化和改造，将其设计方法引入寒地绿色空间设计中可以提升单位面积绿色资源的恢复能力，有助于建立小型精良的绿色恢复空间。而温室花园能够应对冬夏的转换，在寒冷的气候下给予绿色植物生存庇护，在冬季提供宝贵的绿色体验。所以将疗愈花园理念与温室花园的建造手段相结合，能够创造出全年性使用的高质量恢复空间。

总体上说，具备疗愈效果的绿色花园应首先实现安全性和控制性。安全性是自然发挥恢复效益的基本条件，存在危险隐患的自然丧失了应有的积极功效。这要求花园在植物配置和设施选择上应规避潜在的风险，例如避免栽种会吸引危险动物如蛇、昆虫的植物。另外，控制感是个体能够清晰地理解环境并准确地使用环境的前提，控制感的提升是向使用者提供多种选择，可通过提供多样化的步行路线、不同的座位设置和休憩体验、与外界存在差异的小气候等方法实现。根据功能活动差异，提出支持深层思考的冥想花园、支持社会交互的活动花园和支持种植活动的农业花园三种疗愈方案，适用于不同群体的使用需求，三种类型花园的公共程度依次递增。

（1）支持深层思考的冥想花园。冥想花园提供良好的个体控制感和隐私感，更适于个体暂时逃离压力、独处冥想、阅读或写作。该类型的花园应以创造良好的声环境为前提，布置在与相关联的功能空间毗邻的地方，室内外相似的氛围使花园成为室内空间的延伸；并与建筑体量之间建立一定的绿化缓冲区，经过曲折的小径到达隐秘的入口，以渲染自身跳脱于纷繁环境中的超然氛围；植物配置应选用相对茂密的植被冠层和地被物，提供具有较高围合感的角落空间，以支持对隐私的高度需求，同时配合流水装置，辅助个体的沉思活动。

丹麦奥胡斯的"穹顶空间"是一座占地590平方米的温室花园，将传统建筑空间包裹在穹顶外壳下，通过被动式太阳能打造"第三气候"，穹顶内部种植茂密的植物，并具有娱乐、休闲、展览等多种功能，是自然与人工结合的空间环境。

（2）支持社会交互的活动花园。活动花园是以提供社会支持为主要方式来促进恢复，扮演着更加公共的角色，宜布置在主要活动空间附近，具有宽大开敞的入口空间，以鼓励访问和停留；选用体型较小、枝叶相对稀疏的植物，保证整个空间的视觉通畅，为随机交往提供条件；减少地面的绿化并铺设硬质地面，配备座椅，预留聚会交流的空间以鼓励团

---

① Ulrich R S. A Theory of Supportive Design for Healthcare Facilities[J]. Healthcare Design, 1997, 9：3-7.

体活动；增加自然声音作为背景音，例如喷泉的流水声，以掩盖噪声和谈话，保障群体之间的互不干扰；花园可与餐饮空间互通，以提高其利用率。

美国纽约州立大学公共绿地附近有一处玻璃和钢铁组构的冬季花园，在冬季是一处充满活力的室内起居空间，具有非正式聚会、多功能会议、餐饮、书店、娱乐中心等多种功能（图5-14）。建筑形态是对校园附近茨基尔山脉景观的抽象，钢管通过焊接组成建筑的支撑框架，带有数字化图案的陶瓷熔块玻璃作为表皮，建造过程在两周内完成。这座以承载公共活动为主的温室花园不仅为学生提供了冬季亲近自然的体验，还将周边的自然景观引入校园内部，加深了学生与所在地域的生态联系，唤起对校园的归属感。

（a）花园外观　　　　　　　　　　　　　　　（b）内部空间

图5-14　纽约州立大学的活动花园（来源：http://www.ikon5architects.com/）

（3）支持种植活动的农业花园。相比于对自然植物的观赏，种植活动是一种更深入的自然体验，在美国针对心理障碍患者的园艺疗法中，种植是一项十分有效的恢复活动，能够带来更强烈的参与感和体验乐趣同时也会相应地增加冬季个体的体力活动总量，实现对身体健康的促进。这种类型的疗愈花园宜选用培育过程简单、生命力强的农作物类型，以降低种植难度，避免复杂种植知识给个体造成额外的消耗源。

丹麦奥胡斯大学校园内建造了一座温室，通过一系列可持续技术的应用减小冬季运营的能耗。温室的建筑面积为3300平方米，建筑由两个底面为圆形的主体体量和条形连接体构成，其中球形主体是主要的植物栽培空间，高约30米，可容纳大型树木，空间内通过木栈道提供不同高度的观赏视点（图5-15）。另一主体空间是在旧有温室建筑的基础上改造而成的，被用作植物学知识中心，具有办公、展示和教学的空间功能。这一设计不仅提供了冬季体验自然的空间，同时将教学、办公等功能放置于景观之中，使自然的恢复效益得到最大限度的发挥。

2. 参与式绿色装置

相比于专项的、永久式的绿色花园，绿色装置或设施具有较小的规模和更简易的建造

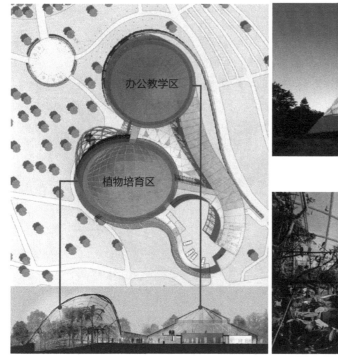

（b）外部

（a）平面布局图　　　　　　　　　　　　　　　　（c）内部

图5-15　丹麦奥胡斯大学的多功能温室（来源：www.cfmoller.com）

方式，能够在城市中大范围推广建造，具有较强的灵活性和适宜性，能够依托既有公共空间而存在，在"空间缝隙"中支持日常的绿色体验，利用率较高且可行性和经济性较好，是对寒地城市绿色体验的填补。有效的环境参与可促进个体从环境体验中获取积极效益，对绿色植物的养护将加深个体与绿色景观之间的情感联结，提升绿色体验的健康效益，绿色装置的空间规模和建造手段限制了其景观构成要素的丰富性与审美性，所以需要提升其可参与性以增强疗愈效力。

　　因此，在寒地城市公共空间、建筑内部公共空间中可建造临时性的参与式绿色设施，或以建筑内部既有的模块式空间划分为依据，为每个单元空间配备能够深度参与的绿色装置，以在建筑空间环境中形成散点式的绿色体验。为延长绿色装置疗愈性干预周期、扩大辐射范围，应使用低成本的建造方式与材料，并与所应用场所中既有功能充分复合，同时具有一定的可参与性和吸引力，促进个体对其进行深度体验与使用。

　　芬兰赫尔辛基在市博物馆附近的庭院空间中，增设了一种具备种植、绿色体验和休憩功能的临时装置，由钢构件作为结构支撑，木质材料构成人的主要接触面，模块化的构型使其良好地适应各种形态的基地，能够在公共建筑周围自由地展开，并可根据实际需求量进行增减，并在冬季时期拆除、转移入温室中（图5-16）。再如加拿大多伦多的一处由废弃海运集装箱改造的社区环境中心（图5-17）是一项集展示、休憩、社交、雨水收集等多

图5-16 芬兰赫尔辛基绿圃园（来源：https://roohstudio.com/）

（a）外部空间　　　　　　　　　　　　　　（b）内部空间

图5-17 加拿大多伦多市社区环境中心（来源：http://lga-ap.com/home）

功能为一体的"绿色装置"，活跃的绿色外表使其突显于环境中，位于社区内主要人行交通路线上，两端开敞的大门保持原有流线的畅通，并为访客提供休憩的场所，建筑内部与周围摆放了盆栽绿色植物，旧工业材料与自然在此处进行碰撞，构造了一处传达"常绿"理念的有趣场所。

亲生物设计理念强调了人类主动从事种植活动对于自身恢复体验的汲取以及对于城市绿色环境的建设所具有的重要作用。温哥华44%的居民具有种植用于自身食用的农作物或观赏性植物的日常经历，同时为城市创造了更多的绿色景观。将城市绿色环境的塑造分担到每个居民的身上，不仅能够通过种植和养护等行为增进个体与绿色资源的相互作用，同时能够增加城市中绿色资源的总量，使每一株植物即使在寒冷的冬季也能得到充分的照料。从环境设计的角度出发，建筑空间应为生活在其中的使用者提供种植活动的场所和必

（a）整体外观 　　　　　　　　　　　　　　　　　（b）局部景观

图5-18 法国Edison Lite公寓（来源：Manuelle Gautrand Architecture）

要设施，尤其在居住建筑中，使用者的种植活动应受到鼓舞和支持。

法国的Edison Lite公寓（图5-18）就对这一理念进行了尝试，每户将得到20%的附加阳台面积，用于进行日常的种植活动，为了鼓励并使这项活动顺利开展，公寓在建造期间已完成了植被所需土壤、容器、花架等的布置与安装和植物的初期种植，因此当居民入住时，已具有了一个较为完整的绿色环境。这种做法在一定程度上为植物的选种、规模和位置等设定了限制条件，便于公寓物业的日常管理，避免了居民利益冲突；同时初具规模的自然环境充分照顾了普通居民有限的种植能力，为其规避了植物生长初期较为困难的养护需求，为居民的种植活动提供帮助、建立自信。最重要的是规律排列又形态各异的盆栽植物塑造了优美而富于自然生机的建筑立面，使该公寓成为整个街区内一道亮丽的风景。

综上，寒地绿色资源稀缺，冬季尤为严重，为满足城市居民对绿色体验的需求，充分发挥绿色资源的疗愈效益，应通过人工建构手段提升绿色景观的品质、强化其辐射范围、增加其可参与性，并对重点空间或人群进行针对性、适应性的专项绿色设计。

5.2 寒地自然形态的提炼转译

无论是乡村还是城市，并不是所有的自然环境都是绿色的，也不应该都是绿色的，栖息地的环境特征有时会比其他自然环境带来更强的积极反应，无论是广袤的沙漠或开阔的海洋还是皑皑的白雪，都能从进化的角度追溯到其与人类最本源的联系，对寒地自然特质的提炼和抽象，抽丝剥茧地探求出其对人类身心健康的促进原理，将其移植入建筑空间，是以舒适性与恢复性并存作为出发点的设计。自然景象的恢复性优于人工景象的重要原因是自然元素具有独特的构型方式，对自然形态的模仿一直是设计界的潮流，对于寒地来说，这也是弥补真实自然缺失的有效方法。

5.2.1　转译冰雪景观形态

相比于绿色植物，寒地特有的冰雪景观与个体的作用时间更长，与个体具有更加紧密的情感联系，是培养个体栖息地依恋的基础，并且对冰雪形态的转译也能使建筑更好地融入环境。研究表明冰晶、雪花的单体形态与树叶、花瓣相同，都具备自然元素的分形、自相似等构型特征，呈现出适度的视觉丰富性并引发审美体验，所以对冰雪形态的转译具备理论基础和可操作性。单独的冰晶、雪花与整体性的冰雪景观表现出截然不同的形态，其转译方式应有所区别。在亲生物理论中，建筑空间体现自然特点并不是要求将自然形态完全复制，而是提取其特点，以人工建构的形式转译到建筑环境中，起到使人联想到自然的目的。

1．冰雪形态的转译

冰雪晶体具有两种标志性的特点，首先是晶透的、以蓝和白为主调的色彩，另外是以多边形为单元体的分形形态（图5-19）。前者的恢复特性是提供了一种促进宁静感受、提高唤醒强度的背景基调，后者的恢复特性是在有逻辑规划的基础上实现丰富多变的构型，能够充分填充个体的大脑并不会引起混乱，展现出人类天生偏好的环境特征。

图5-19　冰雪形态（来源：https://image.baidu.com/）

所以寒地建筑空间应在恰当的位置转译这两种恢复特性。

加拿大多伦多市的怀雅逊大学的学习中心充分诠释了建筑表皮对寒地自然事物的转译（图5-20）。建筑整体为一个不规则的立方体，外表的多孔玻璃包裹着内部的钢筋混凝土结构，玻璃被形态随机的四边形孔洞或图案分割，模拟着冰晶聚集的形态。并且这些孔洞是运用数字技术根据采光要求生成的，良好地匹配了功能。另外，建筑具有一个引人注目的入口空间，蓝色冰凌形态的折叠金属板构成该空间的顶棚，并从外部一直延伸进内部大厅，使这座存在于社区中的校园建筑具有了独特的标志，同时展现了冬季地域特色。

（c）入口处顶界面

（a）建筑整体　　　　　　　（b）外表皮形态　　　　　　　（d）入口界面局部

图5-20　建筑空间冰雪单晶形态的转译（来源：www.designboom.com）

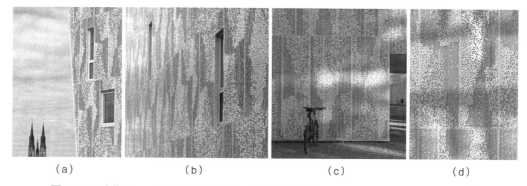

（a）　　　　　　　　（b）　　　　　　　　（c）　　　　　　　　（d）

图5-21　瑞典Skanska酒店的"雪花"立面（来源：http://www.svendborgarchitects.dk/）

位于瑞典乌普萨拉市Skanska酒店（图5-21）的建筑立面采用疏密变化的穿孔铝板"装点"整体建筑，塑造一种形似雪花的造型。建筑由底层裙房与上层的7座住宅单体构成，每座单体采用不同饱和度、明度较低的颜色涂料，作为穿孔铝板的"底层背景"，因此每座单体均有自己的专属色彩，柔和的色彩如同阳光照射下冰雪所显现出的不同色调。

位于河北省张家口市赤城县的绿源冰酒品鉴中心（图5-22）由白色钢架搭接而成，这是建筑的主体结构支撑，又形成了变化丰富的外表皮。交叠错综的白色钢架与虚实变化的界面共同塑造了美妙的光影变化，类似于冰晶的分形形态，当远观时，建筑消隐于背侧山体上常年的积雪景观中，以有机的形态与灵动的界面与自然寻求和谐。

综上，冰雪单晶形态的转译载体主要为建筑界面，转译方法也并非对某几种固定形态的复制，而是对冰雪的分形、色彩等形态构成模式的应用，并宜根据建筑周围人文景观和自然景观的环境特质与建筑固有属性探究适宜的应用路径，从而将冰雪的形态模式转译成符合建筑性格与场所精神的建筑界面。

<table>
<tr><td>（a）整体外观</td><td>（b）外立面局部效果</td></tr>
</table>

图5-22　张家口绿源冰酒品鉴中心（来源：http://www.ostudioarchitects.com/）

2．地景形态的转译

冰雪的集群形态具有平缓起伏的态势和柔软的曲线边缘，表达了一种逐渐显露的趋势，个体可以通过线条的走向对环境设置进行判断，这种预估的心理过程提升了个体对环境的控制感。上述环境—心理作用模式来源于远古时代人与自然的不断作用，缓和的地势相比于突变的断崖更容易被掌控、了解和巡视，这暗示了更安全的生存环境和对潜在发展机会的把握，所以人类先天偏爱具有平缓走势的环境。

相比之下，尖锐突变的转折造成了视野的遮蔽，代表了未知的危险，例如断崖或险峰，当面对这种环境时，大脑会向机体发送"战斗或逃跑（Fight-or-Flight）"指令，这是人类在面对危险时本能的应激反应，这种信号的发出会促进肾上腺素的分泌，使身体的运动机能活跃、神经系统紧张，为应对可能发生的危险做准备。显然这是与恢复相反的过程，而以直线和直角为构成要素的建筑空间使人类在不知不觉中时刻经历着这样的机体变化，由此阻碍恢复，甚至可能会引发与压力有关的病症，例如心血管疾病等[1]。所以建筑空间应充分汲取冰雪群体形态传达的恢复性环境特性，在削弱人工建筑空间给个体造成的压力的同时，展现寒地特有的景观风貌，标识建筑空间的地域属性。

瑞士洛桑理工大学劳力士学习中心（图5-23）的整体形态与积雪相似，方正的平面框架下一片自由流动的完整曲面界定了建筑空间，曲面的上下浮动使垂直与水平两个方向上的界面融为一体，以透明玻璃为主的垂直分隔保证了视线的通透，学生在缓步上坡时，憧憬着即将显露于眼前的图像；在依势下行时，体验着流畅的路径，这是一个支持自由探索与停留的学习空间。赫尔辛基中心图书馆（图5-24）具有相似的构型特征，自由起伏的屋顶形态引发人们多样化的解读，或是匍匐的地貌，或是飘浮白云的蓝天，结合垂直界面上大面积的玻璃窗，共同模糊了室内与室外的界限，人们仿佛行走于户外空间中。

① Salingaros N, Masden K. Neuroscience, the Natural Environment, and Building Design[A]// Kellert S. Biophilic Design：The Theory, Science and Practice of Bringing Buildings to Life. New York：John Wiley, 2008. 59-83.

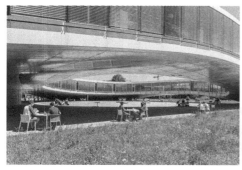

（a）室外空间　　　　　　　　　　　　　　　　　　（b）室内局部空间

图5-23　瑞士洛桑理工大学劳力士学习中心（来源：https://divisare.com/）

图5-24　赫尔辛基中心图书馆内部空间（来源：www.archdaily.com）

　　伊朗巴兰滑雪度假酒店（图5-25）的室内空间采用更加具象的设计手法表现积雪形态，自然流畅的曲线系语言贯穿建筑的整体内部环境。在交通空间中，简洁、自由、纯粹的曲面顺应交通方向延伸，提供明确的方向感；在功能房间中，将顶界面与侧界面视为整体，利用逐级收缩的"等高线式"体量限定空间，模拟积雪层层堆叠的整体形态。北京国贸银泰中心内部的概念运动体验馆（图5-26）则通过对冰的集群形态的模拟，创造了活跃灵动的展陈空间。此项室内设计项目位于北京国贸银泰中心的地面层，具有运动、迪厅、社交和室内滑雪等功能，整个空间中贯穿着以三角形为母题的折叠体量，作为分隔空间的墙体，白色切削的整体外貌犹如自然界中堆叠的冰块，这一设计创造了丰富的空间体验，同时与滑雪主题相呼应。

　　综上，无论是绿色景观或是寒地特有的白色景观，其在形态构成上基本具有一定的审

（a）交通空间a　　　　　　　（b）交通空间b　　　　　　　（c）主体功能空间

图5-25　伊朗巴兰滑雪度假酒店内部空间（来源：http://www.ryrastudio.com/）

图5-26　北京国贸银泰中心概念运动体验馆室内设计（来源：https://www.powerhouse-company.com/）

美优势，能够对人类产生先天的吸引与偏好。将冰雪景观的形态转译进入建筑空间，不仅有助于提升建筑空间环境的审美性与恢复性，还能够支持建筑自身地域属性的表达与使用者归属感的培育，促进使用者与建筑空间之间发生更深层的情感联结。

5.2.2　转译生物构型规律

生物形态是自然界中有生命元素的符号表征，对于人类心理的益处来源于对视图偏好的研究，生物形态能够诱导焦点转移从而减少环境压力，以增强注意力，具有视觉上和感知上的愉悦性。虽然大脑知道生物形态或模式不是真正的生物，但会将它定义为具有生命特征。所以将这些构型模式引入建筑环境中，提供自然的代表性符号元素，能够加强使用者与自然的联系，给人一种舒适、沉思和专注的感觉，从而减少注意力的转移以维系必要的认知活动，缓解因聚焦目标所引起的精神压力。

自古以来，人类一直在用自然的表现形式塑造建筑空间，例如树木、骨骼、鸟的翅膀、贝壳这些都成为建筑创造中的"明星"灵感；许多经典的建筑装饰都来源于自然形态；无数的织物图案都来源于树叶、花朵和动物皮毛的纹理。当代建筑和设计也已经引入了更多的有机建筑形式，具有更柔的边缘，甚至是仿生的功能。寒地建筑空间应以寒地生物的形态为主要转译对象，原因在于寒地生物的形态本身具有能够抵御寒冷气候的特性，以此转化而来的建筑空间能够满足适寒要求。另外对寒地生物形态的提取有利于表达建筑空间的地域性，增强寒地建筑的独特属性，激发个体的地域归属感。从转译方式上看，一种是对生物形态直观模式的复制和拟合；另一种是对深层规律的提取和运用。前者产生的建筑空间在外观上与自然相像，给予个体明确的自然体验；后者是在构型关系上对自然的呼应，给予个体有关自然的暗示和联想。

1．自然形态的直观模拟

对于自然形态的直观再现分为立体模拟和平面模拟两种方式，以立体模拟转译自然的三维形态，以平面模拟转译自然的二维形态。

（1）立体模拟。立体模拟可以体现在建筑整体的功能或空间组构方式或局部构件形态上。华盛顿大学生命科学楼的核心筒设计体现了对自然形态的立体模拟，电梯具有向上运动的特性，这与树木向上生长的本质相契合，所以电梯的整体体量模拟了树木主干的形态，底层宽大而厚重，随着楼层的上升而逐渐变细变窄。核心筒的围护界面采用60米高由花旗松加工而成的板材作为覆面材料，展现出完整而连续的树皮纹理。为了在整体环境层面响应向上生长的树木理念，建筑每层间歇播放不同的鸟鸣声，代表不同高度上栖息的鸟类。在核心筒的周围，是由光伏玻璃肋板组成的通透的外界面，这一反差体现了自然与科技和谐相处的设计理念（图5-27）。

在局部构件形态上，应以转译自然生物的功能为主，寻求建筑空间中与其相似的功能需求，将二者契合，建构符合生物功能特点的转译形态。例如美国克莱姆大学建筑学院中起到结构支撑作用的树形柱，与透明界面结合，共同将整座建筑空间打造成了一片通透的白色树林。室内的树形柱在临近顶棚处，发散出4条分支，与上空圆环形的灯具结合，模拟树干与树冠的姿态（图5-28）。设计用建筑空间中的结构体系模拟自然环境中同样具有支撑功能的树的形态，达到了形态和功能的统一，引导人顺理成章地联想到自然。

（2）平面模拟。加拿大魁北克大学蒙特利尔分校校园设计中从建筑界面和景观界面两方面体现了对自然形态的平面转译（图5-29）。生物科学院系馆建筑外部的透明界面以竹节的形态作为母题，纵向贯穿整体建筑，横向排列形成韵律感，深绿色的玻璃加深了"竹"的意象，每根"竹竿"无规律地、或左或右地倾倒使建筑立面看起来像一片茂密的竹林，建筑不再是环境中的突变体，而成了庭院的绿色背景。建筑组团间的庭院设计以花

（a）仿树形核心筒　　　　　　　　（b）高技术人工界面　　　　　　　（c）自然与人工有机结合

图5-27　华盛顿大学生命科学楼对自然的立体模拟（来源：https://perkinswill.com/）

（a）外部空间　　　　　　　　　　　　　　　　　　（b）内部空间

图5-28　美国克莱姆大学局部构件对自然的立体模拟（来源：http://www.thomasphifer.com/）

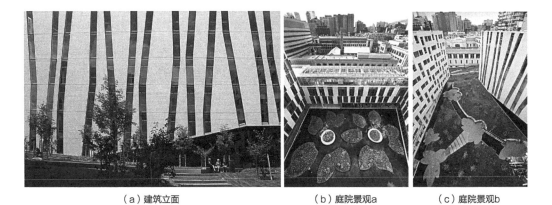

（a）建筑立面　　　　　　　（b）庭院景观a　　　　　　（c）庭院景观b

图5-29　加拿大魁北克大学蒙特利尔分校自然形态的平面模拟（来源：www.archdaily.cn）

卉的形状为基底，巨大的花瓣图案中包罗着色彩各异的植物，这样的设计使植物形象对于建筑顶层空间中的人来说更加容易辨识，以放大植物形态的手法弥补了顶层视角中对于植物细节的观赏缺失，建立了全方位的绿色体验。

2. 自然规律的间接模拟

大自然是排斥直线和直角的，自然具有它自身的构型模式（图5-30）。例如黄金分割角约为137.5°，是一些花卉中连续两个花瓣之间的角度；黄金分割比例为1∶1.618，这一比例在生长和展开的生物形态中反复出现，比如向日葵的种子排列或贝壳的螺旋；斐波那契数列是一个连续的数列，1，1，2，3，5，8，13，21，34，55，89，144，…，这个数列从第三项开始，每一项都等于前两项之和，植物叶和花枝之间的间隔常以这一模式排列，这样生长的植物枝叶，每一片单体不会对其他部分形成遮挡，从而保证阳光和雨水顺利穿透整个体系。自然构型的数学规律决定了从单元到整体的组成方式，是各部分功能有机协作的形态基础，对这种数学规律的提取与运用不仅能创造类似自然的形态，也能获得良好的功能运作。

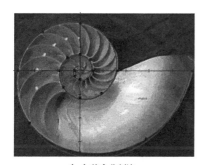 

（a）黄金分割比　　　　　　　　　　　　　（b）斐波那契数列

图5-30　自然的数字规律提取（来源：（a）waihuidiy.com；（b）Joye Y. Fractal architecture could be good for you[J]. Nexus Network Journal, 2007, 9: 311-320.）

生物形态和模式在建筑空间中的表达已经延续了几千年，许多文化在建设神圣空间时都使用了这些数字关系，例如埃及的金字塔、帕特农神庙、巴黎圣母院和印度泰姬陵等。在中世纪伊斯兰教盛行的时期，众多依托于教会的高等教育机构通过建立与自然的直接和间接联系使人类的求知欲望得以蓬勃发展，在这一时期，物理、化学、医学和工程学等科学领域都取得了突破性的进展，伊斯兰学校也是最早的综合体现亲生物设计理念的教学环境，众多研究验证了这些建筑对使用者认知和智力层面的影响，这些建筑的综合评价往往是有机的、有生命力的、完整的、舒适自由的、永恒的[1]。

---

[1] Essawy S, Kamel B, Samir M. Sacred buildings and brain performance：The effect of Sultan Hasan Mosque on brain waves of its users[J]. Creative Space, 2014, 1(2)：125-143.

例如，其平面构型中运用了黄金分割的比例关系，具有黄金比例的矩形构成基本教学单元，然后各单元在黄金比例的限定下组合成不同学科的群体空间，不同学科又通过更大尺度的黄金比例被统一集聚在公共空间四周（图5-31）。另外在地板或天棚中运用了分形的形态构成规律，以统一的逻辑和简单的秩序创造了丰富变化的界面形态，这种对于构型规律的运用所生成的形态具有多义性，能够让个体产生不同的联想，在该设计中，天棚可以被联想成星空、飘雪或繁花等自然事物（图5-32）。

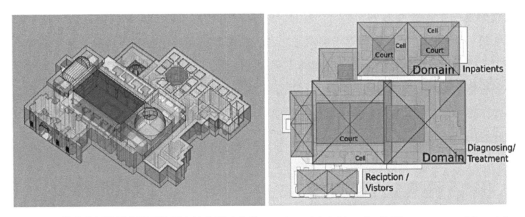

图5-31　黄金分割比例在平面构型中的应用（来源：Mohamed S A, Veronica S. History matters: The origins of biophilic design of innovative learning spaces in traditional architecture[J]. Architecture Research, 2018, 12(3): 108-127.）

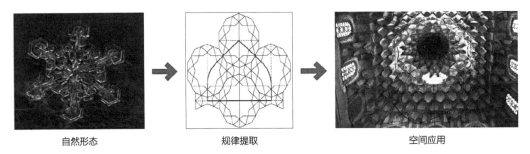

自然形态　　　　　　　　规律提取　　　　　　　　空间应用

图5-32　雪花构型规律在顶部界面的应用（来源：http://premoderno.tumblr.com and archnet.org）

自然规律的模拟不局限于固定公式的应用或既有形态的复刻，也可寻求人工建造技术体系下的适用途径。如果将自然构型规律视为原始的公理，则在其基础上可分化出适用于不同情景或建造语言下的定理。例如芬兰赫尔辛基Seurasaari园区内临时展览装置（图5-33），由568块木楔构成，整体形态如同倒置的牵牛花，入口处开敞，沿河岸方向收缩，形成了充满动感和进深感的视觉体验。但这一形态并不能完全用既有的自然构型原理所描述，是由计算机数字建模技术与传统木工方法结合产生的、具有类似于"分形"形态视觉效果的空间形态。

综上，相比于对自然元素或景观形态的模仿与复制，对自然生物构型规律的提取与应用是一种更深层次的转译过程，透过自然形态发挥积极知觉效益的表象深究其内在机理，将有助于推进人工形态设计原理的改进与革新，同时以形态建构为出发点的自然规律的应用，也将带动功能层面的优化。

图5-33　芬兰赫尔辛基Seurasaari园区内临时展览装置（来源：http://www.eetj.fi/）

5.2.3　转译自然变化特性

自然环境有别于建筑环境的一项明显特征是：自然环境能够随时间的更迭表现出不同的形态，一年中春夏秋冬的自然景观，一天中日出、正午和夜晚中截然不同的天空景象，随时间而变化是有机动态的体现，是一种正确运行规律的外显，反映了生长和衰老的动力，显示了大自然对不断变化的条件做出适应性反应的能力，人类偏好具有这一特点的环境。当统一和稳定这两种相辅相成的品质相平衡时，这些动态趋势往往是最令人满意的。建筑空间环境对自然不断更迭变化这一特质的转译能够赋予人工空间生命性，通过变化的外观传达动力，赋予个体因时间而改变的环境体验，改善建筑环境一成不变的空间形象带来的单调感，同时也契合建筑功能不断发展更新的要求。

转译自然的更迭变化有两种方式：第一是建筑表皮充当沟通室内外的媒介，通过对室外自然景观的引入为自身增添变化性的要素；第二是建筑空间自身具有一定的可变性，在适应不同时间段的功能需求的基础上，塑造变化性景观。

1．引入变化性自然景观

引入自然景观的重点在于创造灰空间或与室外建立视觉联系，通常可采用建筑体量变化或透明界面等手法。但对于寒地建筑来说，过多的体量变化和透明界面会导致室内热量的流失，不利于保温节能，并且通过侧向建筑界面与户外保持联系的手段难以实现各个房间的均好性，同时寒地冬季室外绿色植物凋零，变化性的自然景观较少，所以应在不破坏节能保温的前提下寻求新的变化性景观资源。

而天空是寒地冬季主要的变化性景观，包含适时而动的光线和夜晚随机的繁星景象，随之而产生的室内光环境的变化，即使不能被直接看到，也能被个体间接感受。所以可通过顶界面将变化性的天空景观引入中庭空间，再利用中庭的公共性吸引人群到访，或将天空的变化景观向四周辐射，传递给建筑中大多数室内空间，实现个体对变化景观的体验（图5-34）。将这一原理进行推广，建筑的顶层空间都有与天空实现沟通并包罗动态景观

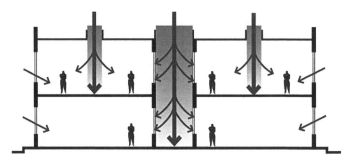

图5-34　动态景观的引入模式

透明界面引入天空景观　　　　　　　　　　　　　　　透明体量引入天空景观

图5-35　挪威奥斯陆大学图书馆上层空间中的变化性景观（来源：http://www.reiulframstadarchitects.com/）

的潜力，因此可建立以引入天空要素为主要方式的建筑室内动态景观网络。

挪威奥斯陆大学图书馆（图5-35）在上层空间的设计中，最大限度地挖掘了天空的恢复优势，除了通过天窗设计建立与天空的视觉联系，还进行了与室外环境更深入的互动。在顶层的学习空间中，蓝色玻璃体量的介入打通了冬季室内与室外的屏障，这是一处感知外界环境的窗口，进入其中，不仅可以暂时远离枯燥的学习体验，获得片刻的宁静和沉思，还能仰望星空、汲取自然的恢复力量，甚至是吹吹冬季的冷风或任由正午的暖阳照射在脸庞。这一连通室内与天空的介入体发挥了吸纳天空景观的作用，为室内的学生提供了一处光线变化的景观。

2．创造变化性空间形态

实现变化的根本是提供一种动力，对于寒地建筑空间环境，这种动力可以来源于自然，例如风能、光能、潮汐能等，也可以是人工动能，例如电能、水能等。通过动力的植入，催生出人工空间不同形式的变化。变化形式有两种，一种是在不改变自身结构性能或围护性能的条件下发生外观形状的改变，例如光伏变色玻璃；另一种是受力作用后形态或运动状态发生改变，考虑到建筑性能和功能的稳定性要求，进行这种变化方式的建筑要素应为脱离主体结构之外或附加在主要围护结构之上的独立构件。

在对自然动力的运用上，可参考印第安纳波利斯的埃斯肯纳兹医院的停车场的设计实例。建筑外观借助当地储量充沛的风能实现了外观的可变，建筑外立面悬挂一片由118000块轻质铝片、通过高强纤维绳连接而成的附属表皮，当风达到一定强度时，推动表皮运动，各个单体铝片之间的柔性连接保证了众多单体在统一运动趋势的联动下也能体现各自差异化的运动状态（图5-36）。在较远的视点观看，建筑立面像一块被吹动的湖面，产生阵阵流动的涟漪，当视点拉近，每个铝片由于与日照的夹角不同，对光产生了不同程度的反射，体现出波光粼粼的自然图像。

位于丹麦哥本哈根滨水区的一座媒体大楼的主立面上安装了一套名为"明天的天气"的灯光装置，它能够根据第二天天气的状况而显示不同的光影效果，由于其位置的显著性，大楼的这一变化不仅能够被内部的使用者感知，同时也为人行天桥及水岸对面的居民提供了"天气预报"，这一装置不仅让建筑本身在环境中熠熠生辉，同时也对自然进行了有意义的呼应（图5-37）。

加拿大卡尔加里市舒立克研究中心

图5-36　自然动力产生动态外观（来源：https://archpaper.com/2014/08/urbanas-shape-shifting-parking-garage-facade/）

（图5-38）的建筑立面使用了自然和人工双重动力创造了动态外观。建筑的南立面是完整的长方形，安装有四层高的动态景观玻璃，玻璃会随阳光的增强而变暗，使光线和得热量适应室内房间的使用需求，并在白天展现出明暗变化的立面景观。在夜晚，立面上的LED屏幕播放预先编程的以抽象图案为主题的影像，当夜幕逐渐降临的时候，建筑立面由单一的着色状态缓慢转变为具象的图案。

另外连续而流畅的空间元素能够产生一定的动势，因此建筑空间设计中可借助延续的

　　（a）　　　　　　　　　　（b）　　　　　　　　　　（c）

图5-37　丹麦哥本哈根媒体大楼不同的灯光效果（来源：https://www.plh.dk/）

图5-38 加拿大卡尔加里市舒立克研究中心的变化性建筑立面（来源：http://www.dsai.ca/）

图5-39 加拿大多伦多Slack办公楼室内空间的变化性形态（来源：http://www.dubbeldam.ca）

（a）中庭空间　　　　　　　　　　　　　　　（b）界面装饰

图5-40 丹麦科灵大学教学楼的动态设计（来源：https://henninglarsen.com/）

折线或曲线等此类设计语言，在静止的空间中塑造动感。例如加拿大多伦多Slack办公楼
（图5-39）的交通空间和共享空间利用顶界面上闪电形态的光带创造动感，同时彰显其高
科技的企业背景，另外彩色的条形装饰贯穿主体流线，在古朴厚重的砖墙映衬下，更显生
动跳跃，二者以静态表达着运动，以对比构建空间的变化。再如丹麦科灵大学教学楼的中
庭空间（图5-40），将60°圆角弯折的单元梯段进行旋转，得到在不同层高上变化的连续
交通流线，营造了充满活力和动感的中庭空间。公共空间和主要交通空间中以"时间"为
主题的内部装饰也对这种流动的态势进行呼应，横向密排的纤细木条产生富于律动的内墙
背景，上面点缀具有鲜明色彩反差的红色线条，线条以自由流畅的波浪形式贯穿界面，并
首尾闭合，当学生沿着界面行走的时候，与之产生相对运动，本来静止的墙面由于线条的
高低起伏而呈现动感。

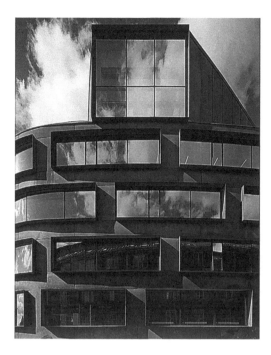

图5-41　材料锈蚀体现时间变化（来源：www.designboom.com）

　　最后可选择能够自然老化或风化的材料应用于建筑表面，以形象地体现时间的流逝。瑞典斯德哥尔摩皇家工学院建筑学院（图5-41）大楼外立面采用红棕色的铜钢合金，表面由于金属的锈蚀产生了斑驳的纹理，这种立面效果不仅与周边建于20世纪早期的砖砌建筑互为呼应，还传达了一种历经时间的岁月感，并且红棕的色调在冬季给予人们温暖的感受。

5.3 寒地自然模式的抽象再现

　　在人类漫长的生存进化过程中，自然环境不仅塑造了人类生理上的躯体形态，更成就了心理与感知机制中的特征。在人类生产水平极端低下的野蛮时代，环境是决定个体生存与否的决定性要素，这种巨大的依赖促成了人类对于某些利于生存的环境设置的先天偏好。例如人们通常对有清晰视线的开放空间具有偏好，由于这样的环境为人类祖先提供了有利于"狩猎—采集"的生存优势。

　　人类的思维模式就像是由自然选择"设计"的信息处理器，在漫长的进化过程中，大脑不断地调节和校正自身的感知和行动模式以适应自然，因此大脑的认知过程反映了先前的适应历程，大脑所呈现出的认知机制可以通过所经历的进化适应过程来理解[①]。通过探索

---

① Sznycer D, Tooby J, Cosmides L. Evolutionary Psychology[M]. New York：Cambridge University Press, 2011：25.

寒冷地区人类在进化过程中形成的独特生存机制，为人类对某些特定空间设置的偏好提供解释，推导出利于生存进化的空间图谱，将其应用于建筑空间的设计中，实现建筑空间环境对先天偏好的支持和满足，从进化本源的角度探讨适宜注意力恢复的建筑空间环境设计方法。

　　首先，"庇护与瞭望"法则表明人类天生偏好提供前景和避难所的环境，处于这样的环境下，可以在后方具有安全屏障保护的同时，瞭望到前方未知的攻击危险，这是规避捕食者的前提条件，这样的环境意味着在茹毛饮血的野蛮时代可以存活下来，处于这样环境中的个体具有明显的生存优势，虽然现代社会的人们无需担心来自捕食者的危险，但在长期的进化过程中，这种"前景与避难"环境给人们带来的安全感和舒适感已经根深蒂固，不可撼动。然后，"诱惑与神秘"机制诠释了人类在生存得到基本保障之后对于发展的需求，神秘感是环境中未知因素的体现，代表了更多的生存机会和可能性，预示着有潜藏信息和资源等待发现。从发现食物、寻找优质栖息地到火种的运用，可以看出在人类文明伊始，进步与发展的源动力来自自然中存在的种种诱惑和人们对于这些诱惑的不断探索，在现代社会人类依旧保留了对这种环境特点的偏好和浓厚的访问欲望。最后，"冒险与刺激"机制揭示了人类能从惊险刺激中获得快乐和享受的进化学本源，人类的生存技能不仅是对危险的一味躲避，更包括应对和战胜危机，人类需要培养对危险的警惕性、敏感性，当对其具有一定的掌控力，将体会到更高层次的快乐和满足。

5.3.1　抽象"前景与避难"模式

　　人类是在对前景和避难所的互补利益的适应性反应中进化的。前景（Prospect）指对周围环境的远景，使人能够获取环境信息、感知危险和有利机会；而避难所（Refuge）则提供了安全的后方。这样的环境设施成就了个体在观察更广阔空间和退入更私密空间中的自由选择，使个体获得了良好的安全感、控制感和自由感。这种互补的条件蕴藏在自然环境中，例如森林的边缘、树上和能够眺望远方的洞穴

图5-42　自然环境中的前景与避难空间（来源：http://premoderno.tumblr.com and archnet.org）

（图5-42），在生存进化的初始，占据这种环境的个体能够在保障自身安全的条件下，对领地、食物和天敌的状况进行观察，这是有利于生存的空间生境。

　　1.基本构型与原理

　　"前景"指能够从一个空间看到另一个空间，或者从一个较高的位置看到景色，可通

过建立良好的外部视野或内部空间之间的视觉联系而实现；"避难"指从封闭的私人空间监视广阔的开放空间；可由安全的隐藏性设置来提供。一个良好的"前景与避难"设置在空间感受上是与周围环境分离的或独立的，让人产生宁静的、被拥抱和保护的感觉，同时又不会造成不必要的疏离感。

"前景与避难"空间是前景与避难两种空间特点的结合，可以通过多种空间建造的手段实现，但总体上应遵循以下设计原则。首先，空间不应是完全封闭的，应与更大范围内的环境维持一定的联系，通常是大空间中易于访问和具有保护性的单元。其次，从注意力恢复的角度，空间通常具备以下避难功能：对天气或气候庇护、言语或视觉上的隐私、反思或冥想、休息或放松、阅读、复杂认知功能、人身危险防护。然后，空间的围合度过低，难以提供必要的保护感；围合度过高，会引起与周围环境的隔绝感，通常三个方向上的围合是适宜的，其中头顶和背部的保护是必不可少的。最后，空间的前景应具有一定吸引力且能代表大范围环境的典型特征，辅助个体通过对前景这一局部视图的观察获得对总体环境的预判和感知。

对于以心理恢复为设计目标的寒地建筑空间环境，需要"躲避"的要素是气候压力和消耗定向注意力的无关事件，可以"展望"的前景要素是能够引起恢复体验的形态或活动事件，所以寒地建筑室内环境中"前景与避难"空间具有6种模式（表5-2）。

寒地建筑中"前景与避难"空间的模式　　　　　　　　　　　表5-2

		前景要素		
		绿色景观	冰雪景观	娱乐活动
避难要素	寒冷气候			
	压力事件			

第一，以绿色景观为前景并对寒冷气候进行遮蔽，这种模式通常发生于冬季的建筑内部空间，绿色景观以虚拟性自然或小型室内绿植为主，适宜对室内的复杂认知任务或安静地独处冥想等活动进行庇护；第二，以冰雪景观为前景并对寒冷气候进行遮蔽，通常位于主要功能性建筑内外交接的界面处或室外活动场地中的庇护单元，适宜对冬季室外活动进行庇护；第三，以娱乐活动为前景而对寒冷气候进行抵御，通常位于建筑内部的公共区域或户外的公共空间等承载广泛且丰富活动的场所，在公共空间中对私密或个性化需求给予

一定程度的支持，为小组讨论、私密交谈等活动提供场所；第四，以绿色景观为前景对压力事件进行遮蔽，主要针对环境压力密集区域，这种模式的"前景与避难"设置致力于使个体暂时远离压力活动或使个体产生竞争意识的人物，与外界的联系相对较少，私密程度最高；第五，以冰雪景观为前景对压力事件进行屏蔽，这种模式主要应用于室外冰雪活动或冰雪展览空间，以冰雪景观作为引发恢复的契机，同时对低温和寒风等引起生理压力的要素进行规避；第六，以娱乐活动为前景对压力事件进行遮蔽，以公共区域的娱乐活动吸引建筑内部从事高强度认知活动的个体走出和远离当前的压力，获得暂时的放松。

2．实施路径

在"前景与避难"空间模式中，"避难"感的营建主要基于空间体量的建构，"前景"的塑造则更多取决于空间朝向与视野的设计。根据提供"避难"的空间主体的类型差异，可建构分别以专项空间、胞体单元为载体的"前景与避难"空间。

（1）整体空间。以一项具备完整功能和边界的整体空间作为设计本体，塑造面向建筑内部绝大多数使用者的基于前景避难构型的疗愈空间。首先宜与建筑内部既有的社交、冥想、阅读等静态功能相结合，通过功能意义吸引使用者到访与停留；然后通过流线或界面的设计将该空间与主要环境刺激隔绝，并提供支持围合感的平面构型和垂直界面，同时朝向良好的视觉景观。这种设计方法能够创造一种相对专项、集中的疗愈体验，通常适用于强调疗愈性体验的建筑类型，例如康养建筑和医疗建筑。

赫尔辛基海员中心（图5-43）位于港口附近，致力于向过往的船员提供一处休息的场所，是一座集休闲、餐饮、住宿为一体的多功能建筑。在其有限的空间中设置一个小型交往空间，在使用者的后背方向，封闭的弧形界面营造了包围的动势，通高的书架借一步围合空间，在使用者的前方，透明界面提供了开敞的视野，玻璃门创造了进入外部空间的通道，同时顶部光带和地面的红色图案进一步限定并强调了使用者面朝的方向，这里作为一处典型的前景与避难空间，为疲惫的旅行者提供了身心休憩的港湾。

（2）胞体单元。胞体单元存在于室内空间，并自成体系，可以是小型空间、家具或装置等，应以占用空间最小化、灵活可变、模式丰富为设计原则。这种设计将为开放式整体空间中的使用者提供暂时远离当前压力刺激的机会，适用于集公共与私密两项对立需求为一体的空间类型，例如图书馆、展览厅等。另外隔离单元不应造成个体与环境之间的割裂，那样会使个体因丧失对环境的掌控而引入新的消耗事件，所以隔离单元应与外界保持一定的视

图5-43　赫尔辛基海员中心（来源：http://www.ark-house.com/）

觉或行为联系。

　　例如，丹麦科灵的SDU校园建筑内部设有不同围合度的隔离单体，满足多种学习活动的需求。第一种是通过对空间的二次划分形成的可调控界面的全面式隔离单元，其特点是与外界实现最大限度的隔离，并可根据使用个体的偏好调节与外界视觉联系的程度和方式，这类空间适合对声环境要求较高或会对周围环境产生较大干扰或较私密的活动，例如个人学习、多人学习和小组讨论等多种模式（图5-44a）；第二种是界面高度为1.2米的环状侧向隔离体，具有占地面积小、内聚力强的特点且有一定变化性，使用者可通过站立或坐下的动作转换调整自身被隔离的程度，这类隔离单元适合对声环境要求不高，但需要团队协作而进行的学习活动（图5-44b）；第三种是半环状的独立体，与前一种相比增大了开放程度，使用者与外界存在一定的交流，同时背后具有保护性的实体界面，模拟了"角落"给予个体的舒适感和安全感，并且第二种与第三种隔离单元都辅助以室内绿色盆栽，进一步加强其恢复性（图5-44c）。

（a）全面隔离　　　　　　　（b）侧向隔离　　　　　　　（c）半侧向隔离

图5-44　室内空间的隔离单元（来源：https://henninglarsen.com/）

　　另外，可通过局部界面的凹进提供顶部和背部的围合，创造临时性的"前景与避难"空间（图5-45）。还可通过在整体空间建构异质单元形成有别于普遍氛围之外的隔离体，例如通过抬高体量创造居高临下的视角，身处其中的个体对整体环境具有良好的视野，同时又能在身体位置上与环境中的其他个体保持距离（图5-46）。

图5-45　界面凹凸型"前景与避难"空间（来源：MSDL architectes）

　　综上，寒地建筑空间环境中"前景与避难"空间的设计首先应明确可展望的视觉景观和需要规避的环境压力，再结合建筑空间既定功能与本体形态特征，划定"前景与避难"空间的位置与范围，再通过垂直界面或装置设施的设计进一步引导与恢复性景观的视觉联系、强化空间对个体的围合感和庇护感。

图5-46   垂直高差型"前景与避难"空间（来源：http://www.reiulframstadarchitects.com/）

5.3.2   抽象"诱惑与神秘"模式

神秘（Mystery）指在深入探索环境的前提下能够获取新信息的希望或暗示，是对环境中信息不确定程度的衡量，是人类对空间环境偏好预测因子之一。神秘与惊喜不同，神秘指个体在现有的位置时对即将出现的信息有所推断，只需进一步探索加以确定，而"诱惑"就是进行这种推断的环境提示和进一步探索的环境动力，所以"神秘"因为具备"诱惑"而区别于惊喜，惊喜指出乎意料的信息突然显露，而神秘的环境中新信息与已有信息是连续的，个体能够从当前的位置中预测到下一步信息的出现。

"诱惑与神秘"（Enticement and Mystery）这一环境设置向个体承诺了更多的信息，是对当前有利位置的部分诠释。在漫长的进化过程中，这样的环境往往意味着食物、栖息地等优质生存资源和发展机会出现的可能性。即使在无需狩猎的现代社会，人类依旧保留了对这种环境的先天偏好，因为它满足了个体对环境的两种基本需求：理解和探索，如果你在当前位置的基础上继续往前走，你可以发现更多，前方还有更值得看的东西。身处于这样的环境中，个体的探索欲望、兴趣和好奇心得到增强，引发推理性的心理活动或探索性反应，从而增强对环境的偏好和与环境的作用深度，激发快乐感受、支持压力减轻和认知资源恢复。同时，建筑环境中的诱惑特质能够促进社会互动和思维创新。因此，在寒地建筑中，可以通过对某一空间环境的神秘设计，增强个体对其偏好，以提升该空间的恢复性。

1. 基本构型与原理

（1）对环境偏好的影响。当考虑到人与环境的关系时，信息需求是至关重要的，信息需求的满足意味着对所处环境的理解和掌控、所面临发展机会或天敌危险的洞悉和判断。根据偏好矩阵可知（表5-3）：这种信息需求分为理解和探索两类。首先，理解环境这一需求在生活的各个领域普遍存在。当面对一种环境设置，人们的第一反应是理解和诠释其中的含义。例如，当人们无法理解现代艺术品时，会感到沮丧或厌烦。所以人类偏爱能够满足信息需求的环境。然后在"理解"的基础上，探索是人对环境更高层次的信息需求，探索意味着未知的信息和新鲜的机遇，是发展的暗示，能够激发好奇。另外由于获取信息所需定向注意力的参与程度不同，一种是直观的、无需特定的努力就能获取的即时信息；另一种是需要想象力和推断力的参与才能解读的间接信息，后者比前者的认知处理过程更加复杂。

偏好矩阵　　　　　　　　　　　　　　　　　　　　表5-3

信息需求	理解	探索
即时获取	一致性	复杂性
推断、想象、预测获取	易读性	神秘性

（来源：Kaplan R, Kaplan S. The Experience of Nature: A Psychological Perspective[M]. New York: ambridge University Press, 1989: 90.）

根据上述分析可知，能够满足个体对环境信息需求的环境可归纳为4项特点："即时信息被理解""即时信息被探索""推断信息被理解"和"推断信息被探索"。其中"即时信息被理解"要求环境所提供的信息与整体背景具有一致性，才能保证信息在短时间被轻易理解；"即时信息被探索"要求信息具有一定的复杂性，才能引发深层次的探索；"推断信息被理解"要求信息就有较强的可读性，能够引发个体明显的想象或思考；"推断信息被探索"对信息的类型具有较高的要求，其应具有一定的神秘性，不会被轻易完全探知，但又给人以部分的提示，激发个体进行探索。所以，神秘的环境设置有利于个体对环境信息需求的满足，能够提升环境的偏好程度和对个体心理的积极支持。

（2）空间转译。"诱惑与神秘"意味着观看和移动到一个比当前所处地点更明亮或开阔的环境，以发现更多的环境特征和获取更多的信息。这种机制无法在一个固定的点得以体现，而需要在从起点出发的移动或行进过程中体现。影响神秘等级的要素[1]：屏障（前景在视觉上受到阻碍或遮挡的程度）；视距（从起点到终点的距离）；前景要素对观察者的围合程度；身体访问的可达性；前景的光亮程度。

将个体在某一特定空间或某一特定路线中的身体或目光移动的过程解构为起点、终点

---

[1] Gimblett H R, Itami R M, Fitzgibbon J E. Mystery in an information processing model of landscape preference[J]. Landscape journal(USA), 1985, 4(2)：87-95.

和路径。以此为基础,探究建筑空间环境中"诱惑与神秘"设置的建构方法。起点所处的环境特征应相对平淡,终点应相对突显,具有引人注目的特征,以提供"诱惑";同时路径中应具有一定的遮挡和掩体,使个体在被强烈吸引的基础上,又不能轻易观其全貌,以提供"神秘",二者共同作用才能成就"神秘与诱惑"特点。

"诱惑"特点的空间设计方法主要体现在起点与终点之间的显著对比或终点的强烈吸引两方面,其中显著的对比可通过光亮程度或空间尺度来实现,考虑到过度的黑暗和狭窄会导致不被理解的惊讶或恐惧,所以终点应通过亮度的增强而非减弱以及空间尺度的扩展而非缩小来实现这种对比。而在终点处制造强烈吸引的方法主要是提供感官刺激,包括视觉或听觉的刺激。

"神秘"特点的实现主要通过对行进过程中的路径进行相关设计以塑造适当遮掩的前景。可利用路径的曲折蜿蜒、地形的高低起伏、半透明界面或植被以及构筑物等实现;同样为了避免不愉快的惊吓,应避免在较浅景深上出现模糊的视野,当景深处于6~30米为适宜[①]。焦点对象至少一个边缘被遮挡,两边为最适宜。个体通过该路径的速度较快时,终点处发出引力的主体尺度也需相应增大,以便在较短时段内对个体产生吸引。另外神秘感会随着时间的推移和接触频次的增加而淡化,但可以采用一些循环的内容或信息进行弥补,例如在公共空间中,虽然空间的设置相对固定,但来往的人流和所进行的活动处于不断变化的状态,所以可以借助不变环境中的可变要素对"诱惑与神秘"设置进行一定程度上的更新。

在高视觉可达性的环境中,环境的"诱惑与神秘"程度与偏好呈正相关,机制更容易发挥其恢复特性,而视觉可达性低的环境,由于环境信息不能被轻易触及或理解,"神秘"往往会引发恐惧,难以通过有诱惑力的吸引点带动个体对环境的深入访问。实际上,"诱惑与神秘"设置是通过对所处位置到前方某一点之间所经路途的一系列设计,增强所处位置的"诱惑与神秘"特性和前方点的偏好程度,使个体在移动的空间体验中产生积极的情绪,达到恢复的效果。所以"诱惑与神秘"特性的空间实现关键在于视点到焦点之间的路径设计和遮挡设计。

2. 实施路径

(1)基于路径改变的动态模式。路径设计较容易体现在交通空间中,但因其会对个体产生吸引而减缓行进速度,且复杂的特点也会削弱空间的流通能力,所以应避免出现在以交通为主要功能的人流集聚的场所,而是应用于包含休憩、观赏、交流等额外功能且具有一定方向性的交通空间中,例如建筑内部的入口处以及边庭、走廊等过渡空间,或室外环境中的步行街道和景观空间中的小径等能够短暂停留的地方。

---

① Herzog T R, Bryce A G. Mystery and Preference in Within-Forest Settings[J]. Environment and Behavior, 2007, 39(6): 779-796.

赫尔辛基双年展展馆（图5-47）利用环状的基本形态组织观展流线，通过对整段路程的切削引入出入口并划分展览区域，同时形成了特定区段内游览者"诱惑与神秘"的体验：在封闭的线性空间中，超人尺度的巨型木构支柱和昏暗的光环境给人一定的压迫，弯曲的路径造成了视野的遮蔽，这种异乎寻常且不见前路的环境催生出了神秘感，同时远处出口处的明亮光线又吸引着个体向前方探索。

图5-47 赫尔辛基双年展展馆（来源：http://www.verstasarkkitehdit.fi/）

爱沙尼亚生命科学大学的体育馆（图5-48），建筑平面构型由一个四边形拉伸四角得来，因此形成了向内凹陷的曲面外墙，核心部分是方正的运动场地，二者之间形成了组织内部交通的阳光侧廊，侧廊由于外墙的凹进而呈现宽窄变化的截面，以此在建筑的南向形成了充满诱惑与神秘的空间体验。当个体从东南角A点经由一系列封闭的辅助空间，走向西南角时，A点处由于南向楼梯的遮挡光线较暗，而前方的光线明亮，且外界面的分隔产生了具有吸引力的光影，但A点到B点路径的缩窄阻碍了视线的通透，个体无法对C点的环境建立全面的认识，所以此时，C点的景象对处于A点的个体是充满诱

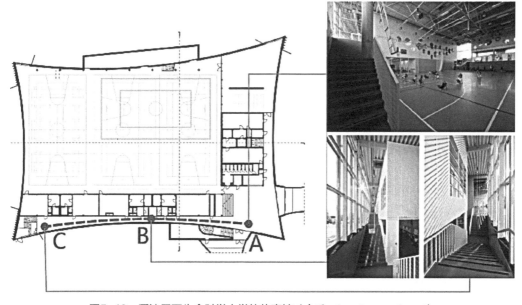

图5-48 爱沙尼亚生命科学大学的体育馆（来源：http://www.salto.ee/）

感且神秘的。随着个体继续前行，当接近C点时，视野开阔明亮，且与室外的绿地景观实现了最大限度的连接。整个过程中个体从昏暗开敞到明亮狭窄，再到明亮开敞，从被环境诱惑到解开了环境的"谜团"，收获了丰富有趣的空间体验。

（2）基于局部遮挡的静态模式。相对于路径设计，遮挡设计通过对焦点对象的部分遮挡，使个体从主要视角观看时难以轻易观其全貌，但又被其吸引，从而增强个体对焦点的偏好，提高个体访问焦点环境的主观愿望以及体验焦点环境所引发的恢复性。这种模式不需要既定的路径连接个体与焦点，但需保证二者存在视觉联系，并且可见部分应具有复杂性或新颖性，避免个体因单调感而放弃对环境的进一步探索。这种模式适用于体量较大或延展面较长的空间，具有多向的观看视角，容易暴露在公众眼前，所以无法由狭窄而唯一的路径作为神秘的先导，只能通过局部的遮挡创造"诱惑与神秘"的特性。从遮挡的主体和客体分析，存在以植物为掩体、以人工空间为表现主体和人工空间之间的相互遮挡两种形式。

植物与人工空间的结合可利用树木或灌木对建筑进行部分的遮挡，以增强建筑空间的神秘性，创造部分遮挡的视图，对建筑边缘的遮挡程度决定了个体对遮挡体背后的环境信息的憧憬程度和想象空间的大小，边缘的显现会使个体对建筑具有更明确的了解，从而削弱整体环境的神秘感，可见范围内的边缘占建筑整体边缘的比例越大，则神秘感越低。所以在绿色植物数量有限的前提下，应首先对建筑边缘或转角处进行遮挡以阻断视觉联系。另外人工空间自身的相互遮挡主要是为焦点建筑添加取景框，这个取景框可以是功能性较弱的过渡空间，例如门廊、过街天桥等通透的灰空间，也可是主体建筑之间通过高低错落进行相互遮挡。

综上，寒地建筑空间环境中的"诱惑与神秘"模式首先应塑造具备强烈吸引力和足够感知内容的视觉焦点，然后通过路径或界面的设计将其部分展露，使个体在行走流线上体验不断探索的过程，即随着时间推移对环境的认知发生显著的变化。

5.3.3　抽象"冒险与刺激"模式

一个具有"冒险与刺激"特点的空间是有趣的，让人感到兴奋并产生不可抗拒的探索欲望。冒险（Risk）是由一种本能的或习得的、被近在眼前的危险所引发的恐惧反应，但这种危险由于具有可靠的安全保障被认为是隐性的，不能造成伤害。冒险包含了两种矛盾的情绪：恐惧和快乐。恐惧来源于对明显的危险的感知，快乐来源于对风险的掌控。冒险的体验对提高清醒程度和好奇心、记忆恢复以及解决问题的执行力具有深远的积极影响。冒险与恐惧的区别在于感知危险和感知控制的程度不同，因而人类对于冒险具有较低的防御意识，这种可控的风险可以支持积极的体验，从而产生强烈的多巴胺或愉悦反应。由冒险引发的短剂量的多巴胺能够增强行动动机、提高瞬时记忆和问题解决能力，然而长时间的暴露在极度危险的环境中会导致多巴胺过度分泌而产生抑郁症和情绪障碍。青年人对于这种冒险的刺激具有更高的需求，例如大学校园中的低水平的冒险体验能够为学生带来瞬时强烈的愉悦体验，有助于其压力的舒缓和注意力的恢复。

1. 基本构型与原理

"冒险与刺激"模式的目的是引起注意和好奇，从而刷新记忆，这一模式的基本构成要素是可识别的威胁附加一种可靠的保障。在悬崖中的人行索桥上行走或在动物园里观赏食肉动物，这些都属于典型的"冒险与刺激"体验。对"冒险与刺激"进行空间转译，首先要明确人类将哪些环境特点感知为危险。从人类作为陆地生物的本性出发，高度和水体是不符合人类生存习惯的环境特质，所以当人处于一定高度或接近难以掌握的水体时，会感到恐惧。另外，人身安全和控制环境是安全感的两大主要要求，所以身体伤害和失控感也属于危险的环境特质。

首先，脱离地面、使个体具有一定的高度势能能够赋予个体失重下落的潜在危机，这一模式被普遍用于自然景观中观景平台的设计（图5-49a）。由高度引起的感知危险的水平高低取决于所处高度和维护界面，当所处高度较低、界面围合严密时，感知危险的水平相对较低，这种设置可以大量应用于日常空间，例如在超越建筑普遍高度的空间中，如两层高中庭空间，在与地面具有一定高差的位置上建造的停留或行走空间，通过横跨通道或悬挑平台提供了一种低水平的感知危险。当所处高度较高、界面围合松弛或采用透明界面时，感知危险的水平增强，同时收获的愉悦体验更加强烈，其中底部采用透明界面能够激发最高水平的冒险体验。

然后，由接近水体引起的危险包括从水面以上、水面以下或穿越水的行走或体验，这种体验的危险水平取决于水的体积和与个体的接触程度，体积较大的水体会引起较高程度的危险感知，此时应通过透明界面进行限定和围合，使个体与其保持视觉联系的同时又能消除被水打湿的担忧；而体积较小、深度较浅的水面可适当放松与其的围合，增进其与个体的作用深度。例如德国柏林波茨坦广场中流淌在台阶上的浅水面，通过淋湿路人的脚面为人们提供亲水、戏水的乐趣，创造愉悦的冒险体验（图5-49b）。

最后，通过引入对身体安全或环境控制感造成侵犯的环境特征也能创造刺激感。例如体量巨大的物体能够让人产生被伤害或无法控制的危险感，这可以体现在建筑空间中的悬臂结构，挑出的体量能够创造头顶的压迫感和失衡的跌落感。例如洛杉矶美术馆的入口空间中，利用地势的凹进创造高耸的侧界面，一块大体量的巨石悬浮在人行道的上空，这创造了一种巨石随时可能倾覆的危险感受，但两侧界面的有力支撑又为身体安全提供了可靠的保障，因此这里成为游客成群结队拍照的地点，这充分印证了"冒险与刺激"的环境特点带来的场所吸引力和偏好的增强（图5-49c）。另外，向远处无限延伸的边缘，在视野范围内没有尽头，面对这种未知且无法预测的环境，人们会丧失控制感，从而引发感知危险；以及对危险动物的亲近，包括真实的动物或虚拟的动物，例如观察活跃的蜂巢、食肉

（a）由高度引发　　　　　　　（b）由水体引发　　　　　　　（c）由失重引发

图5-49　引发危险感的空间特征（来源：（a）https://snohetta.com/;（b）http://www.dreiseitl.com/;（c）Browning W D, Ryan C O, Clancy J O.14 Patterns of biophilic design[M]. New York: Terrapin Bright Green, LLC, 14: 3-4.）

动物、真实大小的蜘蛛、蛇的照片或模型。

2．实施路径

（1）高度引发的"冒险与刺激"体验。这一模式的重点是建筑设置支持个体安全地到达并体验具有一定高度的空间，可以通过在空旷而高耸的整体中设置狭小的停留空间而实现，这适用于公共建筑的中庭。例如丹麦欧塞登大学教学楼中庭内部（图5-50），横贯对角线的单跑楼梯采用自上而下的白色细杆对楼梯进行拉拽，这种设计代替了与地面的结构连接，增强了整体的失重感，使楼梯悬浮于中庭的高空中。另外四周空间以悬挑平台的方式向外延伸，如同建筑立面外部的阳台，栏杆

图5-50　丹麦欧塞登大学教学楼中庭内部（来源：http://www.creoarkitekter.dk/）

组成的虚体界面保留了个体对所处高度的感知，楼梯和阳台设计共同提供了一种低水平的"冒险与刺激"体验。

也可通过透明性界面，实现个体与下方的视觉联系，在不改变实际高度的前提下，提高心理高度，使个体感觉正在处于悬空的状态，这适用于层高较高但受空间划分的限制而无法实现完全开敞的场所。透明界面可应用于顶部、底部或侧方（图5-51）：其中顶界面的透明会为个体带来因外部物体的失重而引发的危险感，且这种"冒险与刺激"体验会随上空环境要素（如行人或活动）的改变而更新，有利于维持长久而新鲜的冒险体验；底部

（a）顶界面　　　　　　　　　　　（b）底界面　　　　　　　　（c）侧界面

图5-51　透明界面引发的"冒险与刺激"体验（来源：（a）（b）http://www.cfmoller.com/；（c）http://www.nadaaa.com/）

界面的透明将引发相对高水平的感知危险，所以应避免透明界面遍布长距离的行走范围，应以小面积的透明界面与实体界面间隔布置，规避长时间失重而引发的忧虑或恐惧感；而侧界面的透明会引起较为舒缓平和的冒险感受，但要注意提供必要的保障措施，例如栏杆、扶手等。

（2）失控感引发的"冒险与刺激"体验。指空间中的局部设置处于一种违背常规但又具备可靠保障的状态，使个体在对环境产生担忧或惧怕后快速地因理解了保障信息而重归安全状态。通常可由悬挑的结构、延伸的边界或危险动物的象征等构成。例如美国比兹堡大学的班妮登教学楼外部具有巨大而厚重的悬挑屋檐，下窄上粗的巨型混凝土柱作为支撑结构，柱子违背结构规律的形态和沉重的屋顶共同塑造了向下倾覆的趋势，形成了高耸而狭窄的外廊空间，赋予个体强烈的失控感（图5-52a）。挪威奥斯陆大学学习中心的入口处与教学建筑普遍追求的宽敞、明亮、大气的入口空间不同，一个巨大的黑色方体悬挑在入口上空，来自头顶的压迫使经过的个体感到危机，但继续前行，随着空间的开阔，不安的感受渐渐消解，收获冒险的乐趣，这一设计在不影响功能的前提下提升了教学建筑的吸引力和趣味性（图5-52b）。

（3）水体引发的"冒险与刺激"体验。这一模式的重点是空间设置能够建立个体与水之间的联系，并且让个体感觉到有被水浸湿的潜在隐患，但又能根据当前空间的活动特征为个体提供对水的掌控自由。对于室外景观中的大型水体，可通过插入水中或露出水面的玻璃体形成阶梯或栈道，作为个体体验水的平台，或在公共空间中结合停留设施增添浅水池；对于室内空间，可采用悬挂的水族箱或封闭的水容器作为界面的组成部分，让个体充分感受水带来的冒险体验。

例如在加拿大温哥华市Shaw住宅设计中（图5-53），将泳池叠置于主体交通空间之上，这是一种双向的"冒险与刺激"设置，下层交通空间中行走的人将感受到头顶上方水体所引发的失控感，同样上层泳池内的人也可体会到透明界面带来的失重感。并且狭长的

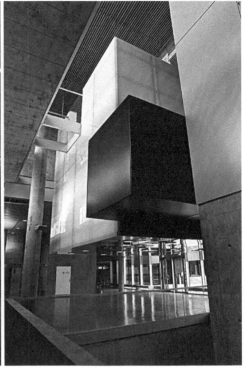

（a）美国比兹堡大学教学楼外部　　　　　　　　　（b）挪威奥斯陆大学学习中心

图5-52　失控感引发的"冒险与刺激"体验（来源：（a）http://www.edge-studio.com/；（b）http://www.reiulframstadarchitects.com/）

构型符合上下两层空间的形态特性，在有限面积的制约下实现了功能的优化。

　　综上，寒地建筑空间环境中"冒险与刺激"模式的建构基于空间自身的"虚假"失控感，即个体直观感觉好像面临危险，但又能进一步感知到保障。这种失控感的塑造主要由垂直方向的高差和具有逼近性的水体引发，一般位于建筑的入口、中庭、走廊等主要公共空间中，通过赋予"冒险与刺激"属性强化视觉张力、凸显空间性格。

图5-53　加拿大温哥华Shaw住宅的"冒险型"空间设计（来源：https://patkau.ca/）

5.4 本章小结

　　传统寒地建筑设计中对自然资源的认识仅停留在绿色植物、水体等狭义的层面，导致出现了自然资源匮乏的假象，但能够发挥恢复功效的自然要素绝不仅限于此，自然景观作为恢复性资源的使用方式也不只是直接地移植和引入。本章以亲生物设计理论为指导，以寒地特殊的自然条件为基础，提出了"寒地绿色资源的优化配适""寒地自然形态的提炼转译"和"寒地自然模式的抽象再现"三方面的寒地景观的增效利用策略，从而扩充寒地建成环境中自然资源的储备，积极地争取寒地自然的恢复潜力。首先是对绿色植物、水体等绿色资源的优化配适，充分结合寒地气候的季节性特点，依据恢复原理对夏季室外绿色资源的恢复性能进行优化、构建以室外空间为主要载体的冬季绿色体验网络，并且集中设置全年性绿色花园予以辅助。然后是对寒地特有自然景观形态的提炼转译，通过将冰雪景观形态、生物构型规律和自然变化特性引入建筑空间环境的设计中，创造能够引发自然联想的空间形态，以改善寒地真实自然景观稀缺所造成的恢复劣势。最后是对自然模式的抽象再现，将进化过程中形成的人类先天偏好的景观模式引入建筑空间环境设计中，以优化建筑空间的基本组构范式从而增强其恢复性。

第6章

人工属性的调和

对于寒地城市来说，冬季室外条件恶劣，除了必要出行，居民的活动轨迹基本局限在室内，因此建筑空间恢复性的提升是居民冬季获取恢复性体验的主要路径。而相比于自然环境，人工环境具有先天的恢复劣势，并且在寒冷气候条件作用影响下形成的建筑形式更恶化了这一缺陷，主要包括以下几个方面。

第一，强烈的单调感受。冬季气候造成的室外活动受限，以及现代生活方式的规律性共同导致了个体生活范围、活动轨迹的相对恒定，由此产生了单调枯燥的感受，个体较少地经历新鲜、与众不同的环境体验。第二，薄弱的空间引力。冬季萧条的环境氛围以及缺乏特色的建筑形式都降低了环境引力，加之恶劣气候导致的出行困难，个体非必要出行的频率和欲望降低，这不仅造成了体力活动的减少，更削弱了个体所获取的社会支持，加深了冬季寂寞、抑郁的消极感受。第三，矛盾的供需关系。对于寒地消耗定向注意力的活动空间，其主体功能与恢复需求之间存在难以调和的矛盾。

针对寒地建筑空间存在的上述三方面的恢复劣势，本章依据注意力恢复理论中恢复性环境的特质，深入剖析促成恢复的空间环境特性，结合寒地建筑的具体问题，提出能够削弱人工空间不利影响、提升其恢复性的调适干预策略，包括引发感知突变、平衡感知信息和协调双向需求（图6-1）。

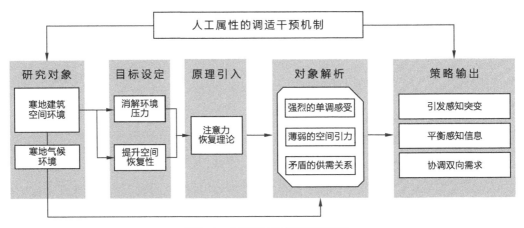

图6-1 人工属性的调适干预机制

6.1 远离性：引发感知突变

现代城市为人类提供了一种容量有限的生存空间，在激烈竞争压力的附加下，城市居民终日重复着固定单一的行动路径，体验着特色缺失、千篇一律的建筑空间，这些均是不利于恢复的。因为恢复的首要条件是注意力从当前令人疲惫的事件中抽离出来，所以此时的建筑环境即使不存在消耗注意力的无关压力源，也不能主动促进恢复。因此，建筑环境需要具备能够引发与日常情景不同心理内容的环境特质，促使个体产生"远离感"以此来开启恢复。

从表层看，引发远离感的途径有二：第一是个体仍旧身处于日常空间中，但某些环境要素促使其产生不同于当前空间特点的联想，是心理思维上的远离；第二是个体发生了真实的物理位移，远离了早已厌倦的生活空间或消耗注意力的压力源，即身体远离，但身体的远离同样是为寻求新鲜的感知内容，因此心理内容的更新是终极目标（图6-2）。

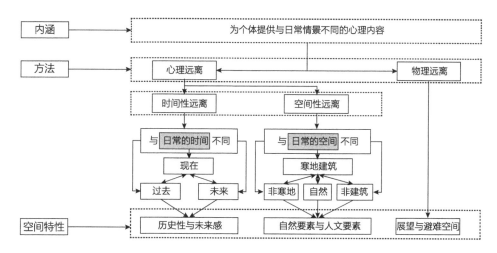

图6-2 "远离性"的空间原理

心理内容的更新主要由引入异质感知信息而带动。与当前感知环境截然不同的异质介入能够突显于众多要素之上，首要占据个体的注意，当这种信息自身具备优良的恢复属性时，即能促使个体产生愉悦美好而又与众不同的感官体验。而作为事物存在的基本属性，时间维度和空间维度可作为探求异质感官信息的首要思路。另外，人类的活动在客观世界中刻画着不可忽视的痕迹，同样催生着环境中的众多感知信息，"文化"是人类活动的体现和凝缩。因此下文将从时间维度、空间维度和文化维度论述异质感知信息的建构策略。

6.1.1 时间维度的远离

时间维度的远离是指个体感觉远离了日常的时间，在时间维度上，与"现在"相悖的是"过去"和"未来"。从哲学层面中唯物与唯心的辩证关系看，"过去"与"未来"均存在两个层面的内涵。以"过去的时间"为例，其包括真实的客观存在的过去和心理上的主观的过去，即"历史"与"回忆"，当你参观古迹时，会不由自主地流连于古人的世界，同样当你翻看旧照片时，会深陷在既往的场景，因此与二者相关的环境要素均能引发个体的"过去感",进而创造不同于日常生活的心理感受。前者具有普适的内涵,可被广泛接受和认知;而后者则建立在紧密而特殊的情感联结之上,受众较小、具有个体差异,但因个体对环境之间既定的情感偏好而能够引发更高效和强烈的心境转变。

1.过去时间:历史与"回忆"

(1)整合线索。建筑应将基地周边或基地内部的历史线索进行整合、提取与应用,将与基地联系紧密的历史或文化内涵通过可被感知的方式强调与体现,在展现区域内人文特点的同时,为新建建筑注入历史要素,使个体站在整体区域的视角上感知环境,而非局限在建筑内部,通过思维广度的扩展带动心理内容的更新,以唤起使用者对于"过去"或"回忆"的退想,进而有效提升空间的"远离感"。

多伦多凯西健康护理中心的改扩建工程中(图6-3),对基地内原有历史要素的保留与强调为其营造了温暖、舒适的环境氛围。在中庭公共空间中,旧建筑的砖墙维系着一种裸露的状态,加建部分以玻璃界面介入并连接,以低姿态传达了充分的尊重,新与旧的结合暗示着一种流动的力量,在绿色植物、泉水和阳光的映衬下,更显生机。这种设计方法既使建筑记忆得以存续,又为重疾缠身的患者带来心灵的疗愈,同时实现了建筑在历史文脉与人文关怀两个层面的回应,因此多适用于城市属性较强同时恢复需求较大的大型公共建筑。芬兰赫尔辛基的城市环境大楼(图6-4)的设计宗旨亦是通过历史要素的运用为政府办公人员创造一个具有归属感的工作环境,建筑利用厚重的体量、外表面粗糙的质感以及拱门和拱廊将自身与历史联系起来,同时简洁的外形与通透的玻璃使其不乏现代感,这座古老又现代的建筑通过整合历史线索,完成了对城市的联结和对内部使用者的关怀。

（a）中庭空间局部　　　　　　　　　　　（b）旧建筑墙面的保留

图6-3　多伦多凯西健康护理中心（来源：http://www.hariripontarini.com/）

图6-4　芬兰赫尔辛基的城市环境大楼
（来源：http://www.arklm.fi）

法国巴黎萨克来大学坐落在素有"法国硅谷"之称的科技中心，是法国"超级大学计划"的重点培育对象，整座校园的设计都贯穿"促进科研创新、提升工作效率"的理念，新建学生公寓组团设计十分注重对注意力恢复的支持，以神话人物为形象载体从不同空间设计层面提升了环境的历史感和远离性。8座建筑单体围合出内部以缪斯为主题的公园，5座圆柱形公寓楼限定了内部的行走流线，建筑外立面由印有希腊神话中代表艺术与科学的"缪斯女神"样式的像素矩阵混凝土板构成，人像的动作和神态各有特点，像是在表达一个事件或故事（图6-5）。

通过上述案例分析可知，建筑设计应从建筑基地、区域环境或城市环境等多层面深入挖掘与建筑自身功能或属性有关的文化历史内涵，并通过立面、节点或装置的设计将其赋予进建筑空间体验中，形成与当前环境背景相"冲突"的感知体验。

（2）再生资源。对于基地内既有历史建筑或具有历史感的环境要素，应给予充分的利用，从功能角度激活，完善其内部设施或进行与其新建空间属性相呼应的改造扩建，在保留历史感的同时通过优化和丰富功能提高使用频率，充分发挥其远离性的恢复特质。对于历史遗迹，应从形态角度激活，以此为核心建立观赏性景观，在强化历史感的同时通过赋予审美体验吸引使用者到访。

（a）建筑组群　　　　　　　　　　　　　　　　（b）建筑单体立面

图6-5　法国巴黎萨克来大学公寓组团对历史元素的应用（来源：http://www.lan-paris.com/）

例如加拿大多伦多大学对其已封闭多年的历史建筑进行了改造，在原有古典建筑的北侧通过现代风格体量的引入重塑了这栋古老建筑的恢宏气势（图6-6）。在场地设计方面，新建筑与老建筑之间预留出了一条具有顶部遮蔽的行人通行路线，支持步行和骑行。两端的广场将人流吸引进入建筑内部，不仅发挥了连通校园的作用，还使得更多的人能够走进历史建筑，引发不经意的远离感。在新建筑的形态设计上，通过折叠的屋顶呼应历史建筑的尖顶特点，并通过连接部分激活老建筑内部的教学功能。作为教学空间，老建筑内部的历史文化性赋予了其恢复特质，促进个体深入平和地思考。

历史建筑所蕴含的与当前日常情景不同的环境要素使其具有较高的恢复潜力，但建筑发挥恢复功能的前提是个体对其进行重复访问的欲望与实际行动，这就要求历史性环境设置能够充分匹配个体日常的行动轨迹。历史建筑或设施的再生利用不仅具有社会文化层面的意义，也可提供人工性的恢复资源，是人类对生存空间环境的需求。

2. 未来时间：科技与"幻想"

未来意味着领先甚至超越于当下，是未知和不确定的，每个人对未来的景象都充满遐想和期待，具有未来感的环境能够引发个体思维的跳跃和转变，使其产生远离感。未来感是一个难以准确界定的概念，其实现路径也是多样且个性化的，以下将通过建筑空间形态、界面材料和装饰技术三方面论证建筑未来感塑造的方法。

（1）空间形态层面。纵观历史，对重

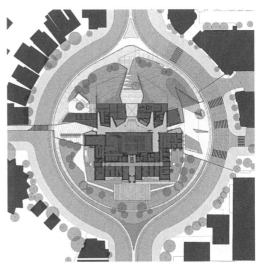

（a）场地布局

（b）单体形态

（c）内部空间

图6-6　多伦多大学对历史建筑的利用（来源：http://www.nadaaa.com/）

力的突破是一项人类始终执迷却又难以逾
越的议题，"反重力"的空间形态有违事物
存在的常见规律，符合人们对于超越现实的
构想，往往能够带入一定的未来感。多伦多
约克区的"先锋村站"（图6-7）是一座日客
流量2万人的区域性交通枢纽，大型悬挑式
的屋顶成就了先锋派张扬的设计理念，使这
座交通站成为城市区域的焦点，轻盈的立柱
与通透的底界面创造了上层体量的悬浮感，

图6-7　多伦多约克区的"先锋村站"（来源：www.
all.design）

鲜红的三角形饰面在深沉而斑驳的钢板映衬下，尤为突显，仿佛要飞向空中。建筑整体以厚
重的上层体量和纤巧的底层结构作对比，表达了一种对于突破重力的尝试。

　　另外，一些与天体星球、海洋、深地等人类未知领域相关的形态意向也具有一定的未
来感和科技感。在哈尔滨工业大学航天馆新馆的设计中（图6-8），将"飞碟"意向转译
成建筑顶部空间，在外界面点缀以不同标高的圆筒窗，既模拟了探月航天器的视窗，又好
像月球表面的陨石坑。这一设计不仅呼应了航天馆的建筑功能主题，又为校园中提供了具
有未来感和科技感的"远离性"元素。

　　最后，通过参数化设计方法或解构主义构型原则而生成的变异性建筑形态通常会挑战
人们对建筑普遍风貌的认知，与环境产生一定的冲突感，能够显著区分于日常感知环境，
给人以新奇特别的感受。因此，可利用类似设计方法建构群体建筑中的变异性单体或单体
建筑中变异性单元空间，以针对某项建筑环境系统的使用者在全过程建筑体验中诱发"远
离感"。

　　例如在美国密歇根大学整体方正的校园建筑群中，一处折线系的变异体量成为点睛之
笔，这是由著名设计大师扎哈·哈迪德设计的Eli & Edythe Broad艺术博物馆（图6-9）。建

（a）正立面　　　　　　　　　　　　　　　　（b）侧立面

图6-8　哈尔滨工业大学航天馆新馆

筑的形体通过流畅的折线展现着动感，立面变化的褶皱使建筑随着观看视角的改变呈现出变化的外观，引起强烈的好奇感。在持续5个月的漫长冬季里，这座艺术博物馆凭借独特的外形成为群体环境中凸显的要素，强化了展览馆本身具有的恢复属性。

（2）界面材料层面。建筑的外立面是建立建筑整体视觉形态的第一要素，是建筑表达自身性格的重要媒介。受到传统建

图6-9　Eli & Edythe Broad艺术博物馆（来源：www.zaha-hadid.com）

造技术的影响，建筑外立面通常采用砖石、混凝土、木材等材料。相比之下，金属面板的建筑外立面较为少见，其表面光滑，能够跟随光线产生颜色、亮度的变化，同时其可塑性强，更适应异形表面，因此大面积使用金属面板的建筑立面通常呈现出非规律的形态特征，具有一定的时尚感和未来感。加拿大魁北克"西蒙之家"零售商店（图6-10），以铝镶板为母题单元编织建筑主立面，在日光的交互中呈现出类似振动、波光粼粼的立面效果。金属板是一种常规的材料，但其通过数字化的组合排列形成不同寻常的立面效果，相比于厚重、粗糙的传统建筑外立面形象，具有较强的独特性。

另外，新兴的、非常规的建筑材料的应用是对未来建造技术的尝试，也是对未来建筑形态的构想。例如各类有机材料、生物复合材料和高强塑料材料等，通常与3D打印建造技术相结合，塑造出自然有机的空间形态。奈丽·奥克斯曼（Neri Oxman）和麻省理工学院共同研制了一种生物复合材料，由广泛存在的纤维素、壳聚糖和果胶组成，能够响应热量和湿度变化，在使用结束后可在水中分解。设计师利用这种材料制作了类似昆虫翅膀形态的表皮（图6-11），其中复杂有组织的脉络纹理清晰可见，充分表达了这种新材料在空

图6-10　加拿大魁北克"西蒙之家"零售商店的金属立面（来源：http://gkc.ca/）

图6-11　新兴建筑材料的外观形态（来源：Courtesy of MIT Media Lab）

间形态上的可塑性与创新潜力。

（3）装饰技术层面。数字媒体技术在建筑空间中的应用愈加广泛，尤其是虚拟现实（VR）和增强现实（AR）技术极大地增强了感知环境建构的可能性。利用此类技术可实现建筑空间中丰富的光影、色彩以及图像的变化，并创造身临其境的三维感官体验。同时虚拟现实技术能够完全脱离现实塑造形态、突破物理世界中长久运行的规律，因此其所呈现的视觉感受本身与日常感官环境存在显著差异，具有一定的科幻感和未来感（图6-12）。例如LED建筑立面围合成的城市街道空间（图6-13），在占用最小空间规模的前提下塑造了丰富多变的环境氛围，促进信息传递、社会交流，提供娱乐服务。

图6-12　建筑空间中的虚拟现实场景（来源：Courtesy of Arch Exists）

图6-13　LED建筑立面（来源：http://www.langarita-navarro.com/）

目前VR技术不仅存在于展陈空间，在疗愈性环境中同样具有较大的应用潜力。多感官干预环境（Multi-sensory Environments Stimulation）[①]是针对认知障碍或精神疾病的治疗环境，其原理为通过环境设计或技术的集成提供能够刺激人们不同感官的元素，以达到帮助人思维和运动技能训练，通常采用不同的设计元素或家具设备对病人的视觉、听觉、触觉等感官进行可调可控的刺激。VR技术能够实现视觉刺激的更真实呈现和视觉元素的精准设计与调控，将成为营造多感官干预环境的有效工具。

另外，与现代艺术或其他艺术风格相关的装置、家具以及装饰性元素等也是在装饰层面塑造空间未来感的一项重要手段。例如现代艺术风格的建筑元素（图6-14）由于其简约的构型规则和前卫的设计理念，其感官体验结果往往具有多义性、不确定性和艺术性，与日常生活中明确的环境感知结果不同，对这类环境刺激的感知同样能够激发远离感。因此，在建筑装饰层面，可适当运用具有艺术设计属性的装置、家具或形态元素，以提升空间的审美性和差异性，为诱发远离感提供支持。

① Duchi F, Benalcázar E, Huerta M, et al. Design of a Multisensory Room for Elderly People with Neurodegenerative Diseases[J]. World Congress on Medical Physics and Biomedical Engineering, 2018, 68(3)：207-210.

图6-14　建筑空间中的现代艺术展品（来源：http://www.smartdesignstudio.com/）

综上，建筑的未来感是一项综合性的感官体验，与不确定性、独特性、审美性等特性相关，可通过建筑空间形态、界面形态、饰面装饰等层面的空间元素进行塑造，通过诱导个体产生与日常情境不同的感知体验而支持身心恢复。

6.1.2　空间维度的远离

空间维度的远离指个体与存在压力或消耗的日常环境之间发生真实的物理位移，包含正反两方面的策略：一是通过引入积极要素消解原本空间环境的消耗型刺激；二是对既有消极环境要素进行阻挡，规避与个体的接触和联系。其中，正向应对策略的原理与时间维度上的"远离"策略相似，即引入与当前地域环境特征相异的要素，使个体感觉远离了目前的地理空间；反向应对策略的主要方法是建立渗透性物理屏障，在保证建筑功能与信息流正常通行的前提下，对潜在的压力环境要素进行抵御。

1．引入地理性异质要素

（1）非寒地景观要素。对于寒地建筑来说，与日常空间不同的环境信息首先是非寒地要素，海洋、沙漠、山丘、热带动植物等，这些寒地中罕见的自然要素会产生新奇的环境感受。因此在寒地建筑环境中，室内外自然景观设计或以自然生物为主题的形态设计可适当引入存在于非寒地区域内的生物构型，更能激发个体新奇的环境体验。

具体包括：首先以植物为主的景观应在本地物种的基础上增添外来物种的比例，采用以真实植物为主、虚拟植物为辅的原则，在视觉显著区域增加非本地物种的数量或在室内公共区域种植色彩艳丽的热带花卉；另外可以通过一些仿真植物、以植物为主题的壁画、艺术品和家具等弥补真实植物造价高昂的劣势；还可增添以动物或标本为主的景观设计，例如室内的小型水族箱或昆虫体验馆等。以上设计在选取自然原型时应以寒地稀有或热带常见的物种为优先选择。

（2）非主体功能要素。与建筑主体功能迥异的要素，例如医疗空间中的疗愈花园、办公空间中的商业休闲设施，这些看似与建筑主体功能脱离的环境设置能够为建筑的使用者提供新鲜的感知内容，具有引发远离感的潜力。因此对于环境压力较大或使用者恢复需求较高的建筑空间，例如医疗建筑或办公建筑，可适当引入与建筑主体功能区别较大的活动空间，并通过差异性的空间形态设计，为使用者创造一种远离性空间。

例如位于芬兰中部的于韦斯屈莱医院（图6-15）具有一座犹如购物中心或画廊般的

（a）整体空间　　　　　　　　　　　　　　　（b）局部空间

图6-15　芬兰于韦斯屈莱医院的"远离性"中庭空间（来源：https://jkmm.fi/）

中庭空间，并配有餐厅、艺术庭院、儿童游戏场所、商店等娱乐休闲功能，通过木构材料与浅灰色饰面板进行空间分隔，加之柔和的绿色楼梯和蓝色顶棚上蜿蜒的光带，共同塑造出了一处明亮、舒适、富有活力的酒店氛围。这颠覆了传统医院中庭冰冷、严肃的环境气氛，让具有高度恢复需求的病患体验到远离"医院"的感受。

图6-16　芬兰赫尔辛基Kalasatama学校的新型教学空间（来源：https://jkmm.fi/）

芬兰赫尔辛基的Kalasatama学校（图6-16）包括日托中心和小学两项主体功能，中心位置设置一个可容纳75名学生使用的公共教学空间，这里一改传统学校规整严肃的空间氛围，采用不规则的五边形平面形态，没有桌椅和排列整齐的壁画，而是摆放红色围合式的沙发座椅，顶部界面点缀极具工业感的灯具和通风设备，创造了一处鼓励学生间社交、师生间互动以及具有活跃氛围感的场所，同时在建筑边缘设置存放私人物品的储物柜以及具有展示和涂写功能的墙面黑板，为学生改造空间、培育归属感提供支持。

寒地建筑所在的地理区位和自身的功能属性在一定程度上决定了其环境风貌，影响了使用者的环境感知和体验结果。尤其对于人群经常访问的日常生活或工作场所，这种固有地理属性催生了单调无聊的日常感。而"远离感"的空间设计目标旨在打破这种固化的感知模式，其途径为引入与当前地理属性存在显著差异或冲突的环境要素，以为个体提供差异性的心理内容。

2. 建立渗透性物理屏障

物理屏障能够起到更直接的隔绝作用，使个体在不发生远距离位移的条件下与日常环境相分离。由于环境体验的突变会引发个体的困惑和危机感，因此远离感的实现是一种渐变式、存在过渡的进程，这就要求物理屏障并非强势生硬地介入既有空间，而是以一种"渗透"或"晕染"的方式与既有空间相融合。实际上，这是对空间边界设计的探讨，即允许或促进恢复的空间与抑制恢复的空间之间的边界划分模式与形态。综上，引发远离感的渗透性物理边界表达了两种恢复性对立空间的连接形式，以下将从空间实体连接和人群视线连接两种形式进行论证。

（1）空间实体连接。空间实体交互指两种空间存在重叠，通过彼此的物质与能量的流通和交换，促使积极的空间属性削弱消极的空间属性，以提升消极空间中的"远离感"，促使人们感觉远离了当前的空间。以校园建筑为例，引入区别于校园日常生活所见和所感的环境要素，即社会性要素，从构成类型上可分为社会活动要素和社会景观要素。社会活动要素的引入是通过将校区内的资源与社会共享，例如体育设施、图书馆等，引入外来人群，创造不同的人文景观，促进学生与外界交流（图6-17）。

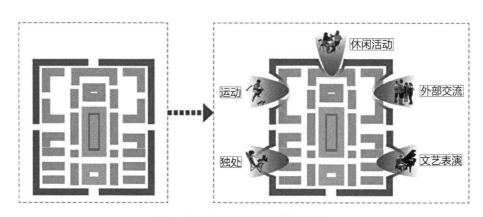

图6-17　社区活动要素引发远离感

社会景观要素包括校园周边具有吸引力的街道景观或特色人文环境，这些空间具有不同于教学建筑的主体功能，因而显现出有别于校园的空间形态，对这些环境的适当体验能够缓解长期生活在校园内的学生个体的单调、乏味的感受。具体做法为通过校园边界的适当开放引入外部景观或通过校园内部建筑高低错落的布局与社区建立联系。

（2）人群视线连接。人群视线连接指通过空间体量的穿插、叠落形成通畅的视觉通道，在两种空间不具备实体连接的条件下，通过视觉联系使积极空间中的恢复性特征向外传递，以优化目标空间的感知体验。丹麦欧塞登成人教育中心（图6-18）在外部形态的设计上充分考虑了周围地区的产业和港口城市的特性，建筑通过体量的切削分别形成对港口和城市社区的观景视角，形态简洁的铝盖板和尺度巨大的V形柱等工业元素的运用也呼应了社区的特质，拉近了校园与城市的距离。经过这座建筑的人通常都会产生"这是一所学校，但外观上又不像一所学校"的错觉，这实际上是对环境远离性的主观感受。

综上，"空间维度的远离"是在建筑空间的地域属性和功能属性层面上寻求有助于突

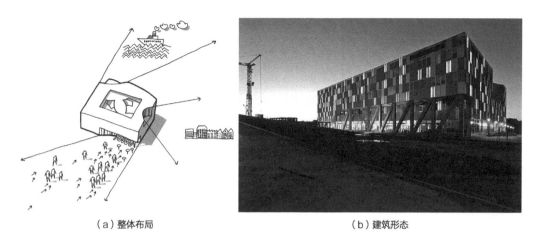

（a）整体布局　　　　　　　　　　　　　　（b）建筑形态

图6-18　社区景观要素引发远离感（来源：www.archdaily.cn）

破当前空间日常环境感受的途径，通过差异性环境要素的介入改变当前环境特质，使个体产生远离日常空间的体验，不仅限于物理上的位移，也包括心理内容的更新。

6.1.3　文化维度的远离

文化维度的远离是指个体感觉远离了日常生活或工作的文化与社会氛围。在心理内容更新和身体位置远离之外，建筑空间环境自身存在着不同的功能与活动属性，由此分化出了差异性较强的物质空间环境特点和氛围，对于从事某一特定活动或隶属某一群体的个体，其他活动或群体所对应的物质空间环境或人文环境都具有新鲜感，所以这可以作为建筑空间独特的远离性要素，即通过建筑内部所存在的差异性的人文与社会景观的相互交流，为个体提供异质化的空间感受。主要可以通过整体布局、核心空间和透明界面三方面的设计策略支持不同文化景观环境之间的交互。

1．整体布局促进交互

整体布局是促进不同文化景观环境交互的基础，通过水平层面的串联和垂直层面的并置可以创造从属于不同文化景观体量之间的交接，这就搭建了互动的桥梁，同时又能保证各文化景观具有独立专属的部分，实现使用者自由地聚集交流和分散独立。

（1）水平串联式布局。将不同文化景观的空间体量集中布局，并通过公共功能空间充当连接体，以建立通达的流通路径并促进被动交流，以院落或共享交通空间作为连通路径中的引力点，吸引个体到访。位于莫斯科的斯科尔科沃技术学院的教学综合体是一个以科研为主体、教学为辅助的研究中心，内部包含多学科的研究机构，所以促进多学科交流以相互激发创新思维是建筑空间面对的主要挑战。在整体布局上通过三个圆环空间将建筑组群整合成一个有机互通、多元并置的研究体。其中外环直径280米，具有教职员工办公、行政和会议等公共服务功能，两个内环为教学空间和礼堂，分属于不同学科的实验室和研讨室以矩形体量穿插其中，三个圆环围绕或穿越矩形体块，矩形体量之间形成内部庭院，小型的线性廊道实现相邻矩形体块的直线连接，在叠加与交互中建立了所有内部空间的交互关系（图6-19）。

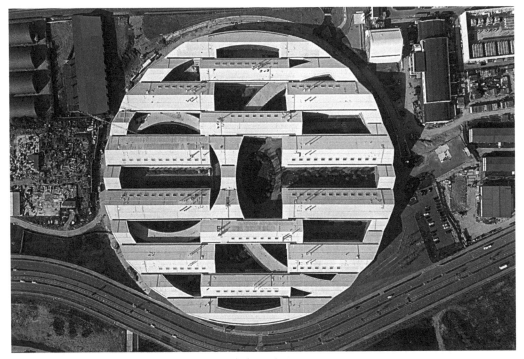

（a）场地布局

（b）单体形态

（c）内部庭院

图6-19　水平串联式布局促进文化景观交互（来源：http://www.herzogdemeuron.com）

（2）垂直并置式布局。将不同属性的体量垂直放置，利用竖向叠合创造上下两种体量之间的交集，再通过内向型布局形成中心共享空间，实现大范围内的连通。加拿大安大略大学的信息媒体学院与家庭护理学院共用一所教学楼，并且由于其位于校园与社区交接处，这座建筑除了包含上述两所学院的教学研究空间之外，还引入了能够与社区人员共享的通用教室。两处学院空间与一处社区空间通过体量的相互叠加在同一座建筑中进行汇聚和交融。三部分都具有独立的出口，并通过立面的微妙变化进行区分，维持着自身的学科特点，并与周边建筑保持视觉联系。护理学院在南侧，毗邻健康科学楼，入口由一道被异质材料包裹的立柱界定；信息媒体学院位于建筑北翼，面对十字路口，与音乐学院隔街相对，地面层向内缩进，二层、三层向外挑出至街道边缘，形成了突出的入口空间（图6-20）。

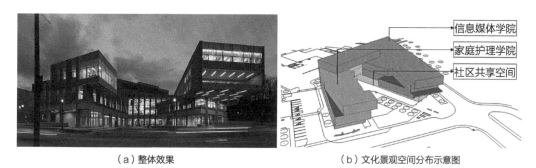

（a）整体效果　　　　　　　　　　　（b）文化景观空间分布示意图

图6-20　垂直并置式布局促进文化景观交互（来源：https://www.atrr.ca/）

2．核心空间组织交互

核心公共空间是整体建筑中不同文化景观空间交互的集中区域，也是吸引不同区域内个体到访进行交往沟通的动力站，尤其在空间单体规模较小，多文化景观空间被容纳在同一平层或同一体量中时，核心公共空间成为组织交互的动力源泉。各单体通过楼梯或天桥实现便捷的访问或畅通的视觉联系。公共活动是保持该空间活力的要素，活力是保证交流能够源源不断发生的动力，所以这部分空间不仅是交通和视觉的汇聚点，还应通过完善的空间二次划分和家具设施对相应活动给予支持。

例如南丹麦大学的技术学院大楼是由材料与建筑科学、纳米光学、环境科学和电子科学四个机构组成的，分别被安置在四个单元体量中，由一个整体的表皮包裹，通过不同水平面上的连接交互在一起（图6-21）。四个学院间的公共区域中有一木纹表面的构筑物，具有公共室内广场和交通核的功能，呈逐渐上升的趋势，一直通向屋顶花园，这里是不同学科汇聚的中心，即使身处于自身学院空间中，也能与这一核心空间建立视觉上的联系。这种以学科交互为目的的建筑布局良好地鼓舞了学生走出日常空间，接触新鲜事物（图6-22）。

3．透明界面辅助交互

透明界面能在保证单元空间具有一定独立性的基础上，建立视觉上的交互，当无法实现空间之间直观的交通联系时，可以通过视觉吸引唤起个体主动前往的意愿。透明界面能够支持多层立体交互和同层平行交互。

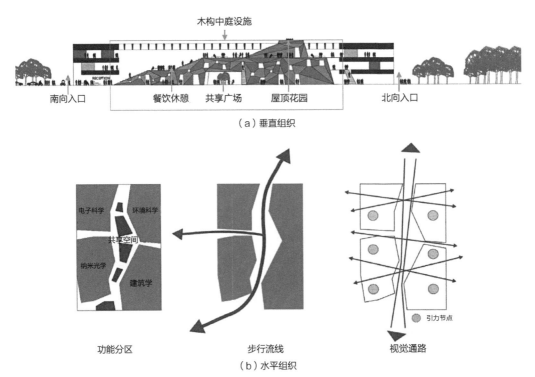

图6-21　核心公共空间组织社会景观交互（来源：http://www.cfmoller.com/）

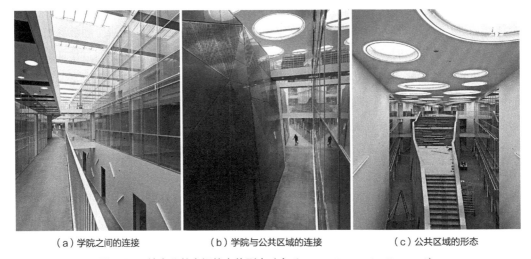

（a）学院之间的连接　　　　　（b）学院与公共区域的连接　　　　　（c）公共区域的形态

图6-22　核心公共空间的立体形态（来源：http://www.cfmoller.com/）

　　前者使用的前提是被交互个体间能够由多层通高的连接体相连，此时连接体两侧的透明界面能加深不同区域的交互。例如德国吕贝克大学的国际研究中心包含了神经医学、神经分泌学和药理学等多个相关学科，全玻璃的实验室分布在四层通高的中央会议区域两侧，小型研讨室也以玻璃盒子的形式悬挂在上层空间，在其中工作的人们对其他区域都保

图6-23　多层立体交互的透明界面（来源：http://www.hammeskrause.de）

持着开阔清晰的视野（图6-23）。

　　后者主要适用于被交互的个体具有较小的规模，所有个体分布在同一层平面中，此时建立中央空间组织交互对边缘的可达性不高，且存在面积上的浪费，所以应主要依靠透明界面使不同位置的单体进行交流。在荷兰阿姆斯特丹皇家艺术学院和桑德伯格研究生院两座高等教育校园的交汇处建有一座二者共用的教学楼，这座建筑设计的初衷就是跨越学科的边界，促进不同领域的碰撞和融合，大楼采用标准的矩形平面，共三层，整个建筑中除了必要的辅助空间具有实体界面，其余的教学空间、楼梯间和走廊都是开敞的或由可开启、可移动的透明界面围合而成，这使得所有的教学、创作过程清晰可见，整个建筑成为一个生机勃勃的集体互动空间（图6-24）。相比于传统意义中封闭的教学单元，学生有更迅速的方式接触到新鲜的事物，空间中容纳的思想内涵不断地循环、交融和更新，"远离感"得到有效的激发。

　　综上，"文化维度的远离"是利用建筑空间固有的功能属性与活动差异，提取差异性的社会文化景观，通过整体布局、核心空间或透明界面等层面的空间设计方法促进其进行交流和共融，以为使用者营造区别于日常的文化或社会氛围，从而激发"远离感"。

（a）　　　　　　　　　　　　　（b）

图6-24　同层平行交互的透明界面（来源：https://paulienbremmer.org）

6.2 引力性：平衡感知信息

　　建筑环境的恢复性普遍低于自然环境的原因之一是自然环境包含更多的易读信息，人们在欣赏自然环境时，无需定向注意力的过多参与就能完成对环境的感知和理解。相比而言，建筑空间提供的积极感知信息数量过少，而刺激强烈的消极感知信息数量过多，因而缺乏空间引力、充溢不利刺激。所以建筑空间环境应通过提供充足的、非定向注意力能够处理的环境信息来减缓对定向注意力的消耗。这包含两方面的要求：首先空间具有充足的感知信息，并且这类信息是非定向注意力能够处理的。前者是对信息数量的要求，后者是对信息类型的要求。

　　符合要求的信息类型来自空间的功能活动和空间的形态，前者由具有恢复性的娱乐或休憩活动引发，因对个体的影响较直接、强烈，被称为硬性吸引；后者来自于激发审美体验的空间形态，因对个体的影响深刻而缓和，被称为软性吸引（图6-25）。硬性吸引（Hard Fasxination）是空间功能方面的内容，由空间中的娱乐、竞技体育、文艺演出、

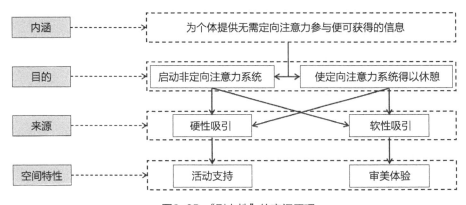

图6-25　"引力性"的空间原理

宣传展览等活动引发，这些有别于日常生活和工作的活动包含个体无需努力思考就可以接收的环境信息，它们相对激烈，迅速地占据大脑，激活非定向注意力。软性吸引（Soft Fascination）是空间审美方面的内容，空间通过形式的设计为个体带来审美体验，适度地激发非定向注意力，相对平和舒缓，启发个体对于过往经验或重要问题的深层反思。自然环境被认为是具有软性吸引的环境。而对于人工空间而言，软性吸引力的营造即空间的审美体验，可以理解为：人在生存空间中感受、体悟、经历到的具有意义与价值的内在体验。

6.2.1　空间要素扩容感知广度

适宜的感知信息是保障恢复性环境与个体发生充足作用时间的必要条件，是建筑空间环境恢复性提升的关键。寒地建筑应拥有一个信息丰盈、动态有机的建筑环境和空间设置，以培养不可预测的环境感知体验，催化和激发人类大脑的创造力[①]。寒地建筑环境由于冬季自然资源缺失而体现出感知丰富性不足，可通过空间要素的设计扩充建筑空间环境中的感知广度。

这包含两方面的要求（图6-26）：环境包含充足的内容引起并维系个体的关注，激发个体进一步参与和探索的欲望，这是恢复的关键步骤。但若信息过于"丰富"，甚至杂乱，会导致个体注意力的过量消耗而适得其反，所以环境应具备丰富的信息，并且信息数量适宜。因此，首先应探究建筑空间中适宜的感知复杂度，然后通过增加环境信息来维系或调节环境整体的感知复杂性。而环境信息来源于图形信息和人文信息两方面，二者都是通过个体对空间形态和功能的感知而获取的，前者是真实展现出的表观信息，后者是需要思维联想或解释而生成的内在信息。

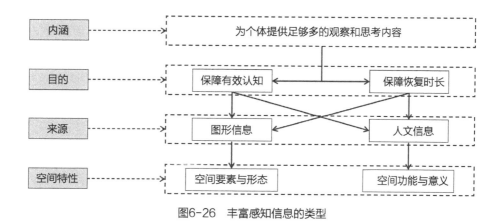

图6-26　丰富感知信息的类型

---

① Venable T P. Campus：An American Planning Tradition[J]. Landscape Journal, 1986, 5(1)：66-67.

1．适宜的感知复杂度

空间环境的感知复杂度（Perceived Complexity）是衡量图形信息丰富程度的标准，只有当感知复杂度适中时，既不因信息量过少而引起单调，也不会由于信息过剩而导致繁乱无章，才能在提供充足感知信息以排斥压力事件的同时保障个体的认知资源不被额外地消耗。感知复杂度即场景中不同元素的数量，可以用测量无序状态的"熵"来进行量化[①]：

$$H_{factor} = -\sum_{i-1}^{n} P_i log_2 P_i$$

式中：H_{factor}——熵值；

$\quad\quad P_i$——第i个细节特征出现的频率；

$\quad\quad n$——所有细节特征的总数。

其中P指视野范围内可被感知的环境特点，根据环境心理学的研究，围合空间的界面是环境特点的主要来源，其中界面的整体形状和其所包含的细节具有较为突出的被感知性。其中长度占表面总长度1/7~1/49的异质元素被称为细节要素，而界面的高度和轮廓的转角数代表了界面形态的主要特点。所以，根据以上原则和熵值计算公式，可以量化空间中某一视点范围内的感知复杂度。

研究表明：熵值为12的感知复杂度能够获得最佳的环境偏好程度，当熵值低于12时，随熵的增大，偏好程度增强；当熵值高于12时，二者成负相关（图6-27）。而偏好程度与环境恢复性之间具有相关性，偏好程度越高的环境对个体的恢复作用越强，所以可以推导熵值为12时，环境是最有利于恢复的。这可以作为空间感知复杂性设计的参照标准，通过调节界面细节数量或界面形态，以使空间达到最适宜恢复的感知复杂程度。

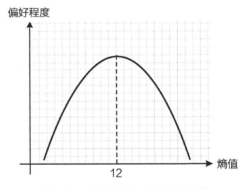

图6-27　偏好程度与熵值关系曲线

2．图形信息

（1）组构关系。复杂的秩序能够使建筑空间在沉闷单调和过度消耗之间实现认知平衡，个体可以轻易地获取信息、进行比较和选择，这会产生众多的健康反应，如减轻压力、补给视觉营养以及促进创新等[②]。各要素之间丰富多变的组织关系是空间多样性的基础，也是促进个体之间交流互动的动力，寒地建筑受到体型系数的限制，建筑外表皮所包

① Stamps. Entropy, visual diversity and preference[J]. General Psychology, 2002, 129(1)：300-320.

② Joye Y, Berg A V D. Is love for green in our genes? A critical analysis of evolutionary assumptions in restorative environments research[J]. Urban Forestry & Urban Greening, 2011, 10(4)：261-268.

裹的空间应尽量完整集中，但可具备一个组构关系丰富的内核，作为使用者冬季活动的主要场所。

挪威耶尔吕姆大学建筑具有一个六边形的完型平面，建筑外部体量简约现代，却具有一个充满雕塑感的不规则中庭内核，悬挑而出的楔形平台、曲折蜿蜒的楼梯以及不规则变异的巨构采光顶都传达了充沛的图形信息（图6-28）。再如丹麦奥尔堡大学的图书馆建筑，在规整的立方体外壳下，通过小体量空间错落式的立体分布，形成了丰富变化的中庭界面。这些小体量具有开放式露台、界面透明的封闭式房间等多种表现形式，从中庭向上仰望，犹如崖壁上悬挂的龛居，生动而有机，并且众多单元空间通过紧密的序列联系在一起，在视觉上扩大了空间尺度，创造了一个看起来更加开放的空间，缓解了冬季室内压抑的气氛（图6-29）。

Haraldsplass医院位于挪威南部的卑尔根市，与传统的医疗建筑不同，这座建筑用两个构型丰富的中庭空间取代了狭长的走廊，以组织建筑内部的交通、光照走向和社交。其一是公共区域，附有接待区、咖啡、餐饮和商店等功能，其二是仅供病人使用的日光中庭（图6-30），每个病房均向日光中庭进行不同形式的开窗，围合出了凹凸变化的中庭空间，在从上部倾斜而下的日光的辉映中，又呈现出变换的光影，塑造了温馨而丰富的环境感知氛围。

（a）简约表皮形态

（b）丰富外壳形态之视点a

（c）丰富外壳形态之视点b

图6-28　挪威耶尔吕姆大学建筑的空间组构（来源：http://www.lyonsarch.com.au/）

（2）界面形态。相比于建筑整体体量，界面与人的作用更加频繁，近人尺度的设计对于个体心理的作用相对直接和深入。然而寒地建筑受冬季恶劣气候的影响和保温节能要求的限制，外部界面大多呈现封闭呆板的状态，难以通过体量的凹凸促成丰富的空间感受，因此外界面丰富形态的创造只能通过表层设计实现，或者通过内部界面的变化弥补建筑空间丰富性的缺失，包括外部界面扁平化和内部界面立体化两种方法。

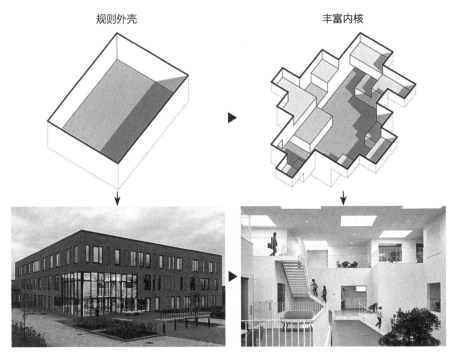

规则外壳　　　　　　　　丰富内核

图6-29　丹麦奥尔堡大学图书馆的空间组构（来源：www.archdaily.cn）

图6-30　挪威卑尔根Haraldsplass医院的日光中庭（来源：www.archdaily.cn）

在注意力恢复理论中，数量充足的单体通过一定的逻辑关系排列组织后构成的形式能够向个体提供丰富且易于理解的信息，这也是支持自然环境先天恢复性的一项重要特点，正如在一棵枝繁叶茂的树木中，众多构型相同的树叶通过不同级别的树枝按照生长的逻辑串联起来，形成了能够引发恢复的自然形态。寒地建筑的外部界面可通过人工建造的单体构件，模拟树叶装饰树干的方式，按照清晰直接的逻辑在同一表面进行排列组合，将复杂的图案形式扁平化，贴合在建筑的外表面，在形成丰富外部界面的同时，维系建筑体量较小的体型系数，避免因过多的体量凹凸造成内部热量散失。

具体方法可通过在外界面中，引入突显于背景的异质规律，例如通过单体砖块之间的微变模拟水受到声波干扰后的运动状态，单一的砖块是静态而孤立的，水波的引入打破了原有的平衡，众多砖块变得生动且形成了统一的整体，同时也为人工空间增添了自然的特质（图6-31a）。或者通过单体构件的变化性排列组合，创造丰富的形态，例如利用铝合金金属条通过不同间隙的排列，形成了8种不同明暗效果的单体片，随机分布在建筑外立面上，形成了整体多变、不均匀的观赏效果，同时这种立面手法使得建筑表皮与自然环境产生交互，会随光线、云量及其方位发生变化，呈现不同的立面效果（图6-31b）。

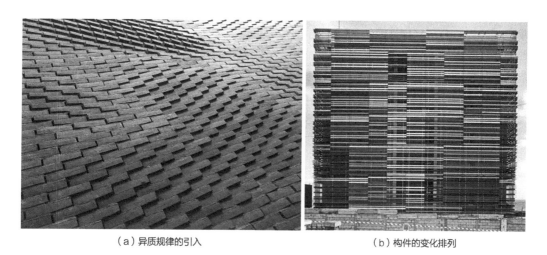

（a）异质规律的引入　　　　　　　　　　　　（b）构件的变化排列

图6-31　外部界面扁平化的丰富形态（来源：（a）Megan Schires；（b）http://www.ach-arquitectos.com/）

再如芬兰Tipotie健康中心（图6-32）的外立面运用了大面积的玻璃幕墙，双层玻璃内部植入白色丝网，能够对太阳光进行过滤，并且组成了具有固定间隔的垂直线条，使整个建筑立面产生了一种斑驳的纹理，这一设置与曲面幕墙结合创造了微妙的形态变化，犹如一条舞动的丝绸，赋予建筑立面以丰富的形态和动势。

另外，建筑的内部界面可通过额外的附加表皮丰富建筑内部的空间体验，同时附加界面与原有界面之间形成的中空腔体能够提升整体的保温性能。例如加拿大约克大学柏杰龙学习中心（图6-33a）建筑内侧附加的空腔为变异形态的表达提供了基底，同时大进深的腔体洞口增强了入射阳光的阴影效果，成为室内空间丰富性提升的关键点。

最后，同一种界面设计会因观察点的改变而获得截然不同的界面感知，所以对于界面视觉感知的研究应建立在对尺度的准确把握和巧妙利用上。相比于近地的侧界面，顶界面距个体的知觉器官较远，材质和纹理层面的变化易被忽视，应适当增大变异尺度，关注体量上的丰富形态。例如加拿大魁北克蒙特利尔技术学院的学生之家（图6-33b），中庭空间具有一个由桦木条板搭建的雕塑感极强的吊顶，从建筑入口一直延伸入内部，成为外部公园中起伏地势的延续，创造了丰富的空间体验。

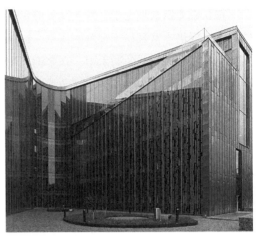

图6-32　芬兰Tipotie健康中心的外立面（来源：http://www.sigge.fi）

综上，寒地建筑为抵御冬季的不利气候，多采用集聚收缩的整体构型，这决定了其外表皮难以呈现错落多变的空间形态，因此提升寒地建筑空间中图形信息丰富性的着力点宜选择建筑内部界面，通过对建筑内部主要公共空间形态的多维度"雕塑"，创造具有丰富感知体验的内部空间。

3. 人文信息

（1）赋予空间形态人文意义。面对匮乏的自然景观资源和严酷的气候条件，依托自然而生成的空间形态对于寒地建筑的适用性受到局限，相比之下，人文内涵的体现对于丰富空间信息具有更切实可行的作用。因此寒地建筑形态生成过程中，可提取具有代表性或现实意义的事物，将其通过建筑语汇进行诠释和表达，从而增添建筑空间的人文意义。例如建于丹麦港口的Krane酒店（图6-34）以酷似起重机的形态影射着基地内曾经大肆开采煤

（a）侧界面

（b）顶界面

图6-33　内部界面的立体化丰富（来源：www.designboom.com）

（a）建筑外观

（b）内景

图6-34 丹麦Krane酒店（来源：https://www.arcgency.com/）

炭的历史，呼应着这座工业港口的属性。从观景台望去，尽管浩瀚的海景上几乎没有一丝亲近的绿色景观，但白帆、高塔和层叠的建筑似乎也能成为疗慰人心的风景。

在英国伦敦大学的校园里有一座以神经元为意象的小型建筑，它是一座独立于主体建筑之外的多媒体演示厅，通过连廊与毗邻的教学空间相连，整个形体酷似显微镜下的神经元细胞，表面生长着彩色的条状纤维，外表以铜质涂层塑造斑驳变化的纹理，暗示生命的发展与老化，内部具有类似细胞的凹凸不平的褶皱（图6-35）。这座建筑自建成以来一直吸引着人们的关注，它良好地表达了生物学科的特点，丰富了整体环境的人文内涵，同时向学科以外的人传达了科学知识，提升了大众的科研兴趣。

芬兰东部的 Kontiolahti地区树林中建有一座三层木构的生态住宅（图6-36），建筑整体是一个黑色的多面体，模拟了"陨石"形态，内部设有高耸的中庭空间，连接10平方米的天窗，提供仰望天空的视觉通路，居住单元围绕中庭错落分布，在垂直交通的辅助下，

（a）外部形态

（b）内部空间

图6-35 伦敦大学的"神经元"细胞中心（来源：www.all.design）

（a）外部形态

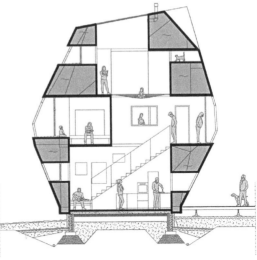
（b）内部空间构成

图6-36　芬兰Kontiolahti地区陨石住宅（来源：https://www.ateljesotamaa.net/）

进行着动态的互动并催生出多种生活方式。这座建筑通过转译陨石的构型，创造了标志性的建筑形象和独特的内部空间体验，为冬季枯燥的日常生活增添了乐趣。

（2）赋予空间序列叙述功能。恢复性环境的相关研究表明，具有情节或故事的空间其丰富程度和吸引力都会得到加强，同时能够使人与空间具有更紧密的心理联系，这是人工空间恢复性提升的有效手段[1]。故事或情节的营造需要遵循一定的时间顺序，因此更适用于线性的空间序列，将不同的空间单体按照一定的时间或逻辑顺序、结合人们访问空间的路径形成的空间序列或组团，就具备向个体"叙述"一个事件、一种情结或者一个故事的能力。

在建筑空间中，个体的日常活动相对规律，行动轨迹存在一定的必然性，在公共空间中个体必要活动的路径上间断设置以文化、历史、娱乐、自然为主题的"叙述性"空间序列，有利于个体注意力资源进行无意识地恢复，使恢复性空间发挥最大的效益。丹麦哥本哈根大学能源实验室（图6-37）内部中庭设计就充分发挥了空间的叙述功能，设计利用中庭内螺旋而上的楼梯形成的具有明确顺序的线性序列作为发挥叙述功能的主体，通过改变侧界面百叶窗和顶界面洞口的光通量实现光影的不断变化，当人们围绕中庭空间拾阶而上的时候，犹如地球围绕太阳旋转而感受昼夜交替的明暗变化。这一设计赋予了中庭交通空间一定的叙事性，为环绕四周布局的研究室提供了恢复的契机。

（3）赋予个体改造自由。建筑师个体的思想容量有限且视角狭窄，丰富人文内涵的塑造可以借助空间使用者的集群智慧，以设计师为主导的空间环境应具备一定程度的"留

① Hundley A. Restorative memorials：Improving mental health by re-minding[D]. Manhattan：Kansas State University, 2013：13.

（a）中庭空间　　　　　　　　　　　　（b）中庭顶部界面

图6-37　哥本哈根大学能源实验室的叙述功能（来源：http://www.christensenco.dk/）

白"，为使用者提供个性化二次设计环境的机会和平台，塑造出符合空间使用者属性的人文内涵。建筑界面应为使用者表达意愿、定义空间属性提供支持，这是一个多向共赢的模式：实施者获得表达展示自我的机会并将通过对空间的改造增强与空间的情感联结，观赏者接收新鲜而独特的环境信息，设计师获得良好的空间使用反馈。

　　加拿大约克大学的伯杰龙学习中心走廊的墙壁上贴有大块白纸板，学生可在这块留白的区域粘贴、绘制或表达自己的学术成果和思维结晶以及所面临的问题，这里不仅是集体探讨、思维碰撞的舞台，也因界面上包含的丰富人文信息而使这一空间具备了恢复性，学生拥有一定的创造和改造空间的主动权，因而更加偏爱这一环境（图6-38）。

图6-38　激发学生自主
创作的留白空间（来源：
www.designboom.com）

综上，人文信息是空间环境所表达的深层内涵，相比于通过抽象图形提供感知信息来说，人文信息能够与个体产生更加深刻和直观的情感联系，且对建筑形态的限制更小。在建筑形态与功能双向限制下，寒地建筑空间可通过对人文信息的隐喻或对表达人文内涵的支持，从社会文化维度，创建更多的感知信息。

6.2.2　空间形态激发审美感知

相比于非寒冷地区，寒地建筑受到气候和经济成本的限制，更多地注重冬季保温和实用功能，忽视了空间环境的审美功能。通过建筑空间的审美性提供软性吸引力，不仅能够为使用者身心资源长久和深入地恢复提供动力，还能够引发反思这类深层次的认知行为。反思或沉思是人类认知过程中的重要组成部分，在人类适应环境方面具有重要的意义。反思是吸取过去的经验或信息从而预测未来时间的可能性。在其他心理活动不紧迫时，反思活动开始，良好的反思活动又可以在危险来临的紧迫时期使办事效率提高。恢复的内涵不仅仅是使注意力等大脑资源得到休息、舒缓心理压力，更重要的是使身心得以空闲从而投入于反思活动中。

1. 轮廓形态

环境中某一物体的物理形态首先是由边界定义的，对边界形状的获取是视觉感知的初始环节，对于整体印象的形成具有主要作用，所以轮廓形态审美性的提升是建构整体环境审美体验的重要步骤。

（1）不规则轮廓匹配心理内容。知觉形状是物理对象与观察者神经系统之间相互作用的结果，其中光媒介充当信息的传递者。因此，一个形式基本上是由我们观察它的方式决定的，个体对图像的感知是由之前对所见对象的视觉体验决定的，这种机制的基础是重复暴露于刺激而促成的学习过程和联想行为。大脑不断地寻找类比，将新的输入与记忆中最相似的表征联系起来。基于上述分析可以推论出：大脑对规则形状的识别定义相对固定和程式化，难以引申出丰富的含义，而不规则的形状含有较多变化和不可控的因素，与大脑中现存记忆发生匹配的概率更高，所以更容易激发审美体验。研究表明相比于规则方形空间和半球形空间，没有设计专业背景或未接受过艺术训练的参与者更倾向于曲线轮廓的空间，并对这些空间产生了极大的兴趣；而有设计背景的参与者对具有尖锐转折的空间轮廓的审美评价更高（图6-39）。

但对于寒地建筑来说，不规则的轮廓外形会使体型系数增大，造成室内热量的流失，所以这种以复杂轮廓为要点的审美性提升策略适用于整体环境中单元空间的设计，在与外界不存在直接气流交换的内部区域，通过结构的变形或内饰材料的填充雕塑复杂化的内部空间轮廓，并根据使用对象的特定活动目标制定个性化的复杂类型。

（2）有序复杂性增强感知流利度。高的感知流利度能够帮助个体成功地识别刺激、准

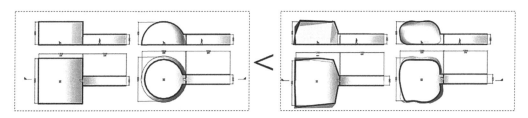

图6-39 不同空间轮廓的审美性比较（来源：根据Shemesh A, Talmon R, Karp O, et al. Affective response to architectur—investigating human reaction to spaces with different geometry[J]. Architectural Science Review, 2017, 60(2): 116-125. 绘制）

确地处理和理解刺激，将其整合进自身可用的知识结构，能够提升个体对事物的审美评价。即个体对感知信息的处理越轻松迅速，则审美反应越积极、越容易将这种物体定义为"美"。感知流利度受个体知识背景和物体自身形态两方面的影响，就个体知识背景方面而言，设计感低的个体更喜欢简单的曲线而非棱角，设计感高的个体偏好较为复杂但表意明确的形状。对二者来说，复杂而不清晰的形式均会导致不愉快。

而在物体自身形态方面，"有秩序的复杂性"是诱发高感知流利度的一项重要特点，其中"复杂"是指值得观赏的事物的数量或能够进行比较和选择的细节的数量以及多样程度；"秩序"指对一定模式结构、组织规律和对称的渴望以及践行程度，所以"有秩序的复杂"是将组构数量的细节连接统一成一个整体。具备"有序复杂性"的环境能够在提供并不单调的信息的同时，使人清晰地掌握其构成规律，从而增强感知流利性。而"有序复杂性"可通过分级对称和协调尺度实现。

分级对称表示一个整体构图中的不同层次都遵循一种相似构型规律但尺度随层次变化的对称原则，这种对称现象出现的密度，以及对称原则对整体和单体最终形态的控制强度是视觉一致性的影响因素。维特鲁威曾在其著作中对"连续的对称"做出论述：对称原则是要与比例建立关联的，并且在整体内的各个部分之间保持一致，是贯穿始终的系统原则。分级对称的轮廓形态呈现出围绕中心的规律相似的收缩和放大，有助于建立逻辑清晰、顺序明确的认知过程和感知体验，从而增强感知流利度。"分级对称"的构型规律可以应用在群体的平面布局以及空间组织或者界面的分隔等设计中，对于寒地建筑空间设计具有一定的适用性（图6-40）。尺度层次指感知范围内（2毫米～2米）可识别的元素数量随着尺度的增大而减少，即在较小的尺度上有很多可识别的组件，在中间尺度上有一些，在最大尺度上有几个，这是对人类比例感的良好回应[1]。较小尺度上细节的缺失会使空间显得过于空旷和庞大，产生不必要的疏离感；较大尺度上元素数量过于庞杂会造成实际尺寸的感知缩小，这些都会因导致个体比例感失调而阻碍个体对空间的正确感知，造成困

① Salingaros N, Masden K. Neuroscience, the Natural Environment, and Building Design[C]. Bringing Buildings to Life Conference. New Haven：Yale University, 2006.

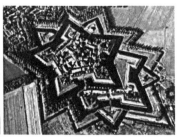

图6-40 分级对称的建筑空间形态（来源：Nelly S R. Biophilic qualities of historical architecture: In quest of the timeless terminologies of 'life' in architectural expression[J]. Sustainable Cities and Society, 2015, 15: 42-56.）

感，降低感知流利度。

2. 几何规律

在恢复性理论中，自然景观的高恢复性一部分原因是其分形特征，而建筑环境的低恢复性是由于其潜在的欧几里得几何规律。基于分形规则而产生的层级自相似等环境特点对神经活动具有积极影响，激发副交感神经活动，使机体处于清醒的放松状态[1]。众多实证研究也表明人类更喜欢分形图案而不是非分形图案，其根源是因为大脑的神经系统的组织构成和运作方式是一种类似分形的碎形过程，这种契合使得分形对人类的感知系统产生了独特而深刻的影响。另外，基于分形原则生成的空间形态在不同尺度上具有自相似性，即随观赏距离的缩短和拉长，感知到的图形都是基于同一构型规律，因此避免了大脑识别图形所消耗的注意力，同时同一构型经不同尺度的组合最终呈现的形态又具有一定的复杂性，而不会引发感知信息的空白和单调。

神经科学的研究已经证实人类大脑通过对事物的细节、层次、装饰、颜色等感知建立与环境的视觉联系，视觉联系是环境对个体内心产生恢复影响的主要途径。自然环境所具备的这些视觉特点就如同精神养料一样，人类依赖他们进行生存、获得幸福感和归属感，就如同汲取物质食物一样必不可少。"营养机制"的提出强调了自然环境对于人类心理的重要作用，人类必须定期从环境中获取类似于自然的视觉信息，人类渴望这种类型的信息，这种信息的获取与大脑快感和痛感抑制具有紧密联系。而自然型信息的获取依赖某种几何特征，而不是一种具象的环境，因为人类的感知是建立在这些特征上的，而创造一个刻意回避这一特征的环境会对生理心理健康和幸福感产生负面影响，缺乏这类信息的环境会模拟人类病理学的迹象，引发类似感觉被剥夺或神经生理学崩溃的感受，引起视网膜变性、大脑色盲和视觉失认症等临床症状。

所以在寒地建筑空间环境中，冬季自然特征的缺乏使人群的认知感觉系统较少地接受

---

[1] Hagerhall C M, Purcell T, Taylor R. Fractal dimension of landscape silhouette outlines as a predictor of landscape preference[J]. Environmental Psychology, 2004, 24(2)：247-255.

到自然型几何特征的刺激而引起一系列不利于神经系统和心理健康的反应。但基于上述分析，也可以推论出人工空间可以通过对自然几何特征的提取和运用，增加使用者生活和工作环境中的自然型几何特征，为神经系统的良好运作提供刺激动力，而分形是自然几何的基本特征，应在建筑空间中被广泛应用，其中在建筑界面层面运用分形的构成规律是一种高效且简便的方法。

例如，南丹麦大学教学综合楼（图6-41a）的建筑外立面是由高性能混凝土制作而成的覆层面板，以圆形为母题通过分形法则形成了具有镂空图案外表皮，在提升审美性的同时对入射光量和自然通风起到调节作用。谢菲尔德大学的"钻石大楼"（图6-41b）占地19500平方米，是一座设有专业工程实验室、阶梯教室等教学空间的学习中心，其外立面通过菱形的石材窗框对玻璃幕墙进行分割，经过分形规律塑造了具有标示性的建筑形象，同时众多单体形成的整体离散的趋势暗示了钢材料在制作冶炼过程中组织方式的变化，这种设计在提升图形审美性的同时，又赋予了图形以文化内涵。

（a）南丹麦大学教学综合楼　　　　　　　（b）谢菲尔德大学的"钻石大楼"

图6-41　基于分形规律的建筑形态（来源：（a）http://www.cfmoller.com/；（b）http://www.twelvearchitects.com）

综上，某些形态特征对人类具有先天的审美吸引力，自然的分形特征是一项典型代表，欧几里得直线系的几何规律则会给人类认知系统带来一定困惑和危机感，建筑空间应在探索具有审美特性的构型规律的基础上，将其应用在建筑设计的不同层级上，以塑造能够对人产生软性吸引的空间环境。

6.2.3　空间功能增进感知深度

在寒地城市中，随着冬季气候转寒，很多基于室外环境的活动被"扼杀"，堵塞了个体通过活动获取恢复体验的通路。所以通过对恢复性活动的支持来提升空间的硬性吸引力对于寒地建筑来说具有巨大的提升潜力。交流展示与集会交往是除体育活动以外一项有效的恢复性活动，除了本身具备的娱乐属性之外，还能提升个体的社会认同感，增强个体能够获取的社会关怀和社会支持水平。

1．对外窗口支持冬季交流展示

建筑存在于城市中，不可避免地与所在区域环境发生着关系，有效的连通是信息交换的前提，这对于注重展示或传播功能的建筑来说尤为重要，同时对于普通个体来说，与外界的交流与沟通是获取社会支持和自我认同感的途径，而单项建筑与区域之间建立起的连接将带动更加广泛的社交。寒地建筑因抵御不利气候而形成了较为封闭的固有属性，这弱化了建筑与城市空间的交流，也侵占了人们通过广义上的社交活动而获取恢复的机会。

因此，城市中的建筑，尤其是位于重要街道或广场附近的，应在一定程度上与城市环境进行对话，对于过往行人来说，即使这里不是目的地，但也可作为一种可以自由获取新鲜信息的平台，在不经意间引人驻足；对于建筑内部的使用者来说，这里是一处对外展示的窗口，具有潜在社交的机会，这对于二者来说是双向恢复的空间设置。

（1）透明界面。透明界面是最直接和经济的展示窗口，但其设置应符合建筑内部功能的运作需求以及要考虑到建筑外部的视线高度等问题。例如位于丹麦的SH2建筑（图6-42）是一座集居住、小型商业及体育为一体的多功能建筑，建筑的二层有一面双层高的玻璃幕墙，在近人尺度上为建筑提供了向公众展示的窗口，外面的行人能够看到体育馆里的活动，但又不能观其全貌，进而催生了探索的欲望。同样丹麦Kildegaarden广场的艺术之家（图6-43）位于面向轮滑广场的一角，建筑材料由镜面的红色铝板突变为通透轻盈的落地玻璃窗，俨然模糊了室内与室外的界限，而转角处恰好是艺术家交流开会的区

图6-42　丹麦的SH2建筑（来源：www.dortemandrup.dk）

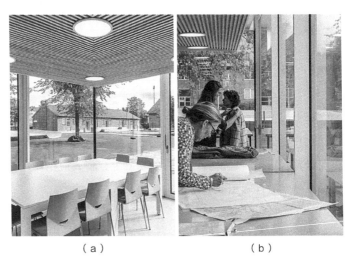
（a）　　　　　　　　　（b）
图6-43　丹麦Kildegaarden广场的艺术之家（来源：http://www.svendborgarchitects.dk/）

域，长桌上偶尔会摆放设计师的艺术成果，这一设计使得建筑内外在空间上、活动上得以交流，打破了艺术家与普通民众之间的界限，对于城市居民来说，这是一扇能够欣赏艺术品的窗口。

（2）开合墙面。动态的开合系统能够更好地适应展示窗口使用的周期性和冬季城市的季节性，建筑外界面的可开合设计能够在保障室内功能正常使用的前提下，实现室内外的活动或人流的互通，是一种功能叠加并随需求自由转换的灵活式"窗口"空间。例如加拿大多伦多大学建筑系馆（图6-44）在建筑主立面的中央位置设置了两层通高的模型制作室，将主入口一分为二偏居两侧，由黑色金属框架和玻璃组成的通透的墙面通过机械控制向上折叠，实现界面的开合。当界面闭合时，这一空间作为一个静态的展示橱窗，吸引着到访者或经过者的目光，向外界展示学院的特质和教学成果。当界面开启时，它成为一个动态的活动场所，外界的人可以随意进出、参与到内部的活动中，内部的使用者可以将其活动的场所向外扩展。这一设置契合了季节转换带来的外部空间属性的变更。

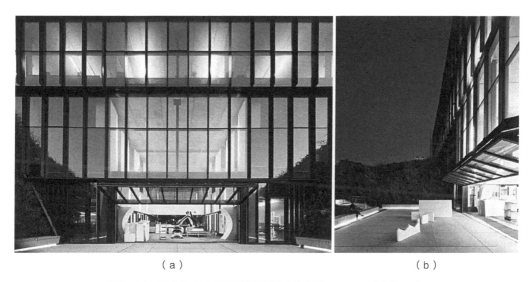

（a）　　　　　　　　　　　　　　　　（b）

图6-44　开合墙面支持下的展示窗口（来源：www.archdaily.cn）

2. 有顶空间支持冬季停留驻足

建筑产生的原因是对恶劣天气的抵御，建筑不仅要保护内部的人，也要考虑外部的人，这往往是现代建筑空间所忽视的。对于寒地建筑来说，建筑给予外部空间中的使用者以一定的庇护能够成为吸引个体停留的优势。丹麦Klimatorium气候中心（图6-45）将自身的表皮"撕裂"，把原本属于内部的空间还原给了城市，同时收获了广泛的驻足和关注。建筑利用由外向内凹陷的建筑体量塑造了一处可供休憩与社交的城市公共设施，起伏的木质波纹令其从环境中突显，并营造着冬日里的温暖气氛，同时作为一项鲜明的符号，强调了建筑"关注城市、关注环境"的属性。

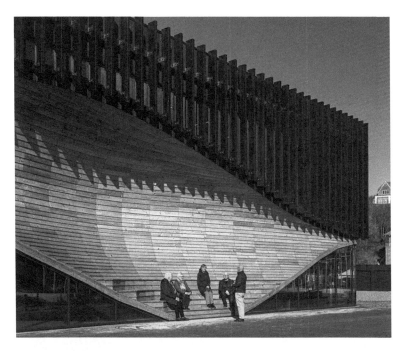

图6-45　丹麦Klimato-rium气候中心的外部空间（来源：http://www.sla.dk）

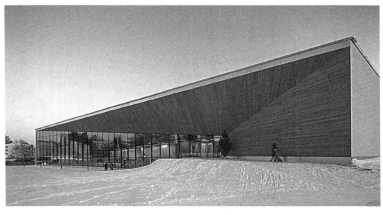

图6-46　芬兰赫尔辛基莫努拉社区中心入口空间（来源：http://www.k2s.fi/）

　　主入口是建筑与外界联系的重要节点，入口处通常利用悬挑的结构或体量的凹凸变化形成具有顶部遮蔽或向内凹近的空间，以此突出强调建筑入口，并为即将进入建筑内的人群提供过渡，同时也向外界展示建筑内部氛围，提升外部空间的环境吸引力。芬兰赫尔辛基的莫努拉社区中心（图6-46）巨大的悬挑屋顶不仅塑造了体量向北下降的动势，还提供了具有顶部遮蔽的室外空间，在强调主入口的基础上，四面包围的空间构成有效地抵御了冬季寒风的侵袭，为冬季室外短暂的停留活动提供庇护，同时通透的垂直界面将建筑内部的共享大厅与建筑外部的"驻足"空间联系起来，视线与景观的交互带动内外双向的吸引，室内空间的自然性、室外空间的趣味性及吸引力得以加强。

　　加拿大马尼托巴大学的艺术实验中心建筑入口处悬挑的体量创造了开阔的室外有顶空间，巨构V形柱对空间形成进一步限定，建筑自身体量的转折与相邻建筑共同营造了一个

被风的区域，室内空间中的活动得以向外
延伸，这里成为用于举办各种展览活动的
场所，即使在寒冷的冬季，也拥有相对舒
适的微气候（图6-47）。

3. 室内广场支持冬季集会交往

广场是城市的核心空间，是活跃社会
关系的基础，是个体交流、思维碰撞的重
要场所，然而对于寒地，冬季广场因寒
冷气候的侵袭而使用强度大大降低，本应
由广场空间承担的交往、展示等活动被抑

图6-47　加拿大马尼托巴大学的艺术实验中心入
口空间（来源：www.designboom.com）

制，这也是导致环境恢复性降低的原因。为了增强冬季空间环境的恢复性，应建立冬季可
以使用的室内广场。

室内广场的建构应依托城市内公共性、可达性较强的大规模公建，依据广场的空间特性
和范式对其空间进行优化设计，需具备广场的向心性和集聚力，同时支持建筑主体功能的运
行，并与室外空间具有紧密的联系。根据具有"广场"潜力的公共空间类型，将室内广场按
照规模大小分为基于院落的室内广场、基于中庭的室内广场和基于顶部空间的室内广场。

（1）基于院落的室内广场。适用于规模庞大的建筑群，通过对原有室外院落的室内
化，将其转变为冬季可用的室内广场。丹麦奥胡斯社会医疗保健学院（图6-48）的教学
大楼具有简洁理性的外立面和活泼生动的内部空间，建筑面积13000平方米，高度为2～3
层，内部包含了3个绿化庭院和1个以运动场地为主的室内中心广场，不同规模的教室围绕

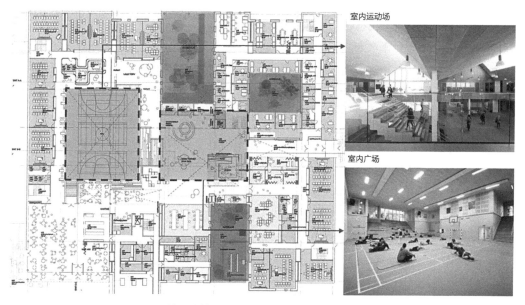

图6-48　基于院落的室内广场（来源：http://www.cubo.dk/）

广场展开，方正的柱网下形成了规则的通路，像一条条井然有序的街道，学生们可在其中自由穿梭，根据自身需求选择不同的活动区域。

（2）基于中庭的室内广场。中庭是维系公共建筑中各部分交流和互通的核心，具备发展成室内广场的潜力，但现有中庭空间往往交通功能大于交往功能，复杂繁乱的人流和尺度不适宜的景观设计导致现有中庭难以支持学生的停留和交流行为，缺乏广场向心集聚的空间特点，所以在维系现有空间结构不变的前提下，增加阶梯状的休憩设施或圆形的舞台设施能够有效提升中庭的可停留性，从而鼓励交流行为的自发产生。芬兰赫尔辛基的K总部楼（图6-49）具有简洁的外部体量和细致的内部空间，中庭内的大台阶作为视觉焦点和公共性的符号，成为员工活动的"汇合点"，自然地创造着相遇与交流。

图6-49 芬兰赫尔辛基的K总部楼中庭空间（来源：https://jkmm.fi/ ）

挪威斯塔万格共享公寓（图6-50）入口处具有两层通高的中庭空间，内部采用木质饰面，并栽种多品种的室内植物，周围附属餐饮、书屋、小型工作室等功能，采用透明

图6-50 挪威斯塔万格共享公寓中庭空间（来源：http://www.helenhard.no/projects ）

界面与室外环境最大限度地取得联系，大型木构阶梯从入口方向起始向内部延伸，塑造了一种背靠建筑实体，可远眺外界景观的良好环境氛围，为冬季人们的社交活动提供支持。

丹麦成人教育中心具有一个活跃的中庭空间，灵感来自于古希腊的公众聚集空间。这是一个承载社会活动、学习活动的重要场所，也具有连接和沟通各个空间的附属功能。圆台体量由中心向四周蔓延，如同古希腊的演讲台，形成不同高度的阶梯，逐级向下延伸，并通过悬挑的平台与周围空间建立联系，实现视线的通达贯穿（图6-51）。

（3）基于顶部空间的室内广场。顶部空间能通过天窗洞口的设计与天空建立视觉联系，是室外性较强的一块区域，且易通过支撑结构的适当削减预留出无柱的开阔区域，同样具备成为室内广场的可能性。赫尔辛基中心图书馆（图6-52）的顶层空间利用室内的微地形围合出三面包围的向心型空间，折板的形态由中心向四周升高，形似匍匐的山丘，温暖的木质界面使空间氛围更贴近自然，大型阶梯进一步暗示了室外广场的属性，垂直方向上大

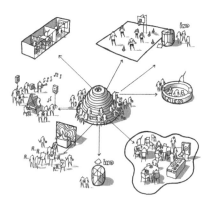

（a）中庭空间　　　　　　　　　　　　（b）中庭的"广场"模式示意图

图6-51　丹麦成人教育中心的中庭空间（来源：www.archdaily.cn）

图6-52　赫尔辛基中心图书馆顶层空间（来源：www.archdaily.cn）

面积的通透界面将室外的景观引入内部，顶部贯穿的圆形天窗传递着外界的光影信息。

　　综上，寒地冬季室外恶劣的气候条件大大降低了城市居民进行户外活动的动机与机会，随之产生的是社交活动与社会支持的缺失，这对于身心恢复将产生负面影响。因此室内社交功能应成为寒地建筑的一项重要附加功能，通过塑造具有室外公共属性的内部空间加深空间环境的体验感知程度，促进建筑使用者冬季社交活动。

6.3 兼容性：协调双向需求

恢复是人与外界环境作用的过程和结果，换句话说，个体的恢复程度不仅取决于空间环境的结构和特征，还取决于个体与空间互动的方式。如果一个人选择在充满恢复特质的环境中接听电话，那无疑这个环境的恢复潜力会降低；相反，如果他选择在其中欣赏景色、倾听鸟鸣，那这一环境所带来的恢复效益就会得到增强。所以，空间环境能够引发个体怎样的行为活动，或个体在该环境中的主观行为倾向间接决定了环境的恢复效应。二者相匹配，才能充分发挥环境对于注意力的恢复作用。

兼容指空间与个体目标的相互匹配和支持，若二者相互矛盾，则空间无法正常发挥功能，这是一种资源的浪费；个体不能顺利进行目标活动，造成困扰和压力。兼容性是在引力性的基础上对恢复性环境的另一项要求，所以在探讨环境兼容性的提升策略方面，假定个体能够被持续吸引或个体不得不在空间中从事必要活动，兼容性更多地影响个体在空间中停留的时间、对空间的再次选择，以及是否会有规律地多次访问。传统的建筑设计，同一空间或区域支持的活动大多是单一的，但实际上个体的主观目标和心理预期与所展现出的身体行为并不是一一对应的，同一目标会引发多种行为的产生，心理预期也会受环境和时间的影响而改变。所以，个体的目标是一个动态变化且具有众多分级细化的事物，那么与其匹配的空间也应是有机灵活的。

然而空间无法对使用者的心理"思虑周全"，也不应对所有需求都一味顺从，而应有指向性地引导使用者进行令其接受且能收获愉悦体验的活动，然而某些建筑空间的主体功能对于多数个体来说并不是一个被内心接受的轻松的活动，而是需要抑制分心的耗能过程，这是建筑先天存在的空间功能与心理预期的不相符，建筑空间需要正视这一矛盾并通过自身的有机协调实现与个体的兼容。

这包括两方面的策略：第一，高选择度。功能具有高度的选择性或空间提供尽量多的有助于做出选择的信息，在休息娱乐需求被抑制的情况下，通过对个性化需求的满足，促进个体调节兴趣去应对一项无聊的任务，激发和增强进行科研学习活动的欲望；第二，高参与度。使用者能够以一种深入的或全新的方式体验高度熟悉或无趣的环境设置，通过空间搭建起个体与目标工作的桥梁，使其意识到空间的意义或活动的意义，促使其会自主采取兴趣来提高策略，帮助保持进行这项工作的动力；第三，高互动度。空间与使用者能够进行及时有效的沟通，根据对方的反馈对自身做出相应调整，实现动态匹配。

6.3.1 多元化空间功能提升选择度

高选择度的空间功能是对个体行为或需求的支持和满足，是提升空间兼容性的基础。

个体在环境中的行为和需求分为两种，一种是有预谋的，为了获得某种利益而实行和设想的目的性行为或需求；另一种是没有预先计划的，而是由空间环境的刺激产生的一种倾向性行为或需求，前者的行动动力为个体自身的思想意志，后者为环境的影响。针对上述两种行为需求，空间具有两方面的要求：一是对目的性行为或需求的支持，二是对有益的倾向性行为或需求的引导，可感知的与功能相关的环境属性能够成就功能，增加个体有意图地、偶然地或间接地参与活动的机会。

　　不同个体的行为或需求复杂多样，同一个体也会对自身的行为需求按照重要性或迫切程度进行选择性排序，而环境不可能支持所有需求和行为。除此之外，必要行为和倾向行为之间也可能存在矛盾，例如，由于处理高峰时段的交通状况，人们可能无暇观赏路边的景色。在众多矛盾的影响下，空间的支持体现在两方面：首先，需要对其必要紧迫的需求或目标的实现给予支持；其次，尽量引导其在众多矛盾中做出正确的或有利于自身的选择，而不是将所有的可能需求都包罗在内。另外对于建筑空间来说，高选择度从功能和形态的角度都增强了空间的异质性，这暗示更多的研究、交互和创新的机会。所以寒地建筑空间设计应在充分分析使用者行为需求的基础上，将不同的功能进行复合，以提升单一空间的选择度；同时对同一功能的个性分化给予关注，以产生对认知活动的最大限度支持。

　　1．不同功能的复合化

　　（1）复合尺度的确立。可在群体空间规划和建筑单体空间设计两个层面进行功能的复合化。以大学校园空间为例，在整体规划尺度上，首先通过不同功能区之间的相互连接和渗透打破组团内部功能的单一性，将文化娱乐、体育运动和生活等功能适当穿插进教学功能中，提升教学组团内部活动的多样性，同时增强个体与文娱、体育等恢复性设施之间的可达性，形成多点辐射的校园空间；然后通过不同活动和人流的穿插提高单位面积校园空间的复合度；最后通过学习科研活动与娱乐休憩活动的复合降低单位面积空间对学生个体注意力的消耗程度。在单体空间设计上，可将不同功能布置于构成整体体量的不同单元模块中，也可放置于不同平面中；或同一平层的不同区域中，根据活动特性进行不同程度的分隔实现功能复合。如英国巴什大学，在整体布局中将生活功能以线性的方式穿插进教学组团内，实现了教学与生活的紧密结合，缓解了教学空间内枯燥单调的环境氛围（图6-53）。

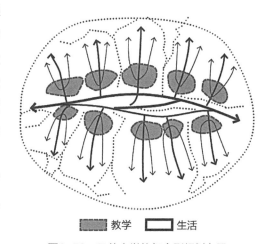

▨▨▨ 教学　☐ 生活

图6-53　巴什大学的复合型规划布局

（2）复合模式的推导。以下论述以大学校园建筑为例。大学校园的空间功能对应大学生的日常主要活动，根据对注意力作用的属性将这些活动进行分类，包括促进恢复的正向活动、阻碍恢复的负向活动和对恢复不发生影响的中性活动，同向活动中也会因作用的大小不同而产生不同的恢复效益，假定正向活动的恢复效益为正，负向活动的恢复效益为负，中性活动的恢复效益为零，且活动对注意力的影响程度越大，则效益的绝对值越大，则可对某一空间的恢复性效益进行定性的评价。基于上述原理可以推导出将正向活动叠加进原有空间不仅能增强空间的选择程度，同时也能提升空间的恢复效益；而将负向活动引入原有空间虽然丰富了空间所能支持的活动类型，但使原有的恢复效益发生了削减，所以恢复目标下的建筑空间功能的复合应在剖析复合对象的恢复属性的基础上，做出正确的判断。

大学生的日常活动主要包括教学活动、体育活动、休闲娱乐活动、生活休憩活动，对应教学区、体育区和生活区等。其中教学活动是阻碍注意力恢复的负向活动，而其他三项是促进恢复的正向活动，所以得出三种复合模式教学—体育复合、教学—休闲娱乐复合、教学—生活休憩复合。

在教学—体育复合模式中：体育活动相对激烈且独立，对空间类型的需求独特，难以与普遍的教学活动在同一层面中发生实质性的交融，所以应采用竖向复合的方式，将体育功能置于教学功能至上，建立垂直方向上的联系，提高处于教学空间中的学生对体育设施的可达性和利用率，促进其进行体育活动以获得恢复性体验。在丹麦欧塞登校园综合体的设计中，建筑体量由4个从属于不同院系的教学单元支撑起上部的体育空间，5个体量之间通过贯通的中庭相联系，体育空间就像屋顶一样漂浮在四座厚重的建筑之上，这是教学功能与体育功能复合的成功尝试，创造了知识与运动交融的新型校园复合体，当夜幕降临时，一个关于教育、研究和运动的活跃环境的故事拉开了序幕（图6-54）。

教学—休闲娱乐复合模式中：休闲娱乐活动虽然是能够引发注意力有效恢复的正向活动，但对于教学活动却存在干扰和阻碍的隐患，所以在功能配比上，应以教学为主体，休闲娱乐功能点缀其中，并通过一定的隔离措施或缓冲空间削弱其对主体功能的影响；在位置布局上，休闲娱乐活动的承载空间应与教学空间中的相对动态而活跃的部分进行融合，例如交通、交流展示等部分。

教学—生活休憩复合模式中：生活休憩与部分学习和科研活动对个体身体运动状态和对所处环境特点的要求相类似，相比于前两项复合模式，生活休憩与教学功能能够实现最大限度的交融。从生活休憩对教学活动的调节角度分析，生活休憩功能相对放松舒缓，对认知资源的要求较低，能够充分舒缓教学活动的快节奏，使学生在学习之余能得到有效的休憩，这要求规划布局中缩短教学区与生活区之间的距离，甚至进行部分的重叠；而在建筑单体层面，教学空间中应增添具有休憩功能的专属空间或家具设施。从二者相互转换的可实施性角度分析，在生活空间中适当增添支持自主学习的空间和设施，使学生在相对舒

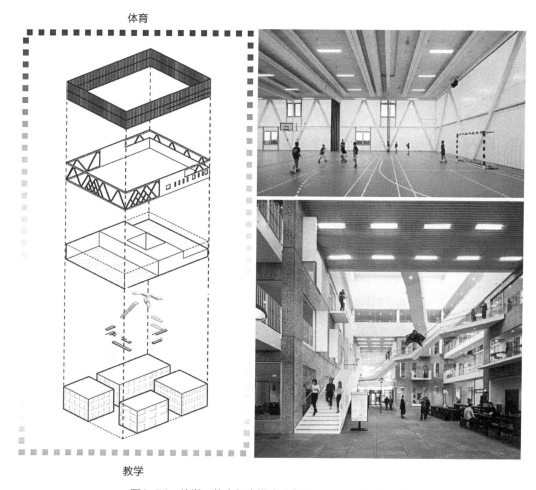

图6-54　教学—体育复合模式（来源：www.archdaily.cn）

适和随意的环境氛围中进行学习，这种对多样化学习行为的培养和支持符合校园核心功能的要求，同时也是对学习效率的提升和对注意力资源的高效使用。

2. 同一功能的个性化

空间功能与使用者的需求是对应的，而使用者的需求存在多样性和变化性，即使是同一时刻的同一种需求，也会因个体的行为方式和主观感受而发生改变，然后建筑环境中大多数空间的功能都是恒定的，这造成了空间功能与个体行为需求的矛盾。例如，"自主学习"是在大学校园中重要的一项行为，相对应的单体空间包括图书馆、教学楼等，其空间设置大同小异。但自主学习的需求却呈现多样化：从需求主体的规模来看，分为"单人学习"或"多人研讨式学习"；从行为发生方式来看，有传统的书本式学习，还有借助电子媒介的学习方式；从行为主体的主观偏好来看，有"角落爱好""窗户爱好""自然爱好"等。

当空间的功能与个体的内心需求相匹配时，个体具有更大的兴趣和更强烈的动机在该空间中活动。对于校园空间来说，核心的功能是教学和学习研究，这往往与个体的内心需求相违背，但又是需要被发展和激活的功能，此时根据学生的个性化需求将本来不被喜爱的功能赋予一种与个体需求相匹配的因子，能够提高功能与个体需求之间的兼容性，实现对该项功能顺利开展的支持，体现在空间设计上主要分为空间形式个性化和空间家具灵活化。

（1）空间形式个性化。需求差异性决定了空间形式多样化，对于学习和科研等消耗巨大且主观意愿不高的活动来说，尊重和发扬个性化需求是对该项活动的有力支持。因此以教学等必要高强度认知活动为主体功能的空间应分化出支持不同个性化需求的单元体，与使用主体的行为模式兼容。加拿大怀雅逊大学学习中心在垂直方向上设置5类学习空间，为学生提供多样化选择（表6-1）。

加拿大怀雅逊大学学习中心的多级化学习空间　　　　表6-1

层数	空间构型	空间内景	空间特点	支持的学习需求
3层			1. 大型学习室：多元化家具、半封闭空间	设备辅助、多人讨论
			2. 小型学习室：电子媒体设备	单人或小组学习
			3. 中型学习区域：多元化家具	单人或小组学习、角落爱好
4层			1. 多媒体教室	设备辅助、多人讨论
			2. 带状学习区域	单人学习、无声学习
			3. 小型学习室	单人学习、小组讨论
5层			开敞式室内广场 象征意义：海岸—沙滩	放松、休憩、小组讨论、自然爱好
6层			1. 小型学习室：半透明界面、多样布局	设备辅助、小组讨论、单人学习
			2. 大型学习区域 象征意义：绿色森林	设备辅助、小组讨论、自然爱好
7层			1. 大型学习区域：多元化家具、良好视野	单人或小组讨论、窗户爱好
			2. 中型学习区域	单人或小组讨论、角落爱好
			3. 小型学习室	单人学习

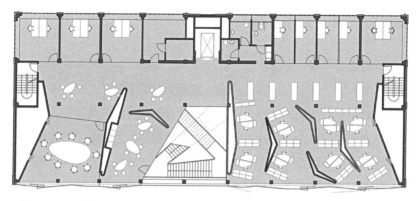

图6-55　哥本哈根商业学校学习中心平面图（来源：https://henninglarsen.com/）

另外室内空间可通过网格化的平面布局、固定内核与推拉门系统等方式提供基于需求变更的空间改造基础，为空间划分提供灵活可变的潜力。例如哥本哈根商业学校学习中心（图6-55），平面中除了小部分规整固定的小房间和交通核之外，剩下的面积是互通的学习空间，不规则的折线划分出灵活多变的单体区域，在资源集约整合的基础上满足不同规模学习或交流的需求。

（2）空间家具灵活化。空间的家具对于多元化功能是一种更软性和直接的支持设施，家具的灵活和可移动能够满足个体根据自身需求对空间进行改造和设计，是对个性化需求更加贴合的设计方法，建筑空间应在公共性较强的区域内增添可变家具所有比重，以提高空间与个体的兼容性。丹麦海宁职业学校的主要教学楼内部的学习空间具有可移动的家具，能够根据不同教学需求改变空间。木质的"学习盒子"为学生提供向内凹进的座位，而且座位提供了分隔空间的实体界面，分散在教学空间的各个角落，激发学生对于它的新颖的使用方法（图6-56）。

（a）

（b）

（c）

图6-56　可移动式学习单元（来源：http://www.cfmoller.com/）

6.3.2　多级化空间设置提升参与度

空间提供尽量多的选择，是在广度上对兼容性的支持，空间具有较高的参与度，是在深度上对兼容性的支持。由于在选择度层面只能做到有限地提升，而无法面面俱到，但却可以通过设计策略避免低参与感的空间出现，所以对于参与度的关注是在高选择度的基础上对兼容性的辅助和保障。参与意味着有意义的活动和对行为结果的潜在影响，参与到周围环境中的过程或方式手段是有益于健康和积极情绪的。即使在不太理想的环境中，促进对环境的认知和参与，会使个体更容易获得活动带来的心理益处，所以建筑空间应在促进各项功能良好运行的基础上，以可被轻易理解的、以人为本的形式，创造一种高水平的参与感。

1．实现整体可达

首先，可达性是保障空间参与度的前提条件，良好的可达性能够增强个体访问空间的动机和频次，尤其对于寒冷地区，冬季恶劣气候造成的出行不利限制了个体对于空间的参与。增强可达性是在建筑规划层面对空间参与度的提升。其中紧凑的空间布局和通达的道路系统有利于缩短各个功能区之间的距离，是保障可达性的基础。并且从注意力恢复的角度看，应将恢复性较强的空间适当布置在交通汇聚的中心，例如文体活动、室内体育运动、休闲性餐饮和娱乐区，并加强注意力损耗严重的空间与恢复性空间的连通度。另外，从冬季气候对出行的影响来看，建成环境在冬季应增设辅助出行的公共交通或建造不同建筑单体之间的连接体，也可充分开发和利用地下交通空间，使出行时的安全感和生理舒适感得到保障。

2．优化局部尺度

粗犷且过于同质化的空间如同一张白纸，缺少对可能发生的活动的规划与设想，且难以满足个性化需求，因此空间的细化程度影响了个体使用并参与空间的深度，精细划分的空间将为使用者创造了更多相互匹配的机会，从而提升空间的参与度。在宽敞而简洁的整体空间中，通过二次划分进行局部尺度的优化是从单体空间的层面对参与度的提升，适用于规模较大的公共空间，通过将主体划分成若干个单体，使其更符合人体尺度，更容易被体验和亲近。

（1）室内空间。公共建筑室内空间中的中庭、交通长廊或大型功能空间等尺度较大的公共区域，由于缺少细致的限定而显现出空旷的不确定感，个体难以通过空间设置的诱导而产生进行活动的想法和欲望，二次划分对此类空间参与感的提升有显著的作用。加拿大多伦多的Slack办公楼（图6-57）通过精细化的二次划分创造了一种井然有序的公共办公环境，色彩鲜明的内饰材料与家具、不同围合程度的隔墙、室内的小型建构单元以及闪电状"行进"的光带，限定出了明确的休憩区、独立办公区、分离式会议室及行政会议室等空间，各项空间单体仍旧处于同一整体环境之下，既不疏离也不相互干扰。芬兰的

图6-57　加拿大多伦多的Slack办公楼内部空间　图6-58　芬兰的Sipoonlahti学校室内空间（来源：
（来源：http://www.dubbeldam.ca）　http://www.afks.fi/）

Sipoonlahti学校（图6-58）创造了名为"学习村落"的新型教学单元，能够容纳约100位学生，通过软性隔断划分出不同区域，与多种类型的家具设施共同支持不同的教学活动，这一设计通过对整体空间的进一步划分使其能够同时支持多种类型的活动，不仅增强个体对空间的使用和参与程度，也促进群体之间的交互。

（2）室外空间。对于室外空间，由城市或区域规划形成的户外空间的尺度是巨大的，个体无法真正参与，通过植物或软性界面对其进行二次围合和划分，使其成为近人尺度，提高参与性。二次划分的元素包括高大的乔木、花池、地面划分、花架、室外家具、下沉广场、平台、景观矮墙等。

3．完善内部设施

空间设施是个体参与空间的直接媒介和工具，与个体需求相匹配的完善优质的活动设施甚至能独立支持个体的某项活动，以弥补空间的缺陷，起到提升空间参与度的效果。且相对于空间形态的改造和设计，设施所占空间小、经济性好，并且安装和拆卸简便、可操作性强，适用于寒地季节变化主导的空间功能的转换，例如冬季应增加室内空间中的体育运动设施以保证个体具有充足的体力活动量，并在室外运动场地、庭院广场中增设气候庇护设施以延续冬季户外运动时间。

以大学校园为例，空间设施按照功能属性分为休息设施、运动设施、游戏设施、展览设施、教学设施和辅助设施等。对于以必要认知活动为主的空间，首先要保证与教学相关的设施的优质和充足，在此基础上引入一定的休闲娱乐设施、休憩交流设施、成果展示设施等，为该空间增添一定的恢复要素，需要注意的是此类恢复设施不应与教学活动产生冲突，例如不应引入产生过大噪声或支持过于激烈活动的设施，这些恢复设置应在提供一定娱乐放松氛围的前提下，与空间的主体功能相契合，支持非正式学习和思维交流等利于认知活动进行的行为。另外空间设施不仅是专项活动的载体，也应承担起个体体验恢复性资源的桥梁，例如在夏季室外绿色景观环境中，可利用亲水平台、木栈道、瞭望台等设施为亲近自然创造不同的观赏视角和体验方式；对于室内的真实或模型性的自然景观，例如水族箱、大型自然壁画、绿植墙体等恢复性较高的区域，可增设休息、交流或展示设施吸引人流，使此处恢复资源的效益得以最大限度的发挥。

6.3.3　智能化信息技术提升互动度

电子信息技术不仅能够方便快捷地捕捉和收集个体对空间的体验反馈和现实需求，还能准确即时地集成空间设置和空间活动的相关信息，并将二者上传到同一平台上进行匹配和拟合，起到个体与空间联系互通的媒介作用，并实现资源的高效分配和更新优化。相比于传统的海报、广播等信息传播方式，智能化的信息技术具有可操作性强、传播范围广、更新快速、经济等优势，并且不受天气和场地条件的限制，因此寒地建筑可建立以空间活动和空间体验为主要对象的信息平台，促进个体与空间之间进行智能化的互动，个体可根据平台上空间信息的反馈制定自身的活动计划，空间可按照个体的相关需求进行动态转变或优化，在信息平台的辅助下，实现空间与使用者之间动态协调和适应，从而提升空间的兼容性。

1. 对空间体验的及时反馈

以往建筑空间的设计大多从功能、审美和文化等角度出发，忽视了使用者的切身感受，虽然近年来在一些实际建筑空间规划设计初期阶段，收集采纳了使用者对于空间的设想和意见，但对建筑的使用后评价以及根据评价做出相应改善的情况占少数。空间恢复性的研究应以使用者的主观体验感受为基础，自下而上地推导设计策略，才能有效地提高建筑空间的恢复性。

因此研究利用电子信息技术建立了建筑空间体验反馈模型，包含体验的收集分析和做出更新两个步骤（图6-59）。首先空间使用主体可将自身主观感受上传到电子平台，平台根据各项反馈内容、反馈人数对其做出分析和判断，如果对于同类需求的反馈人数达到空间使用总数的一定比例，则该反馈被自动判定为有效，可直接进入调整和更新步骤。对于未符合上述要求的反馈信息，可进入人工处理程序，由专业设计人员

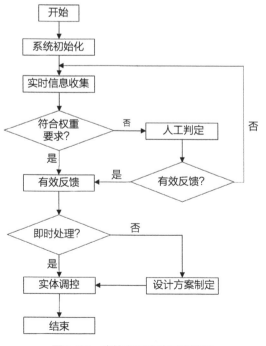

图6-59　建筑空间体验反馈模型

进行判定并提出解决方法。在调整和更新
步骤中，对于能够即时改变的环境特质，
例如室内空气流通情况、室内温度湿度、
室内自然光通量等，可通过电子信息技术
对空调系统和门窗系统等建筑实体元素进
行调控，根据使用主体的反馈做出改变。
对于无法在短时间内进行优化的空间属
性，例如设备设施、空间形式等方面的反
馈信息，可进入人工处理程序，同时向提
出反馈的个体定时发送处理进展。

2. 对空间活动的实时呈现

在寒地建筑空间中，受保温节能要求
建筑立面相对封闭，这阻碍了建筑内外的
视线交流，并且冬季气候寒冷、风雪天气
致使出行困难，上述原因会造成建筑内部
信息的交流和传播受阻，个体对于建筑环
境内部社会性活动的发生时间、地点等情
况缺乏及时的掌握，以致错失参与社会活
动的机会。而信息技术的应用能够弥补空
间环境造成的信息传播不便，可开发辅助
空间各项活动开展和参与的手机软件，建
立交互式空间活动地图，对各个地点活动
发生情况进行实时预报和更新，并为使用
者制定便捷路线的选择，在提高其对活动
的接收和感知效率的同时，为其提供出行
的多种选择，以此鼓励其参与到社会活动
中，并搜集使用者对活动的反馈评价，对
活动价值和意义进行衡量，从而做出相应
改进。

美国俄勒冈大学采用了上述措施，制
定了隶属艺术、历史文化、绿色空间等不
同活动类型的专题校园地图（图6-60），
学生可对校园内部超过两万个区域进行实
时搜索，了解其位置、空间环境、所支持

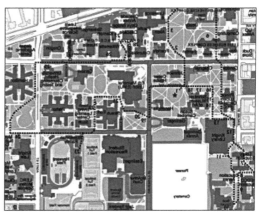

（a）艺术活动地图

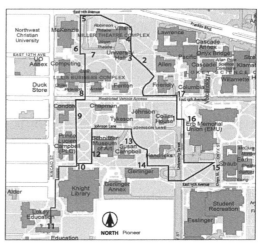

（b）历史文化活动地图

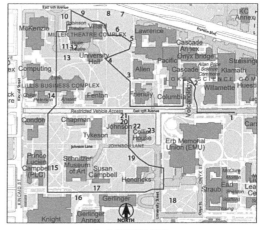

（c）绿色活动地图

图6-60 俄勒冈大学实时交互活动地图软件界面（来源：https://cpfm.uoregon.edu/self-guided-campus-tours）

活动和特殊事件，激发学生主动参与活动的欲望，以此使校园空间的兼容性得到整体性的提升。

6.4 本章小结

传统恢复性环境的研究重点在于对自然资源的利用和模拟上，但这一方法对于寒地具有一定的局限性，冬季恶劣的室外条件使人群大部分的时间在室内度过，所以建筑空间自身恢复性的提升不容忽视。本章通过对注意力恢复理论中恢复性环境的基本特征进行本质剖析、原理提取和空间应用，探索以人工建造为主要构成方式的建筑空间环境恢复性提升路径，提出引发感知突变、平衡感知信息和协调双向需求三项对人工属性的调适干预策略，在削弱人工建筑空间对注意力消耗的基础上，寻求人工建造中利于恢复的亮点与契机。首先在时间、空间和文化三个维度上塑造建筑空间中能够引发"远离感"的环境特质，改善人工空间恒定不变的环境特质，促使个体接收新鲜的环境信息以开启恢复。然后通过扩容感知广度、激发审美感知、增进感知深度来提升空间吸引力，优化人工空间中存在的对恢复具有消极作用的形态特征。最后通过提升空间选择度、参与度和互动度使空间设置与个体目标得以兼容，消除空间中存在的无关干扰，使定向注意力能够准确地被运用到有效的认知活动中。

结论

　　建筑空间环境中充溢着复杂的感知信息，承载着高强度的认知活动，这些因素都对其使用主体的身心资源造成了大量的损耗，身心持续消耗而得不到有效恢复将产生行为低效感、环境感知与认知困扰、应激压力等负面影响，甚至造成身心的不可逆损伤。恢复与疗愈是保障机体功能正常运转、身心资源可持续利用、个体长久健康与福祉的基础，应成为建筑空间的核心功能。同时疗愈性环境的研究起源于自然对人类身心的积极效益，建筑的疗愈性设计方法的探索也是寻求基于自然解决方案在建筑单体设计上的应用途径。人类与自然的和谐关系不仅限于物质资源层面上的联系，人类更需要不断从自然中汲取精神养料，因此建成环境需通过致敬自然而建立有利于人类精神健康与思维兴盛的环境支持。但由于特殊气候的影响，寒地建成环境中包含更多的负面环境刺激，并且匮乏的自然资源无法对恢复性体验形成有力的支持。因此本书以寒地建筑空间为研究对象，从身心恢复与疗愈的视角出发，探究空间环境设计的本质和方法。首先，结合认知学，对身心恢复的神经科学本质和认知活动的运行规律进行剖析；其次，结合环境心理学，对空间环境恢复注意力的作用机制进行吸取、归纳和提炼；再次，以寒地建筑空间环境的特点作为主要依据和筛选标准，将影响机制进一步专项化和地域化；最后，建构身心疗愈与恢复目标下寒地建筑空间环境设计的理论与策略体系。具体来说，本书研究的主要结论如下：

　　（1）寒地建筑空间环境的恢复性受到寒地气候、寒地自然景观和人工建造三方面因素的影响，寒地建筑空间环境恢复性的提升应遵循"对寒地气候的趋利避害""对寒地自然景观的激发拓展"和"对人工属性的削弱顺应"三项原则。从空间促进注意力恢复的本质出发，削弱消耗定向注意力的环境要素、增强激发非定向注意力的环境要素是基本原理，并且相比于人工环境，自然环境具有更高的恢复性。依据上述原理，寒地气候要素作为一种强烈的环境刺激，会对身心资源产生消耗，但同时因其具有一定的自然属性而具备引发恢复的潜质，对此应通过趋利避害机制发扬恢复优势、规避恢复劣势；自然景观是天然的恢复性环境，但寒地由于绿色资源的稀缺和气候条件的恶劣，自然景观的恢复性被弱化，对此应通过激发拓展机制使现有绿色资源的恢复潜力得到全面的开发，并拓展深化能够引发恢复体验的景观类型和利用方式；人工环境具有先天的恢复缺陷，但却是建筑内主要认知活动的载体，应采取削弱顺应机制，在弱化对注意力造成无关消耗的人工属性的基础上，对有意义的认知活动给予支持以促进定向注意力的准确分配。

（2）寒地建筑空间环境通过对寒地气候的阻御利导、对自然景观的增效利用和对人工属性的调适干预实现对个体身心资源的恢复。面对寒地气候要素，通过对自然光照的诱导增补、对低温要素的消解转换和对风雪景观的激活强化三种策略实现寒地气候对注意力的积极调和。增补自然光线、增设光疗空间、增强光影变化能够缓解冬季因自然光照缺失而造成的节律失衡、抑郁情绪和时间感丧失等问题，促进注意力资源的高效分配；室外空间建构气候庇护单元、室内空间引入低温气流、创造动态可变的温控系统能够缓解低温要素带来的生理不适，发挥其对注意力的积极唤醒功能；营造冰雪景观、诱导风雪运动和支持冰雪活动能够引发审美体验、启动分心机制、培养情感依恋，从而使冰雪的恢复效益最大化。面对自然景观要素，通过对绿色资源的优化配适、对景观形态的提炼转译、对自然模式的抽象再现来增强寒地自然景观的恢复效力。夏季提升室外绿色景观的恢复质量、冬季建立室内绿色恢复网络、引入功能性温室花园的设计策略充分考虑了绿色资源随寒地季节变化的特性，使绿色资源能够全年发挥恢复功能；对冰雪景观形态、生物构型规律和自然变化特性的转译以及对"前景与避难""诱惑与神秘"和"冒险与刺激"自然模式的抽象运用能够使人工空间具备自然属性，引发个体的自然联想从而开启恢复。面对人工属性要素，通过引发感知突变、平衡感知信息、协调双向需求实现对注意力资源的正向引导。在时间、空间和文化三个维度上提供"远离"性空间信息与感知内容，激发个体从压力事件中抽离；扩容感知广度、激发审美感知、增进感知深度能够提高人工空间的吸引力和环境偏好，从而增强恢复性；多元化空间功能、多级化空间设置和智能化信息系统能够提升空间的选择度、参与度和互动度从而实现空间与个体目标的兼容，减少因二者不匹配造成的注意力资源的无关消耗。

综上所述，本书的创新性成果归纳如下：

（1）将人类认知机能效益与空间环境紧密结合，提出了寒地建筑空间设计的新目标。

（2）基于促进身心健康和高效认知的目标，建立了恢复性环境与寒地建筑空间环境设计相结合的理论框架。

（3）基于身心恢复与疗愈的本质机理，结合寒地气候和建筑空间环境特性，推导了寒地建筑空间环境的疗愈机制。

（4）提出了身心恢复与疗愈目标下阻御利导寒地气候、增效利用自然景观、调适干预人工属性的寒地建筑空间环境设计策略。

后记

　　《寒地疗愈建筑》在笔者博士学位论文《注意力恢复目标下寒地大学校园空间环境设计策略研究》的基础上，扩充空间范畴、优化研究逻辑、发展核心观点，历经为期两年的修改与撰写而成。书中确立了寒地建筑空间疗愈性设计的理论框架，建构了疗愈性原理之于寒地建筑空间环境中的应用路径，提出了系统而详尽的理论证据与实践方法，将助力寒地健康建筑设计理论与实践的推进，赋能寒地城市居民的健康与福祉。

　　探寻最佳的自然暴露"剂量"是城市人工环境设计中永恒的话题，而"自然"的内涵在不断发展，由"真实自然"到"自然特征"，再到"健康疗愈特征"。人与天调，然后天地之美生。建筑设计需要从自然中汲取解决自身问题的道理，通过相互调和实现共生与共美。城市规划师和建筑设计师应在城市建筑环境中实施基于自然的解决方案，以增强自然的设计特征，使自然的健康效益在城市环境、建筑空间环境中付诸实践，推进健康城市与健康建筑的设计目标。

　　本书针对寒地气候特征所引发的环境恢复缺陷，将自然环境的疗愈原理转译应用于建筑空间中，突破传统疗愈性环境设计方法，提出气候恶劣地区以建筑为本体的疗愈性环境营造方法，完成了"疗愈性环境"介入建筑设计的初步探索，所得到的质性结论为后续研究提供了宏观框架与先导经验。但尚未真正建立健康结局与环境特征之间的关系，因此在制定可操作的设计解决方案方面仍存在困境。为突破这一瓶颈，需要对建筑空间使用者所经历的环境特征、属性和身心变化进行精准地描述与匹配，以进一步探析空间特征与疗愈结果之间的"黑箱"进程；并且应深入研究人类对环境的感知与认知机制，以促进设计术语向环境经验的转化。

　　空间环境的恢复与疗愈功能是一个横跨环境心理学、建筑学、认知学等多学科的研究议题，自然环境作为恢复性环境研究的理论原点，更是一个博大复杂、深不可测的系统。本研究仅从个性视角出发，基于现有理论，在气候条件恶劣的寒地建成环境中进行了恢复性设计的探讨，旨在寻求绿色资源匮乏下人工空间环境恢复性的提升思路，在建筑设计层面为寒地城市居民身心健康寻求解决方法。然而空间环境的恢复性设计涉及范围广泛、深邃，且人类对大脑认知机制的原理尚未完全解析，所以本书存在许多需要填补和修正之处。但该方向的研究确属关乎人类福祉的重要课题，契合信息时代下高速发展的社会背景，具有较好的应用前景和研究意义，期待专家、同行的关注与指正。

图书在版编目（CIP）数据

寒地疗愈建筑 = The Restorative Architecture in
Cold Regions / 王诗琪著. — 北京：中国建筑工业出
版社，2023.5
ISBN 978-7-112-28709-3

Ⅰ. ①寒… Ⅱ. ①王… Ⅲ. ①寒冷地区—建筑设计
Ⅳ. ①TU2

中国国家版本馆CIP数据核字（2023）第083692号

责任编辑：杨　晓　唐　旭
书籍设计：锋尚设计
责任校对：王　烨

寒地疗愈建筑
The Restorative Architecture in Cold Regions
王诗琪　著

*

中国建筑工业出版社出版、发行（北京海淀三里河路9号）
各地新华书店、建筑书店经销
北京锋尚制版有限公司制版
北京中科印刷有限公司印刷

*

开本：787毫米×1092毫米　1/16　印张：16¼　字数：355千字
2023年5月第一版　　2023年5月第一次印刷
定价：**78.00**元
ISBN 978-7-112-28709-3
（41084）

版权所有　翻印必究
如有印装质量问题，可寄本社图书出版中心退换
（邮政编码100037）